日本建筑集成

综合作例集

总述篇

林理蕙光 编著

华中科技大学出版社
http://www.hustp.com
有书至美 BOOK & BEAUTY

中国·武汉

目录

日本建筑集成 — 综合作例集 总述篇

松茶屋

全景……9

玄关外观……10

玄关内部……11

土间……12

通往玄关的走廊和楼梯……13

屋顶、外观……15

床之间、庭院……16

控室、手洗……17

松之间前的走廊……18

松之间……19

柏之间……20

柏之间另一侧、襖引手……21

松之间……22

松之间广缘、松之间手洗……23

吉野之间……24

吉野之间入口、圆窗外观……25

朝雾之间、交接处……26

指月亭

正门……27

玄关外观、中庭……28

座敷的屋檐……29

外观……31

草坪和墙垣……32

筱园庵

庭院……33

寄付……34

床之间、内庭……35

寄付外观、露地、天井……37

中柱、给仕口、床、下座……38

点前座、贵人口和躙口……39

水屋……40

设计图详解（一）

松茶屋……42
指月亭……54
筱园庵……62

村野邸

玄关外……73
坡段、石桥附近……74
露地的延段……75
玄关内部……76
玄关之间……77
茶道口、点前座和蹋口……78
点前座……79
饰棚……80
床之间……81
茶室……82
座敷的广缘……84
庭院……85

东山庄

全景……86
正门外观、正门与前庭……87
正门仰视图、玄关外观……88
玄关内部……89
次之间、次之间窗户……91
缘先手水钵、缘侧……92
仰西庵……93
点前座、中柱附近天井……94
水屋的圆窗、洗手间入口……95
二楼座敷……96
二楼座敷外庭院……97
二楼座敷外观……98

井上邸

正门……99
玄关外观……100
玄关内部……101
床之间、天井部分……102

座敷……103
庭院、庭院石门……104
直庵外观、腰挂附近……105
蹲口一侧……106

末吉邸

寄付、庭院通道……107
点前座……108
客座……109
床和床胁、床柱和天袋……110
起居室、天井结构……111
点前座……112

设计图详解（二）

村野邸……114
东山庄……128
井上邸……148
末吉邸……158

S氏邸

玄关外观……169
玄关内部、玄关入口……170
廊下……171
床之间……172
一指庵水屋、佛龛和土间庇……173
苔庵……174
一指庵床之间、外观……176
一指庵点前座、蹲踞……177
苔庵露地、腰挂和蹲口、外观……178
苔庵床之间……180
苔庵点前座、水屋……182

吉田邸

大门口……183
玄关外观……184
玄关前的竹林……185
茶室……186
书斋……187
从庭院看主屋……188

坂仓邸

正门……189

玄关内部……190

座敷外露地……191

龙眠庵床之间……192

龙眠庵点前座……193

田原邸

玄关内部……194

入口处……195

主室床之间、主室……196

次之间床之间、次之间……197

惜栎庄

全景……198

门口处石阶……199

玄关外观……200

玄关内部……201

玄关一侧……202

南侧外观……203

床之间……204

座敷外庭院……205

起居室、起居室外景色……206

土庇……207

浴室……208

设计图详解（三）

S氏邸……210

吉田邸……219

坂仓邸……226

田原邸……231

惜栎庄……237

总论

茶匠与数寄屋建筑……242

数寄屋庭院……244

话说今后的数寄屋……250

松茶屋

全景

日本建筑集成　综合作例集　总述篇　　　　　　　　　10

玄关外观　右页图＝玄关内部

松の茶室

土间

通往玄关的走廊和楼梯

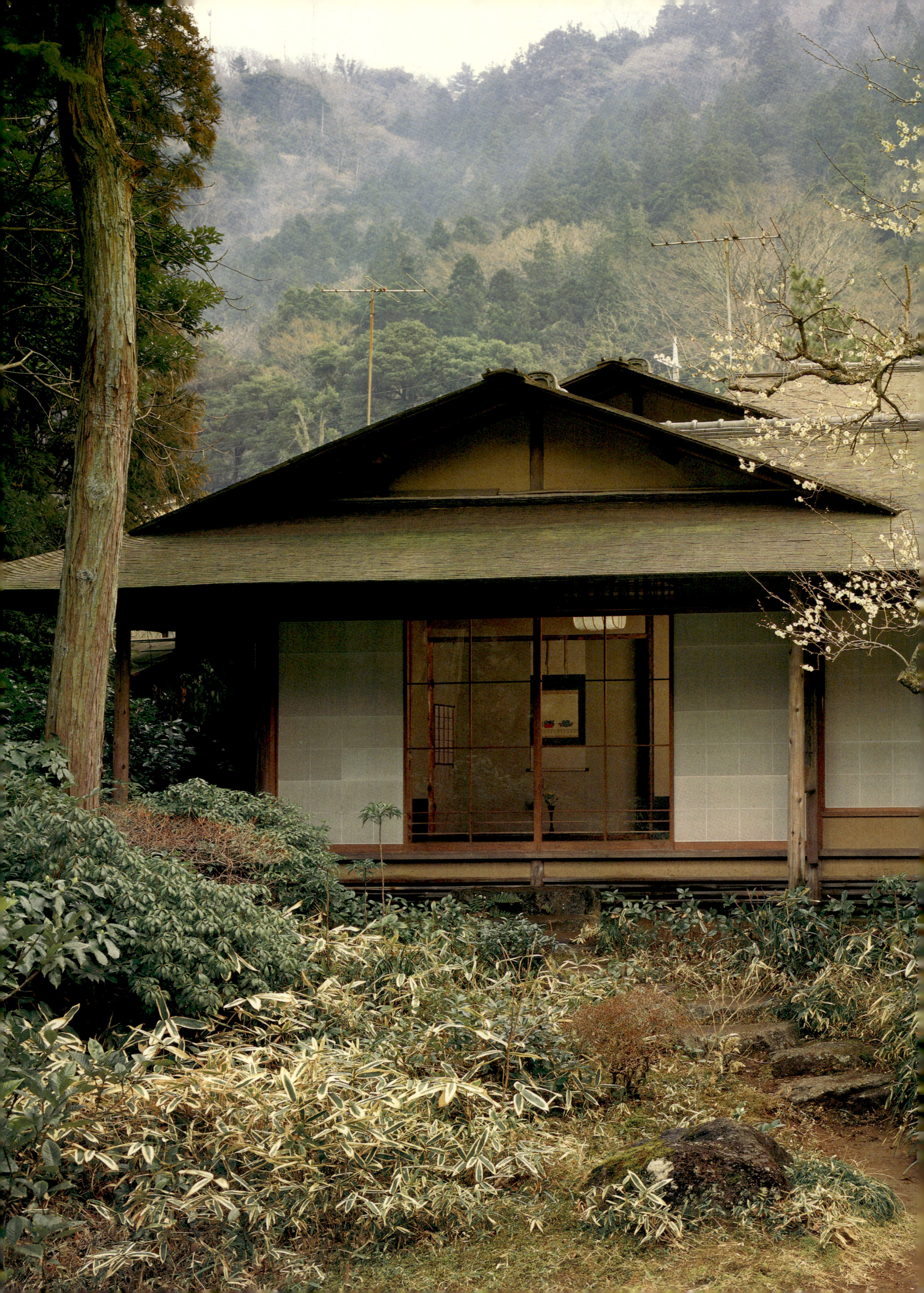

上＝屋顶　左＝外观

上＝床之间　下＝庭院

上＝控室　下＝手洗

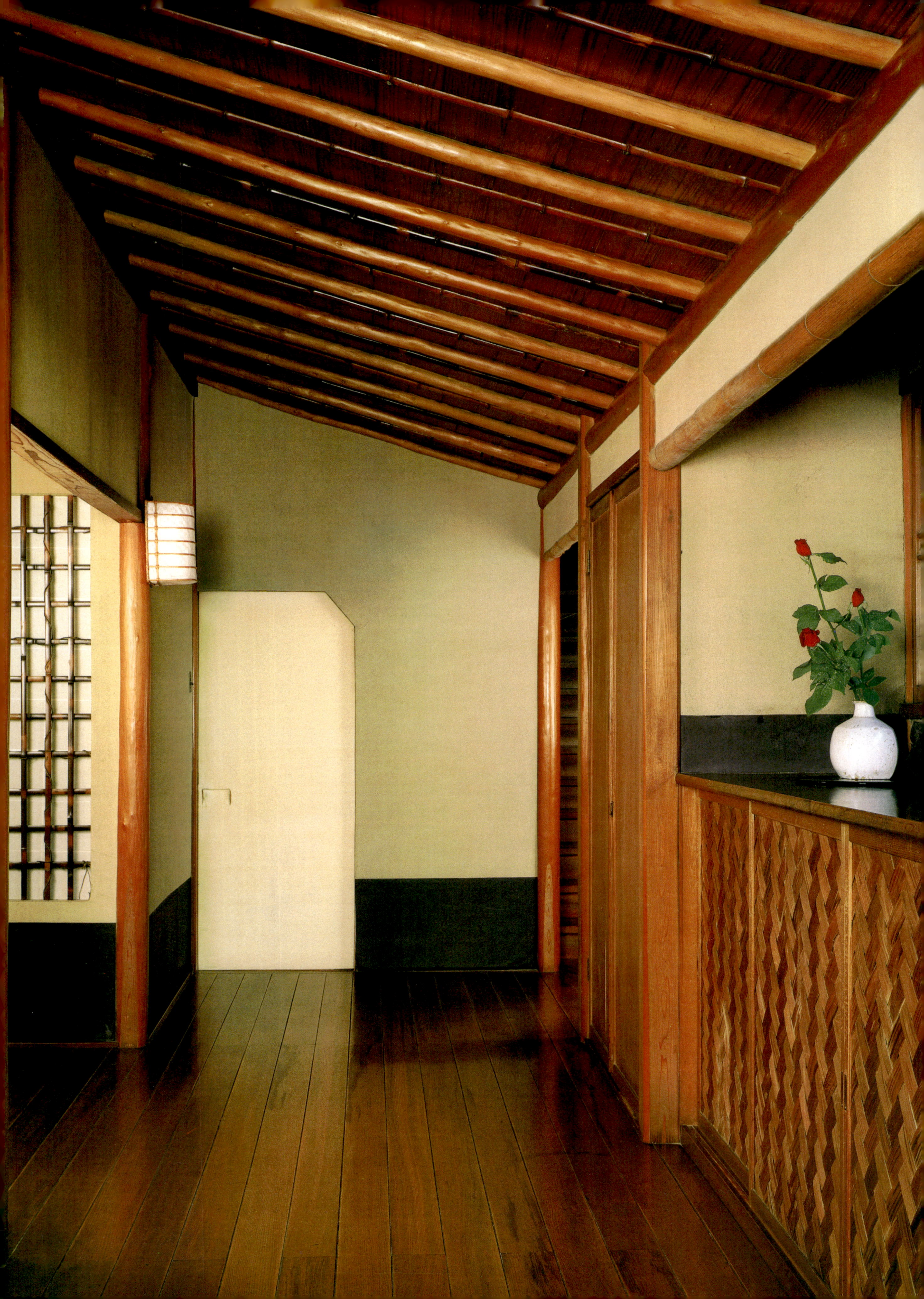

左页图＝松之间前的走廊
上＝松之间

上＝柏之间

上＝柏之间另一侧　下＝襖引手

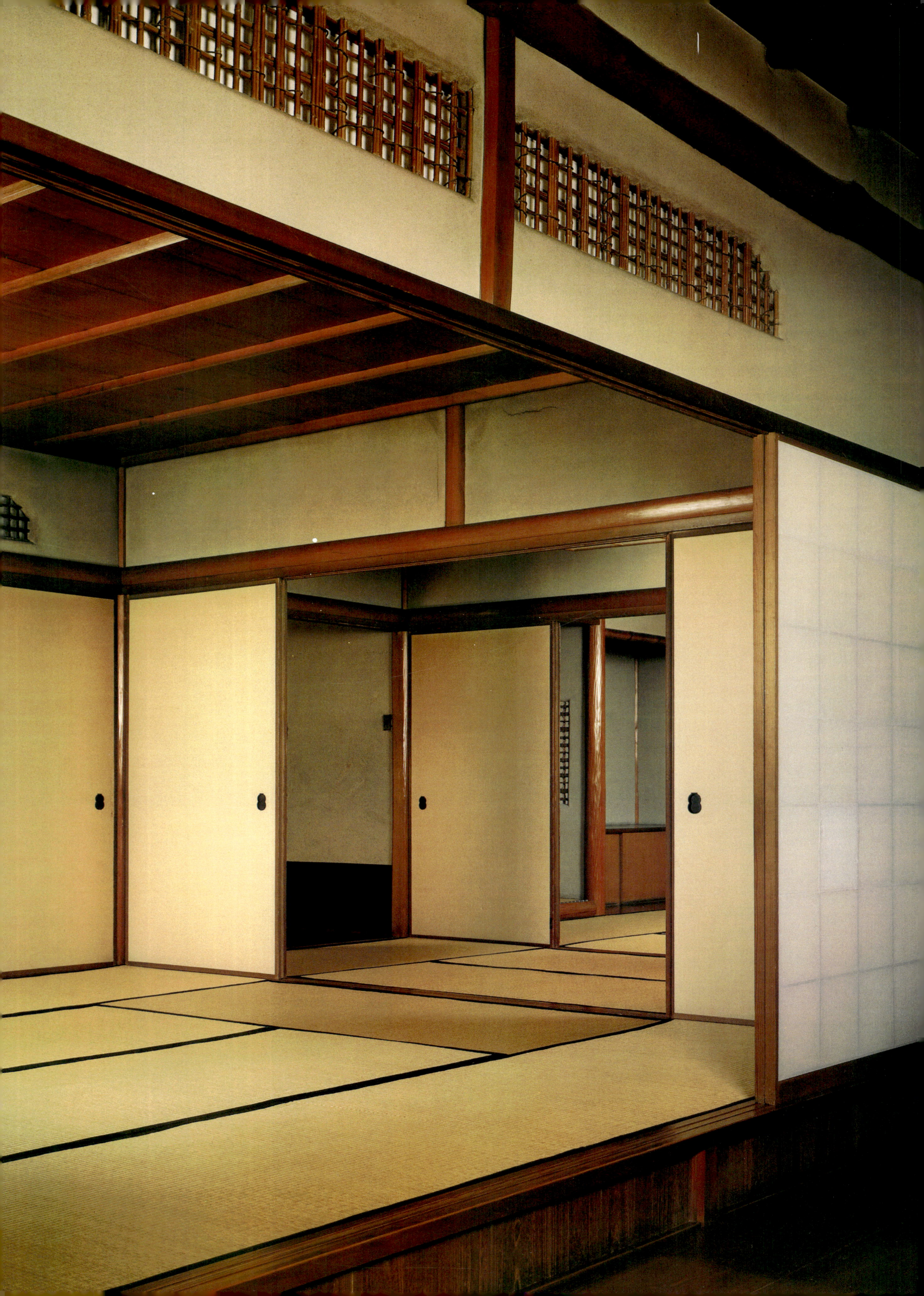

左页图＝松之间
上＝松之间广缘　下＝松之间手洗

上＝吉野之间

上＝吉野之间入口　下＝圆窗外观

上＝朝雾之间　下＝交接处

指月亭

正门

上＝玄关外观　下＝中庭
右页图＝座敷的屋檐

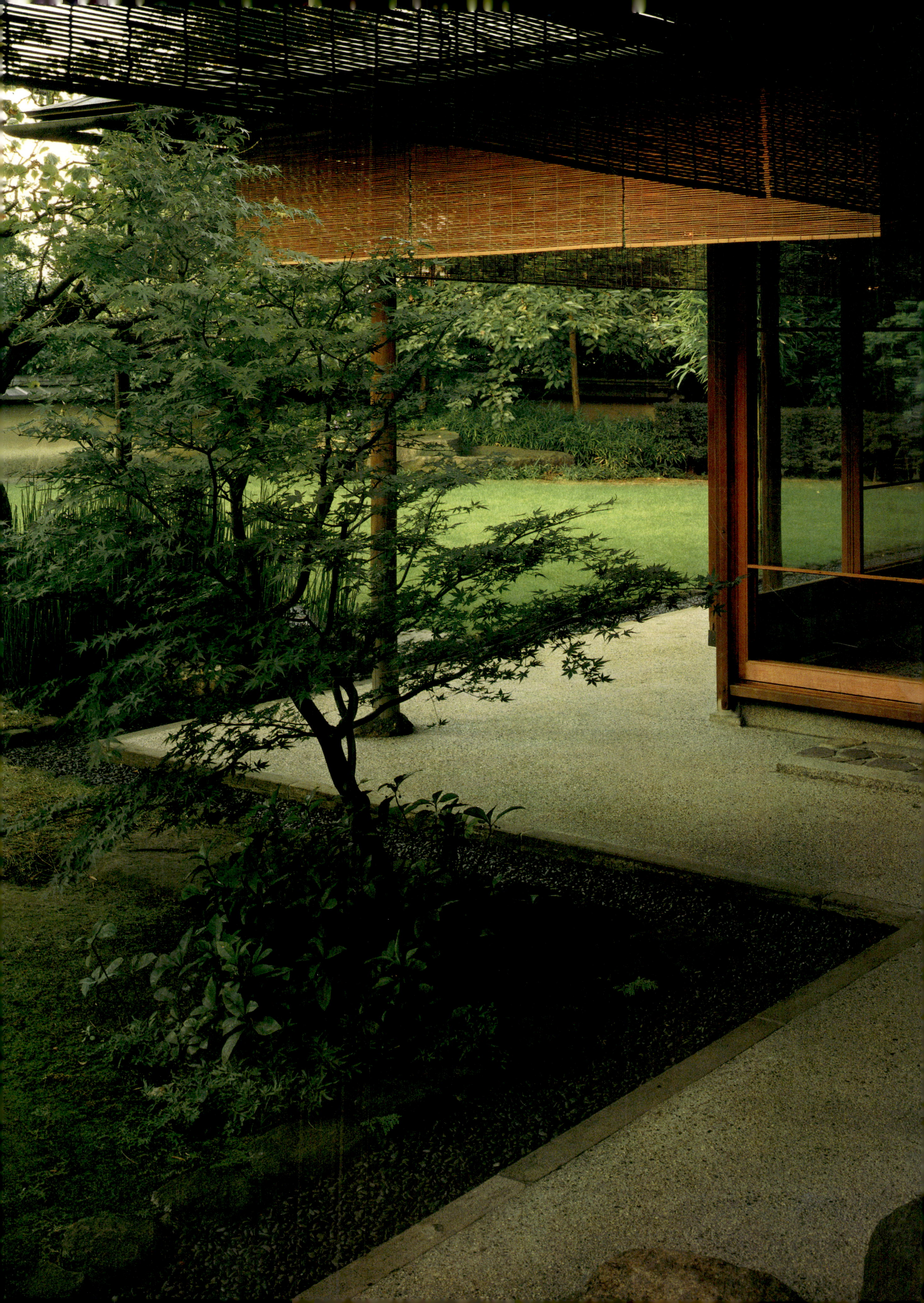

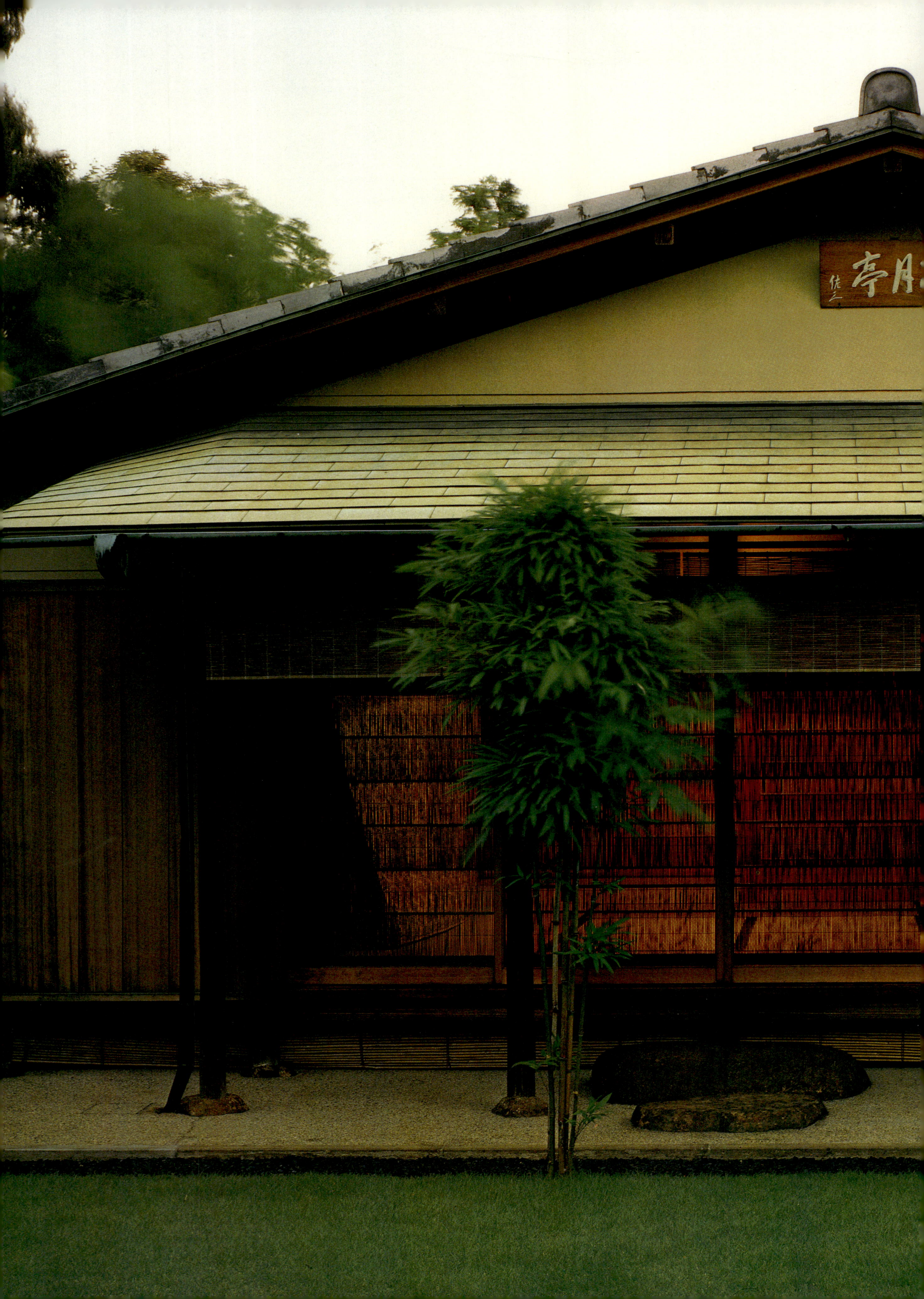

外观

上＝草坪和墙垣

筱园庵
庭院

上＝寄付

上＝床之间
下＝内庭

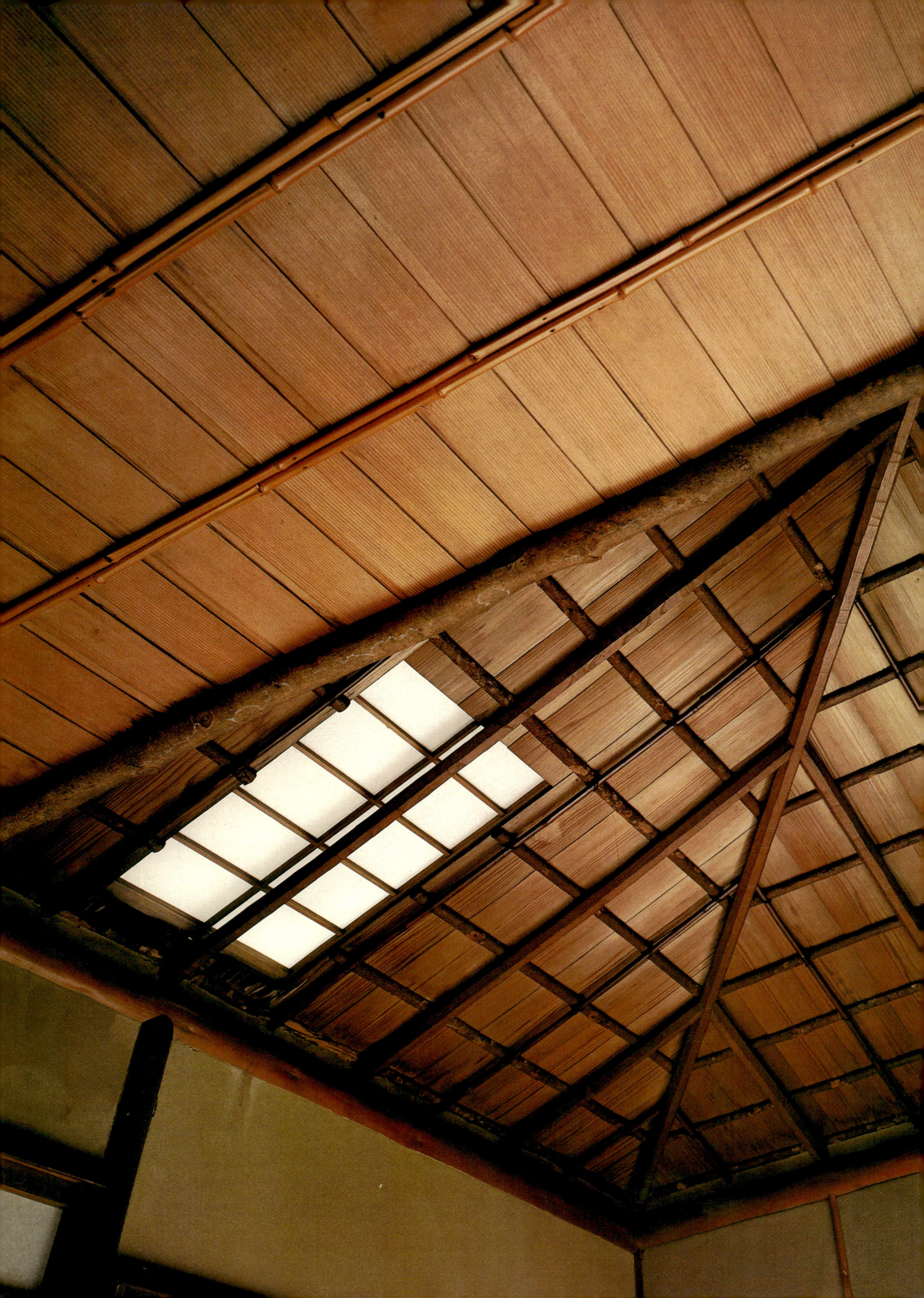

上＝寄付外观　下＝露地
左＝天井

上＝中柱、給仕口、床　下＝下座

上＝点前座　下＝貴人口和躙口

水屋

设计图详解（一）

松茶屋

所有者　三井姿子
所在地　神奈川县箱根町
建筑・作庭年　昭和二十七年（1952年）
设计・建筑　三井姿子
施工・建筑　佐野繁

这是三井高大夫妻经营的箱根汤本别墅。别墅沿着须云川呈东西细长形，往南是高地，东面低处有一栋由仰木鲁堂设计的仿茅算残月亭的建筑。由此开始，夫妻二人向西进行了扩建，形成了现在的规模。据说，他们把对岸的汤坂山比作京都的魔峰，构建了庭院。之后，二人也邀请了艺术家在这里悠然自得地持续创作。

此处介绍的座敷是第二次世界大战后扩建的，是当时一处风雅的建筑。每间都是丸太建筑，京都的木匠也参与其中，加上其他工匠的协同配合，共同建造而成。东区的木匠在将如庵移至大矶时，为了避免迁移途中受到损伤，由建部千贺太郎自始至终守护着一同前往。

建筑巧妙地利用了树木和高低不平的地形，各种氛围不同的座敷连成一片。而每个房间的设计和用材的搭配都凝聚着夫妻俩的心血。家具的形状、色彩、材质都体现出主人的喜好，还非常仔细地考虑到了如何充分展现珍藏的名品。无论哪片座敷都洋溢着上流社会的气势，使我们重新领略了修建数寄屋的乐趣。

面向玄关的大门也配合环境，很有自然情趣。走下石阶，由自然石的两段延伸引导至玄关。玄关是柿葺的葺下屋顶，左侧稍微做了点袖壁，遮挡住前面。栗、档配合磨丸太的柱子，野趣横生。接着，正面设有松中野板的式台，构成端正的入口。

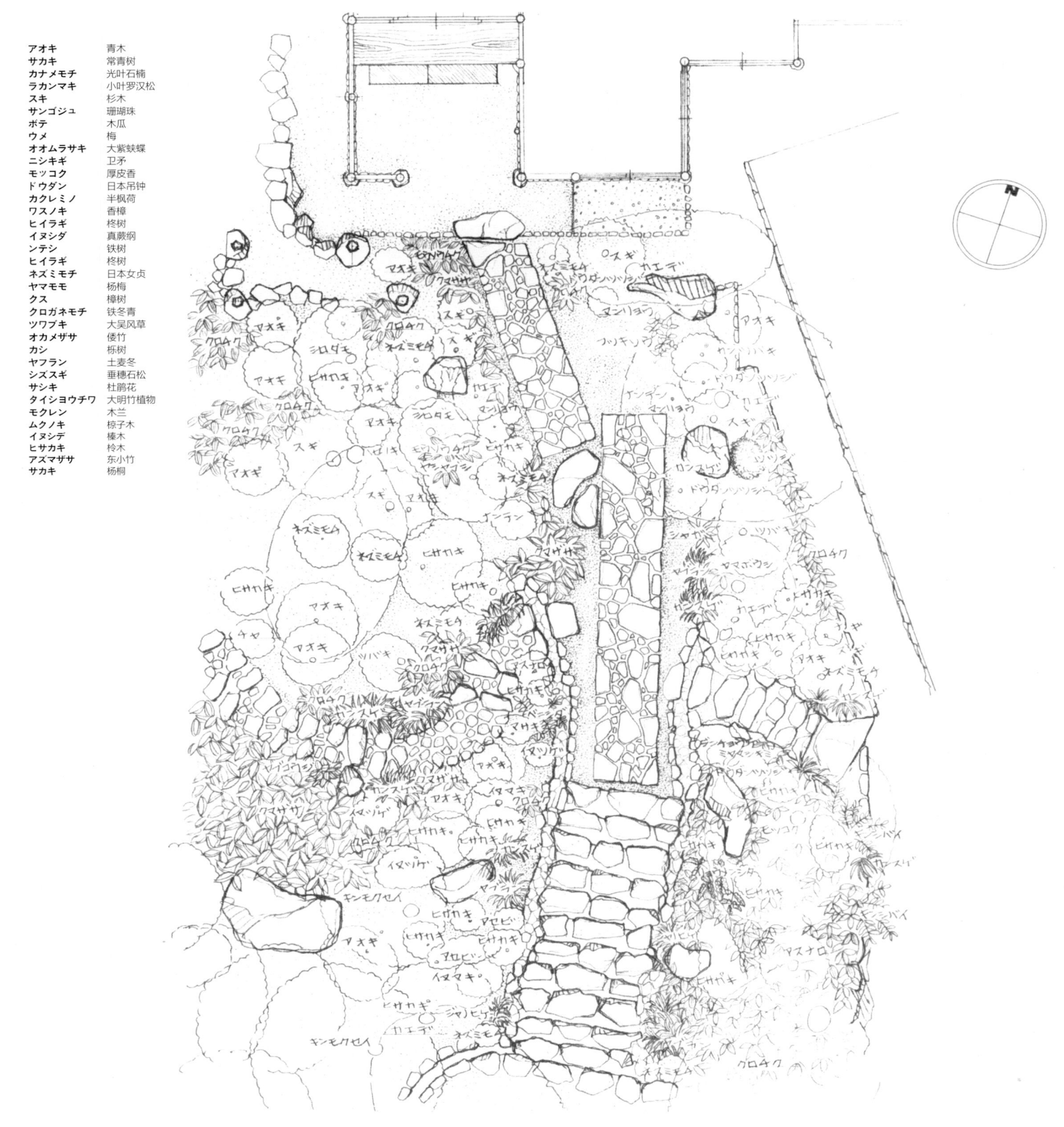

アオキ	青木
サカキ	常青树
カナメモチ	光叶石楠
ラカンマキ	小叶罗汉松
スギ	杉木
サンゴジュ	珊瑚珠
ボテ	木瓜
ウメ	梅
オオムラサキ	大紫蛱蝶
ニシキギ	卫矛
モッコク	厚皮香
ドウダン	日本吊钟
カクレミノ	半枫荷
ワスノキ	香樟
ヒイラギ	柊树
イヌシダ	真蕨纲
ンテシ	铁树
ヒイラギ	柊树
ネズミモチ	日本女贞
ヤマモモ	杨梅
クス	樟树
クロガネモチ	铁冬青
ツワブキ	大吴风草
オカメザサ	倭竹
カシ	栎树
ヤブラン	土麦冬
シズスギ	垂穗石松
サシキ	杜鹃花
タイショウチワ	大明竹植物
モクレン	木兰
ムクノキ	椋子木
イヌシデ	榛木
ヒサカキ	柃木
アズマザサ	东小竹
サカキ	杨桐

玄关前庭平面图　比例尺1:80

松茶屋　实测图

位于玄关向北的走廊深处设有卯之花，在特别静谧的另一片天地中，山白竹间精心打造的飞石，支撑起了这片庭院的风景。

　二楼的松之间隔着鞘之间与柏之间相连，取走褛便可形成一个二十七叠的大广间。床框和落挂绕成矩形，床胁也铺上叠，装上桌板，打开着书院窗。床、棚的外观与座敷相融合，营造出一种宽松舒适的氛围。障子组子的比例也与之协调。书院窗的火灯缘使用了三井夫人喜欢的优美的松皮菱。松之间的南侧隔着障子添加了七寸五分低的广缘，设置了宽敞的座椅。由此广缘可下至南庭。松之间的北面隔着走廊就是吉野之间，北侧面朝宅邸内最高的庭院。墙面上开有高五尺、宽六尺的圆窗。此间面积采用了高台寺遗芳庵设计的四叠半大小，主要是考虑到还可用作茶室。

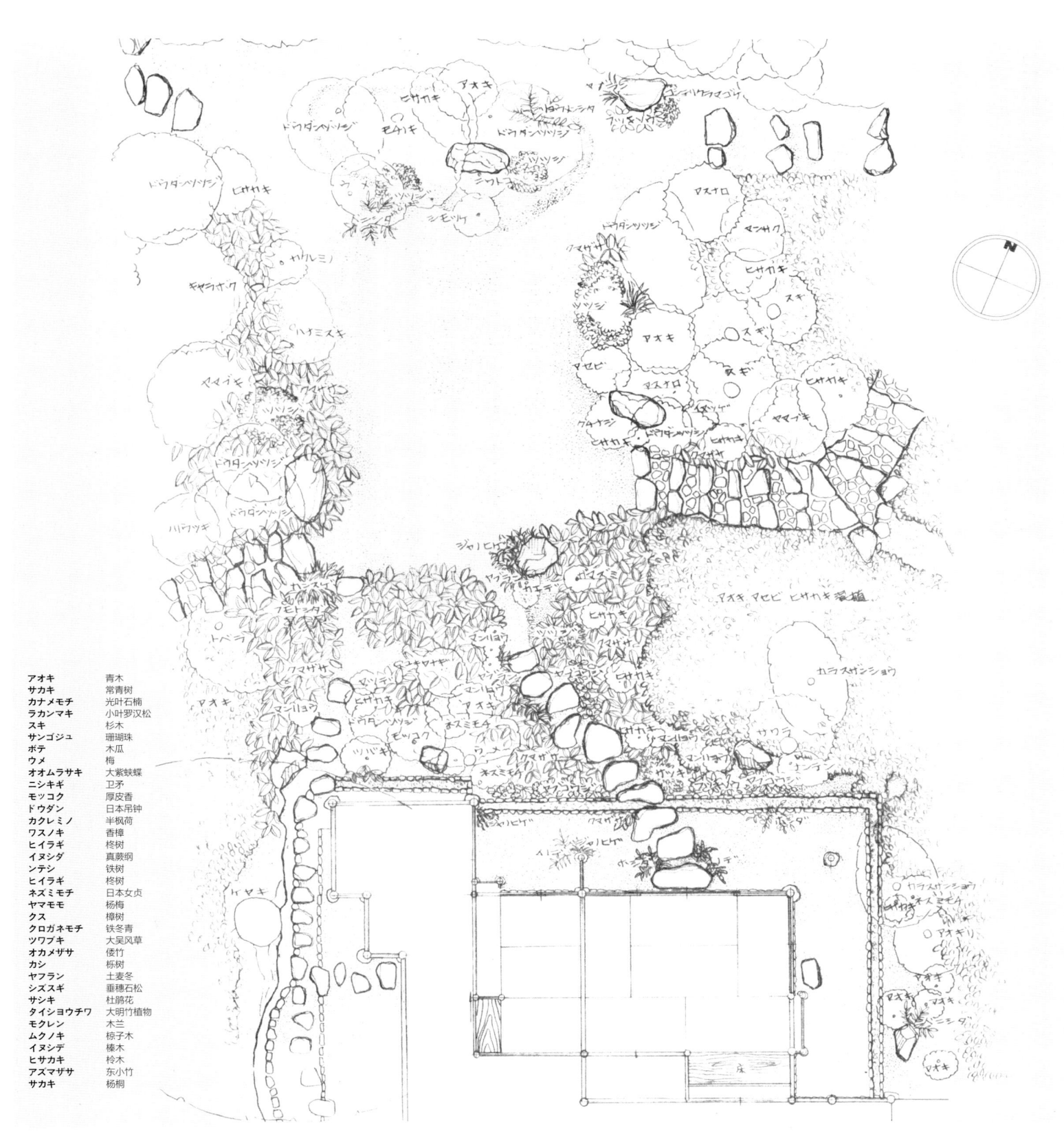

アオキ	青木
サカキ	常青树
カナメモチ	光叶石楠
ラカンマキ	小叶罗汉松
スギ	杉木
サンゴジュ	珊瑚珠
ボケ	木瓜
ウメ	梅
オオムラサキ	大紫蛱蝶
ニシキギ	卫矛
モッコク	厚皮香
ドウダン	日本吊钟
カクレミノ	半枫荷
ワスノキ	香樟
ヒイラギ	柊树
イヌシダ	真蕨纲
テシ	铁树
ヒイラギ	柊树
ネズミモチ	日本女贞
ヤマモモ	杨梅
クス	樟树
クロガネモチ	铁冬青
ツワブキ	大吴风草
オカメザサ	倭竹
カシ	栎树
ヤブラン	土麦冬
シズスギ	垂穗石松
サシキ	杜鹃花
タイショウチワ	大明竹植物
モクレン	木兰
ムクノキ	榉子木
イヌシデ	榛木
ヒサカキ	柃木
アズマザサ	东小竹
サカキ	杨桐

卯之花平面图　比例尺1:80

松茶屋　实测图

卯之花　袖壁

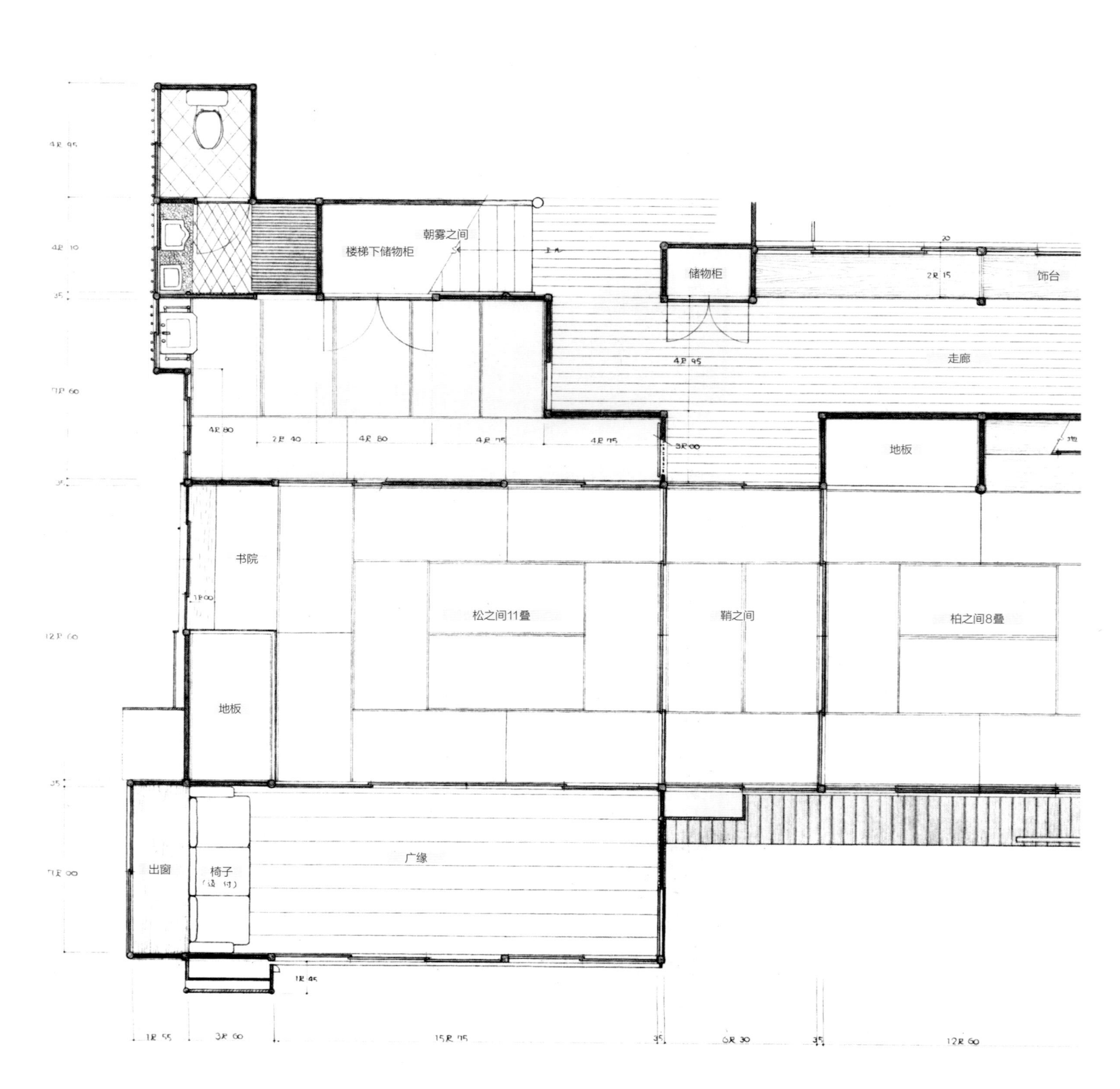

松茶屋　实测图

卯之花　控室照明用具 　　　　　　　　卯之花　下地窗

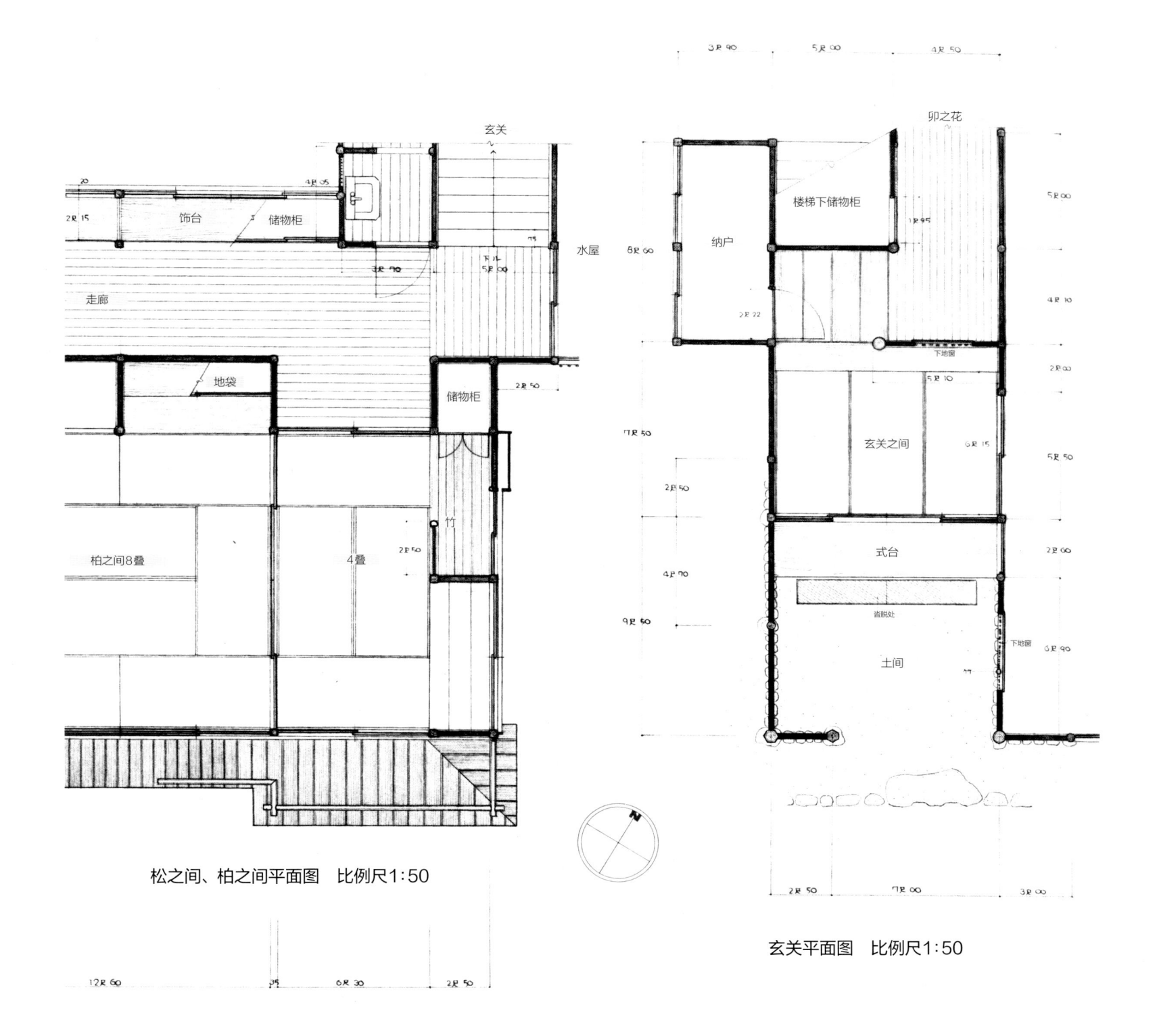

松之间、柏之间平面图　比例尺1:50

玄关平面图　比例尺1:50

松茶屋　实测图

玄关天井俯视图　比例尺1:50

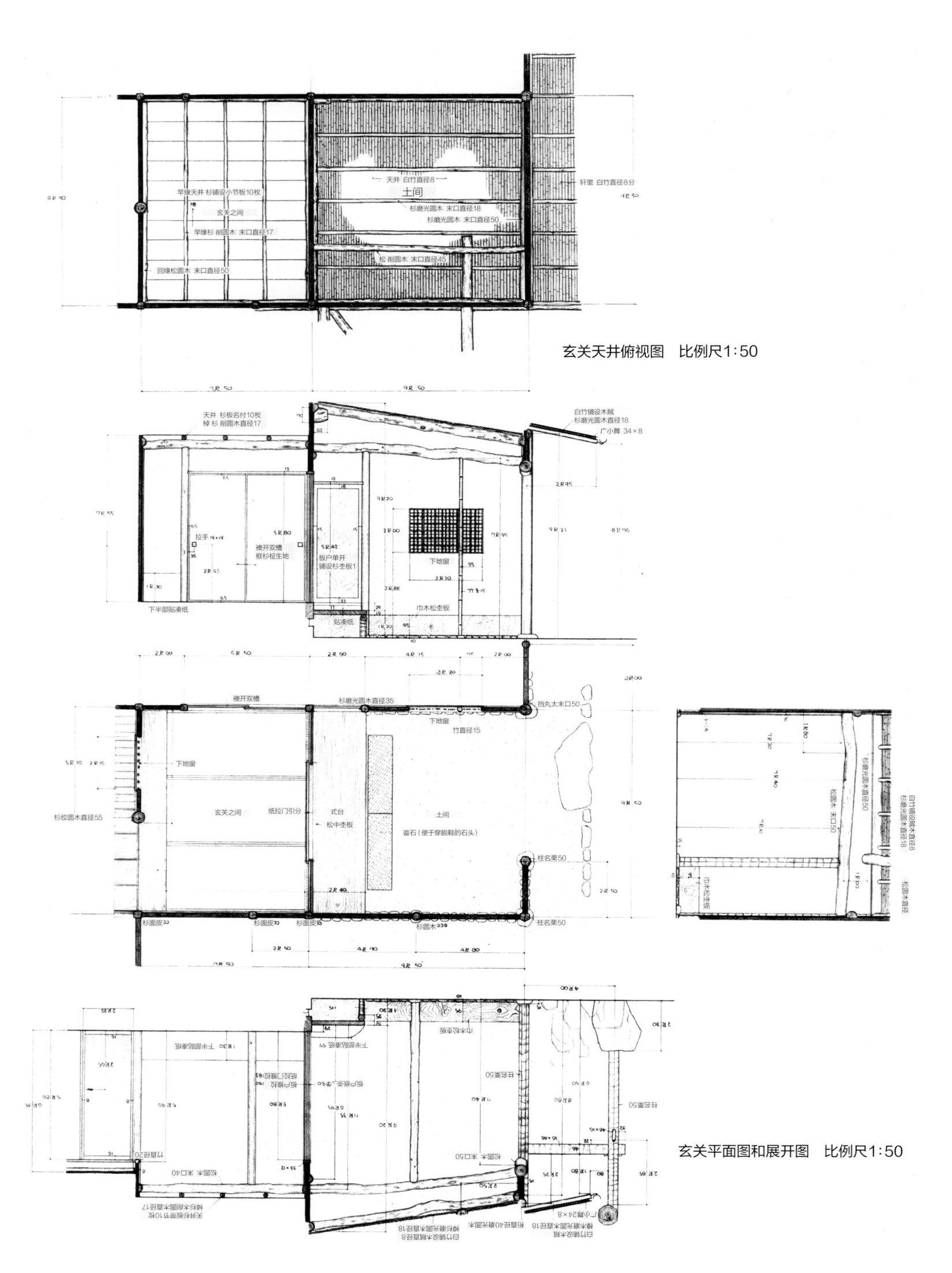

玄关平面图和展开图　比例尺1:50

松茶屋　实测图

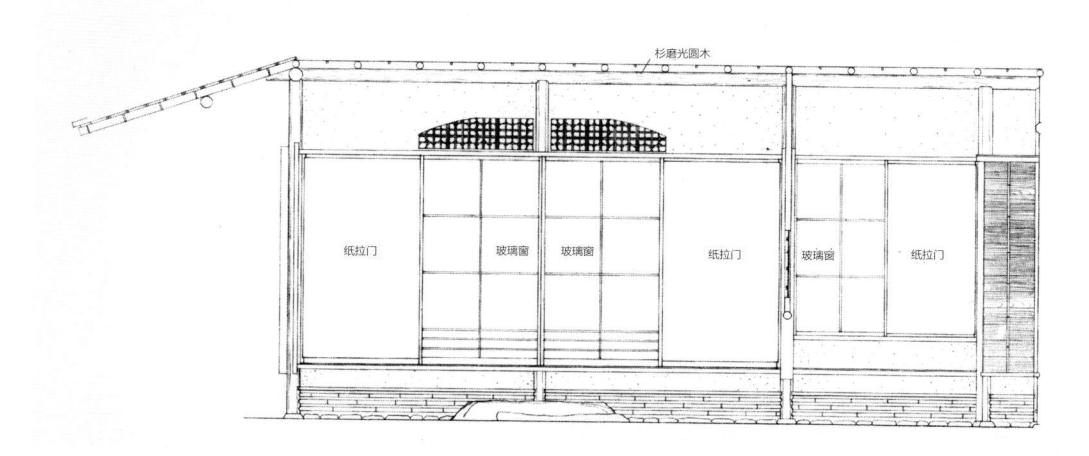

卯之花北侧立面图　比例尺1:50

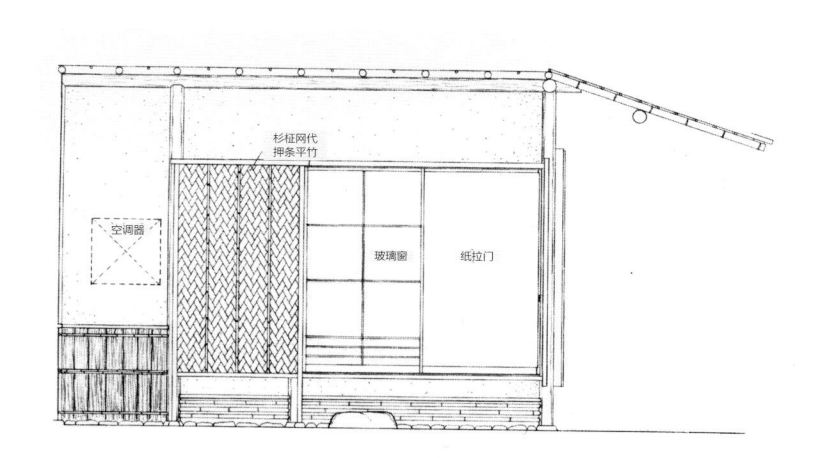

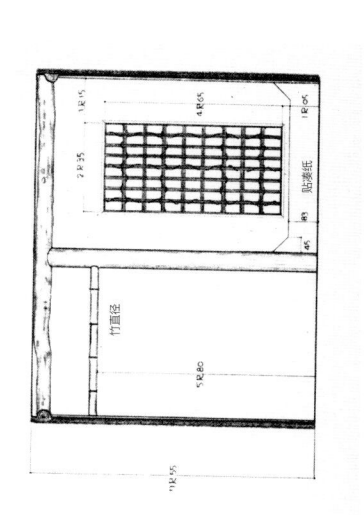

卯之花东侧立面图　比例尺1:50

松茶屋　实测图

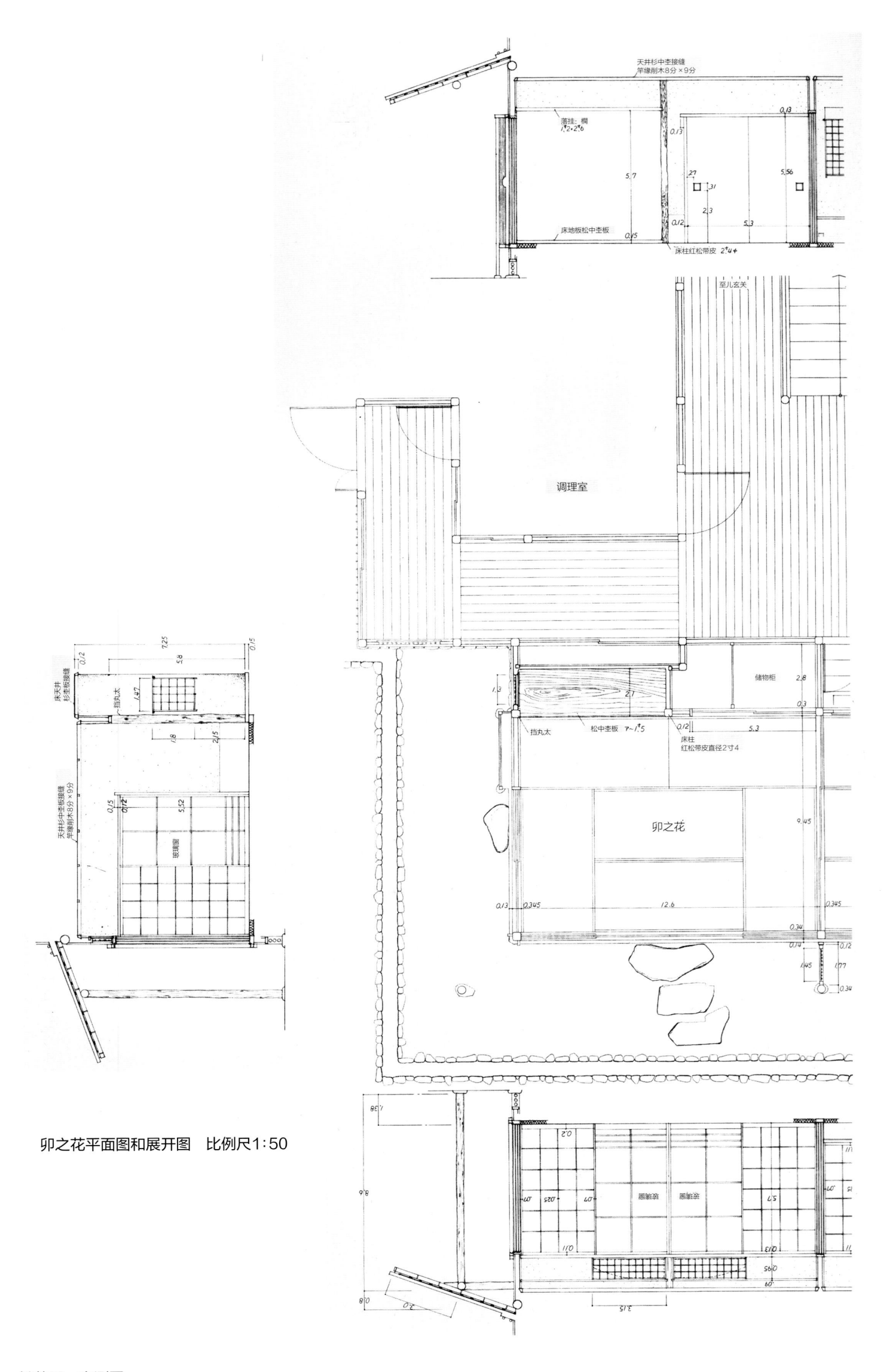

卯之花平面图和展开图　比例尺1:50

松茶屋　实测图

松茶屋 实测图

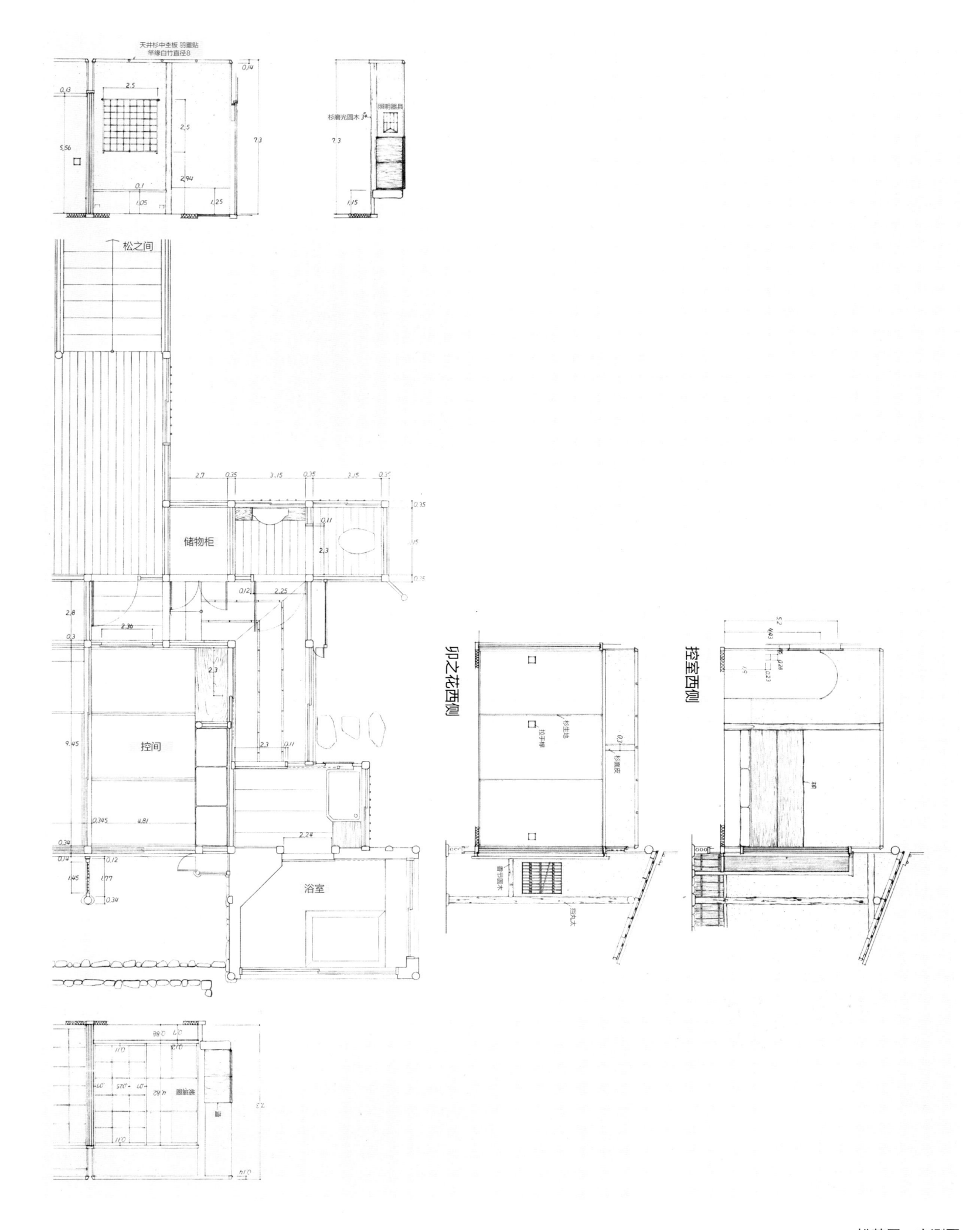

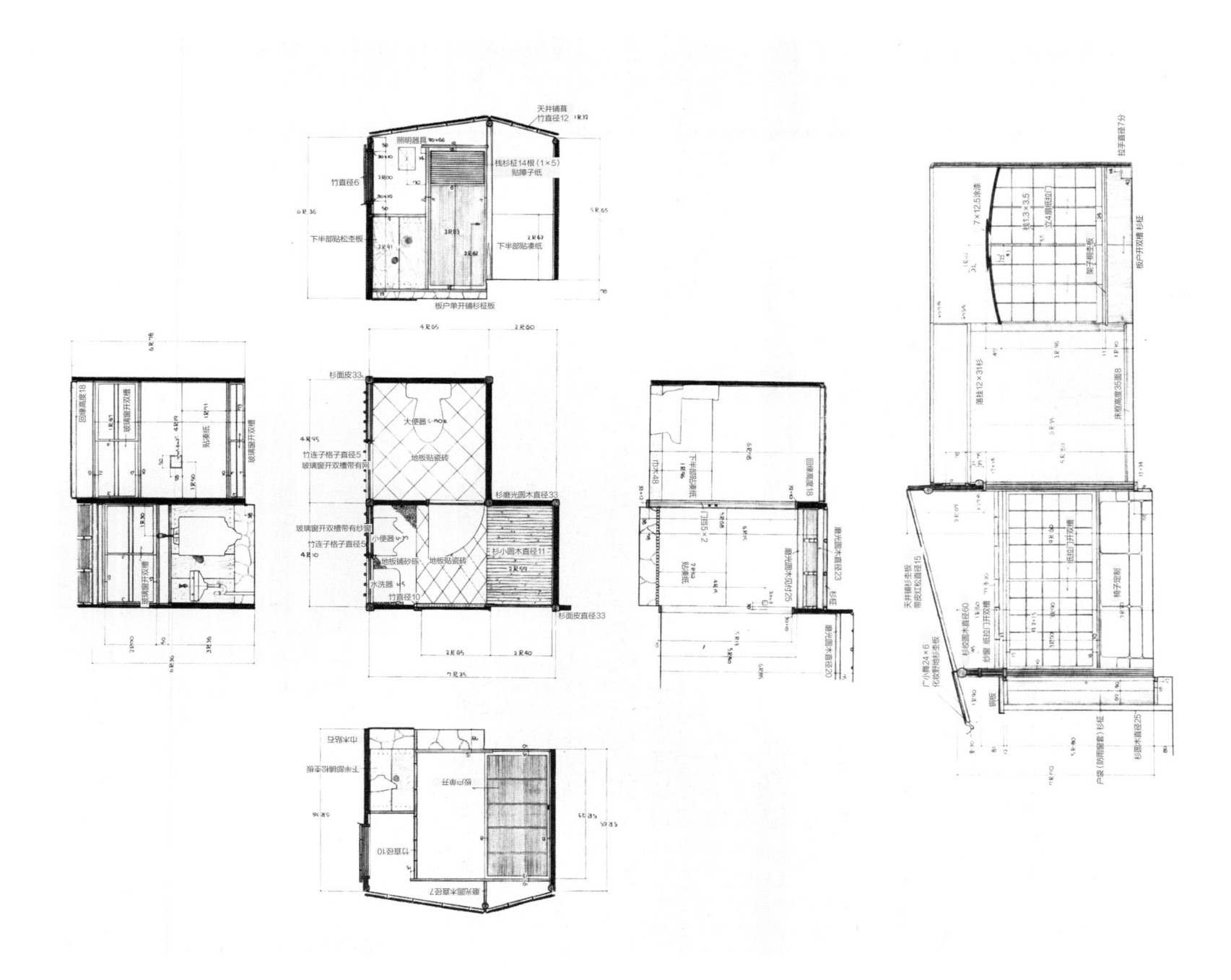

松之间手洗平面图和展开图　比例尺1:50

松茶屋　实测图

广缘南侧

平面图及展开图　比例尺1∶50

松茶屋　实测图

松之间　格窗 　　　　　　　　　松之间　绞丸太上部 　　　　　　松之间　书院

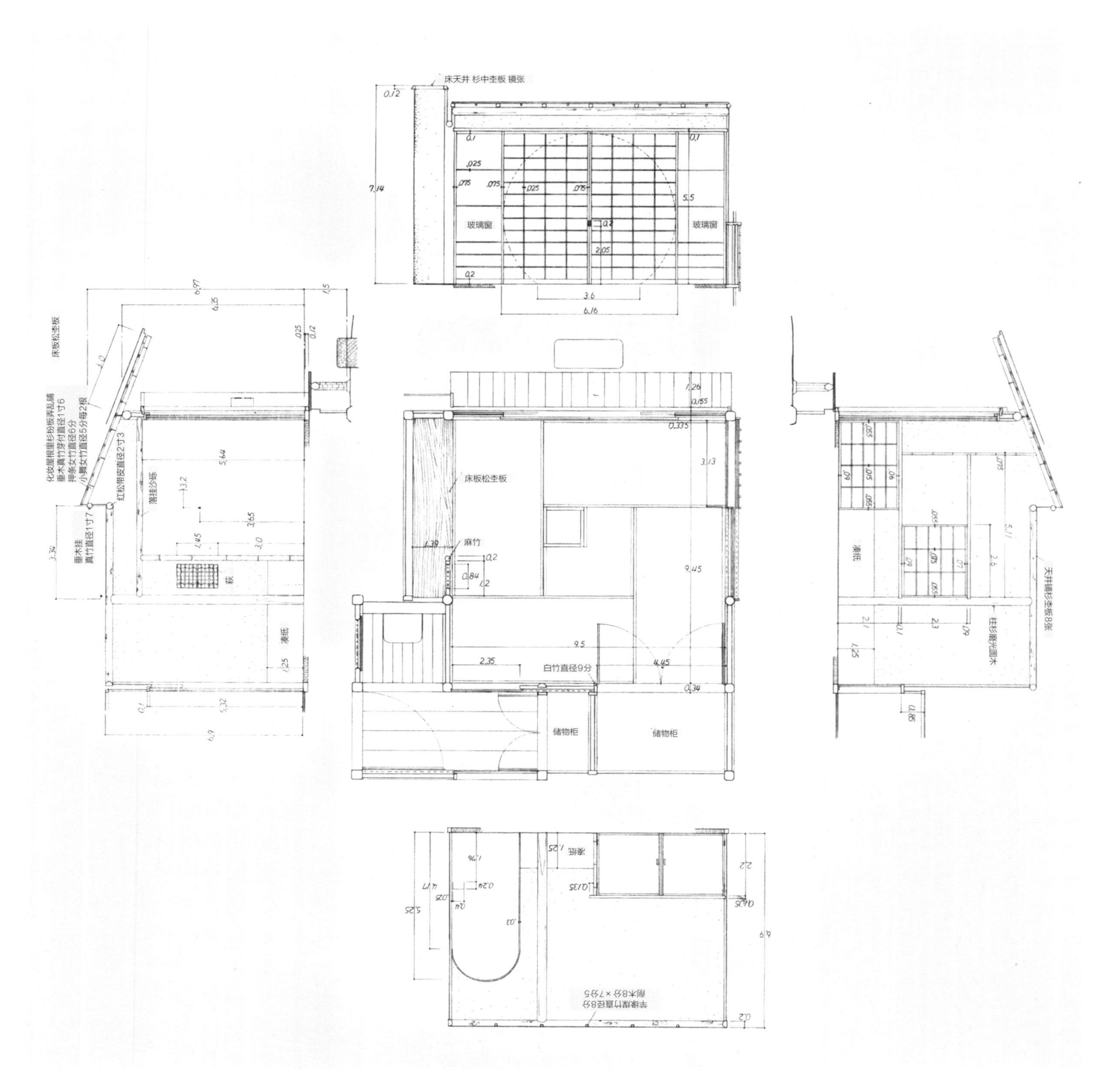

吉野之间平面图和展开图　比例尺1∶50

松茶屋　实测图

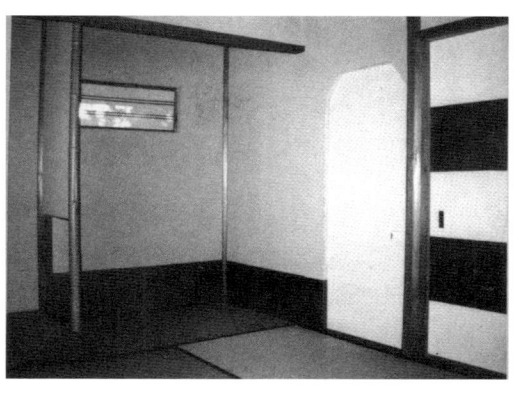

朝雾之间　床胁 　　　　　　　　　　　吉野之间　入口

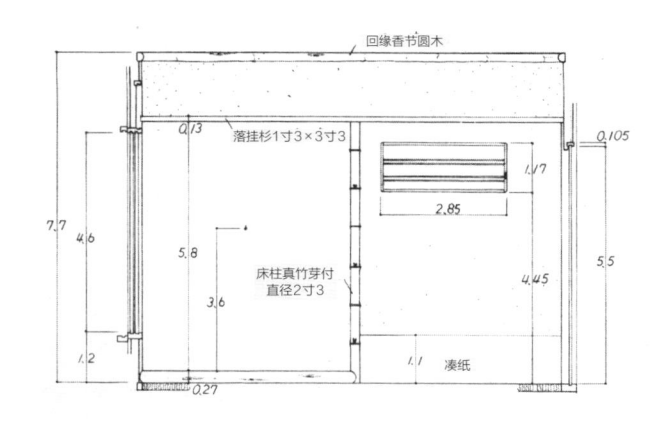

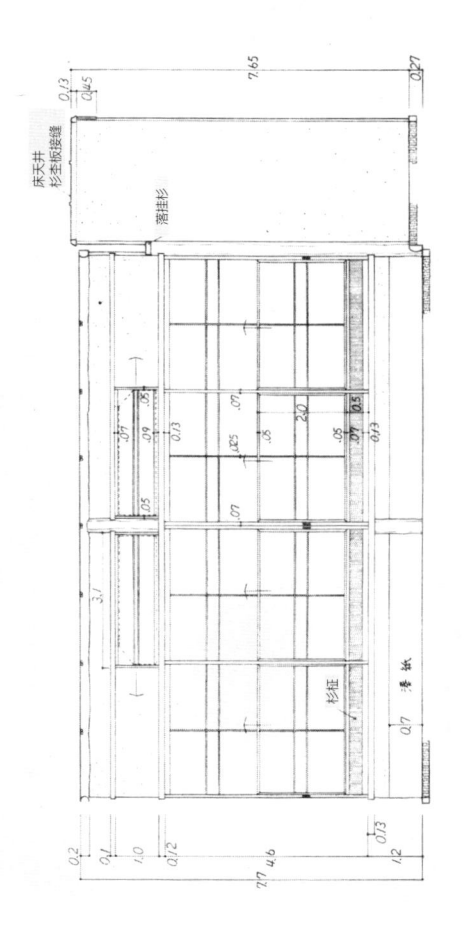

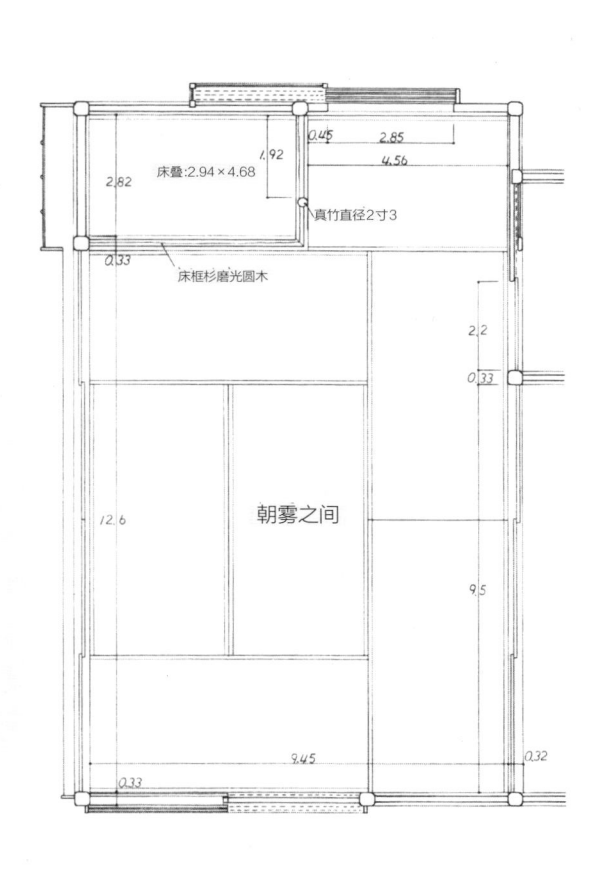

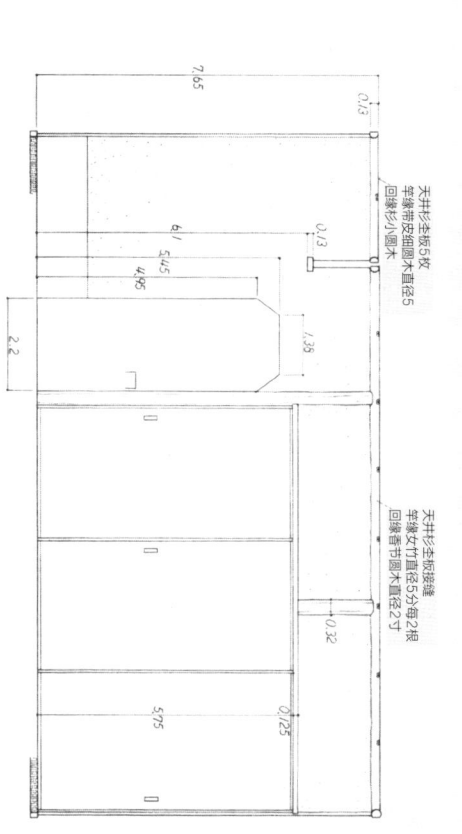

朝雾之间平面图和展开图　比例尺1:50

松茶屋　实测图

指月亭

所在地 东京都港区
建筑・作庭年 昭和十四年（1939年）
设计・建筑 村野藤吉
施工・建筑 大金工务店

指月亭有着轻快潇洒的大门，还有着无意间透露着谦恭姿态的玄关，整体坡度小高度低，但外观端正，还有薄而轻快的房檐线，以及与南庭高度一致的低矮筑地塀。中间设有中庭，每个座敷都围绕着庭院，随处洋溢着诗意，这是只有村野藤吉才能设计出的整洁清秀的数寄屋。

村野对此做了如下论述：

"我觉得住宅的设计很难。但是，住宅的设计，如果不相互深入对方身边进行对话的话，有些内容就很难进行下去。因此，我们作为设计师，利用工作能力，相互深入了解对方，使对方也了解自己，双方变得非常亲密。作为一个人，我觉得没有比这更高兴的了，我觉得这是只有建筑师才被允许的幸福。"
(摘自《住宅设计心得手册》)

像这样与委托人甚深的接触，才完成了这个指月亭吧。村野在作品集中也做了的记录。

平面和庭院由委托人负责，室内装饰和襖绘由画师和田三造负责，建筑由村野负责，三方各自负责，共同合作完成。书院和过道走廊很有特点，竣工后虽已经历十年以上，但美丽毫不褪色，应该是保养得很好的缘故吧。由于主人的需求，几人写下了建筑的由来，并将其装裱后入仓保存。

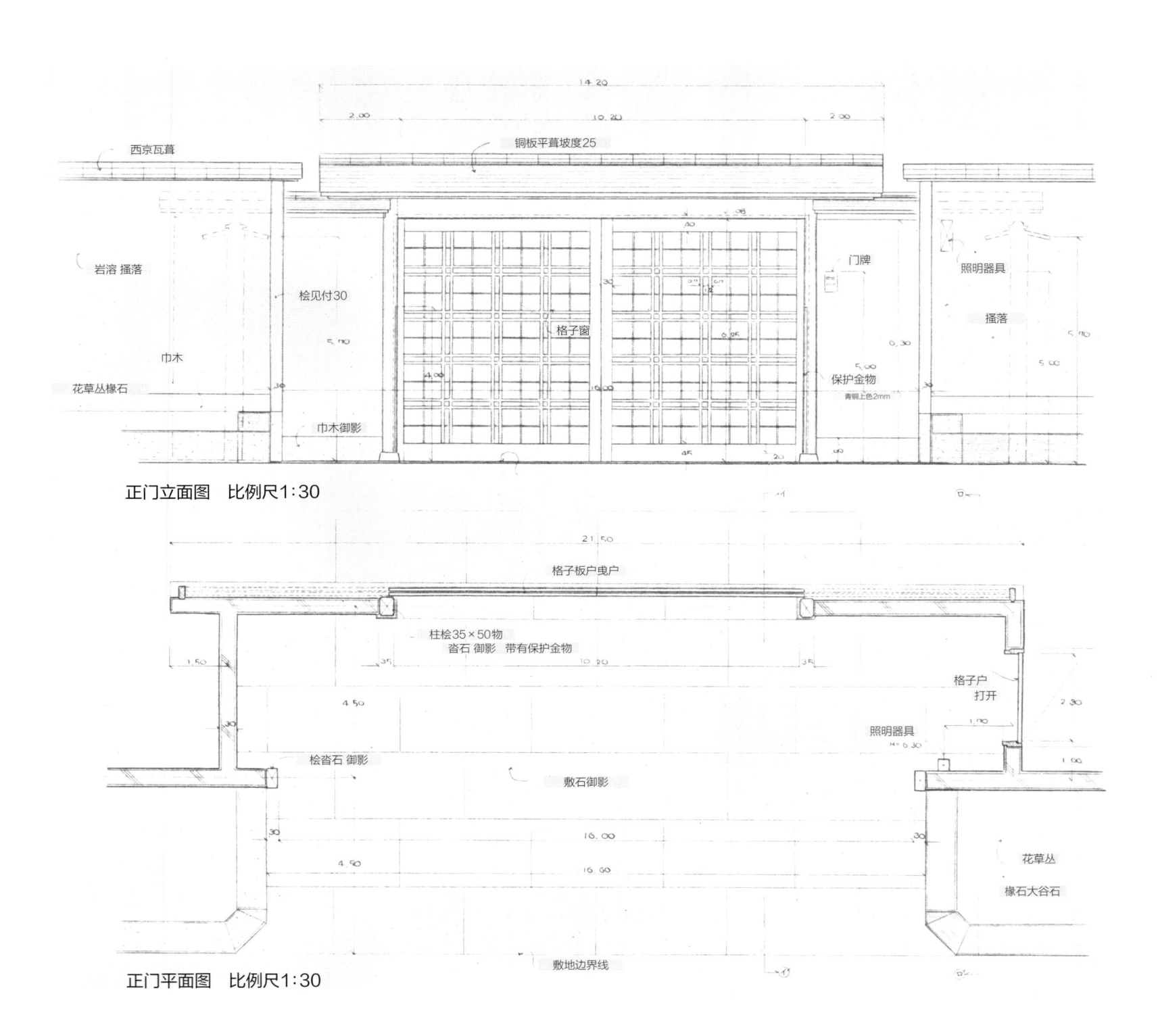

正门立面图　比例尺1:30

正门平面图　比例尺1:30

指月亭　实测图

正门

正门断面图　比例尺1:30

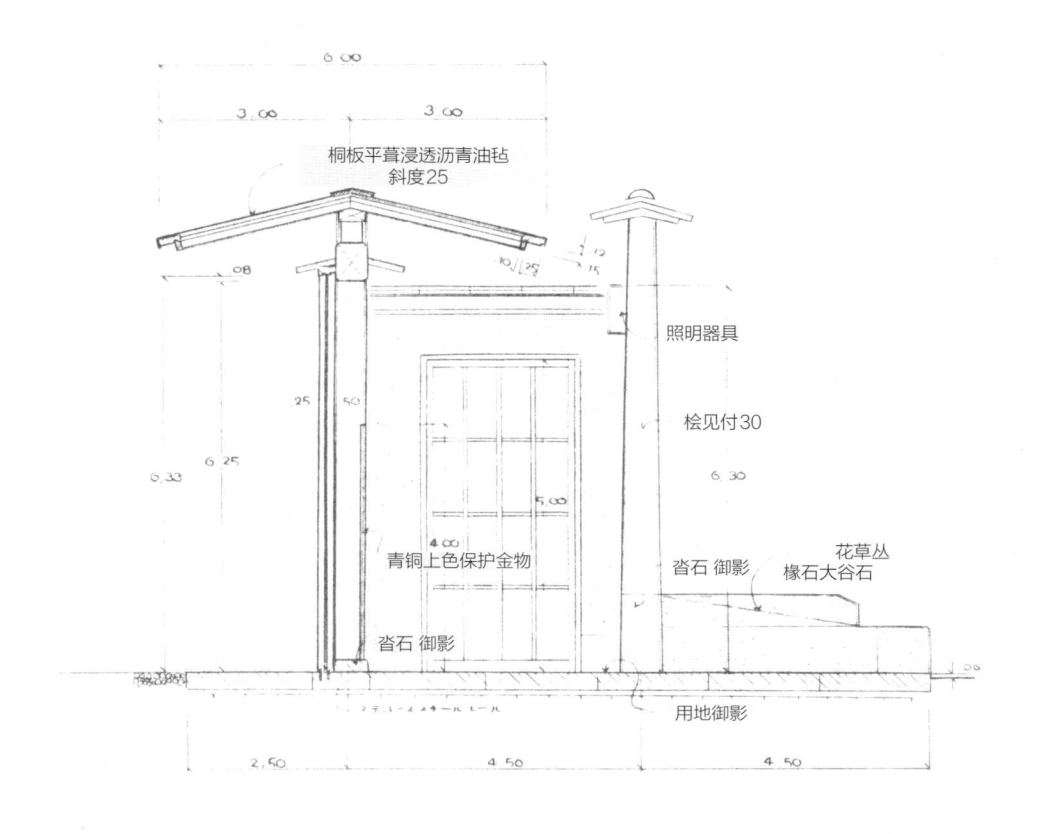

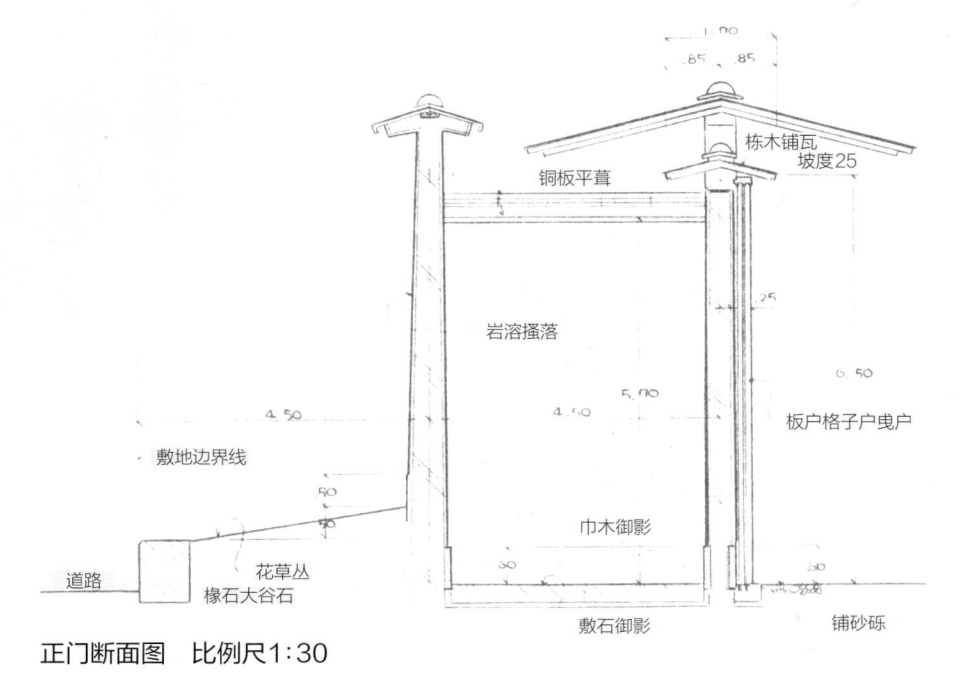

指月亭　实测图

正门断面详细图 比例尺1:3

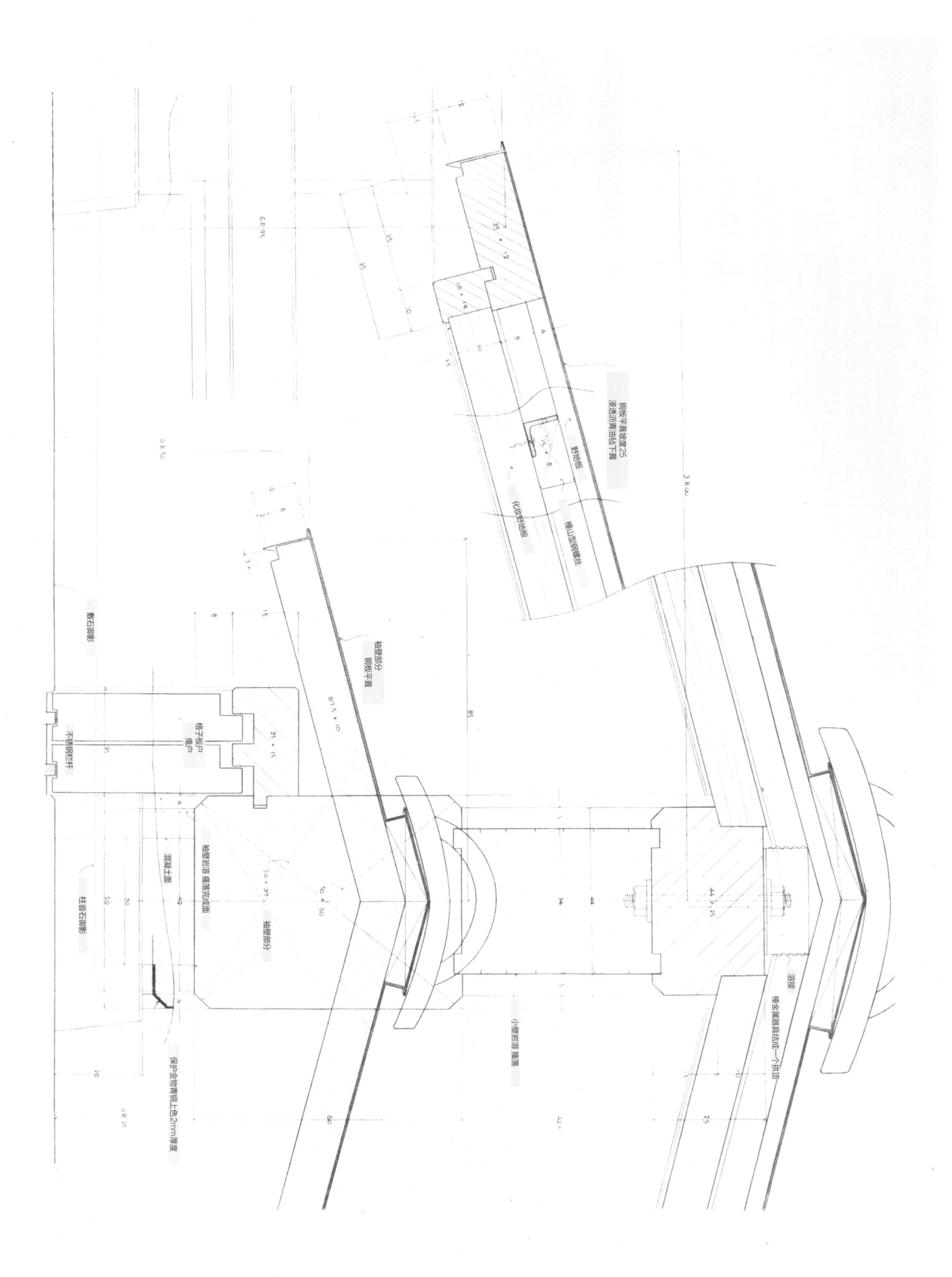

指月亭 实测图

玄关周边详细图 比例尺1:30

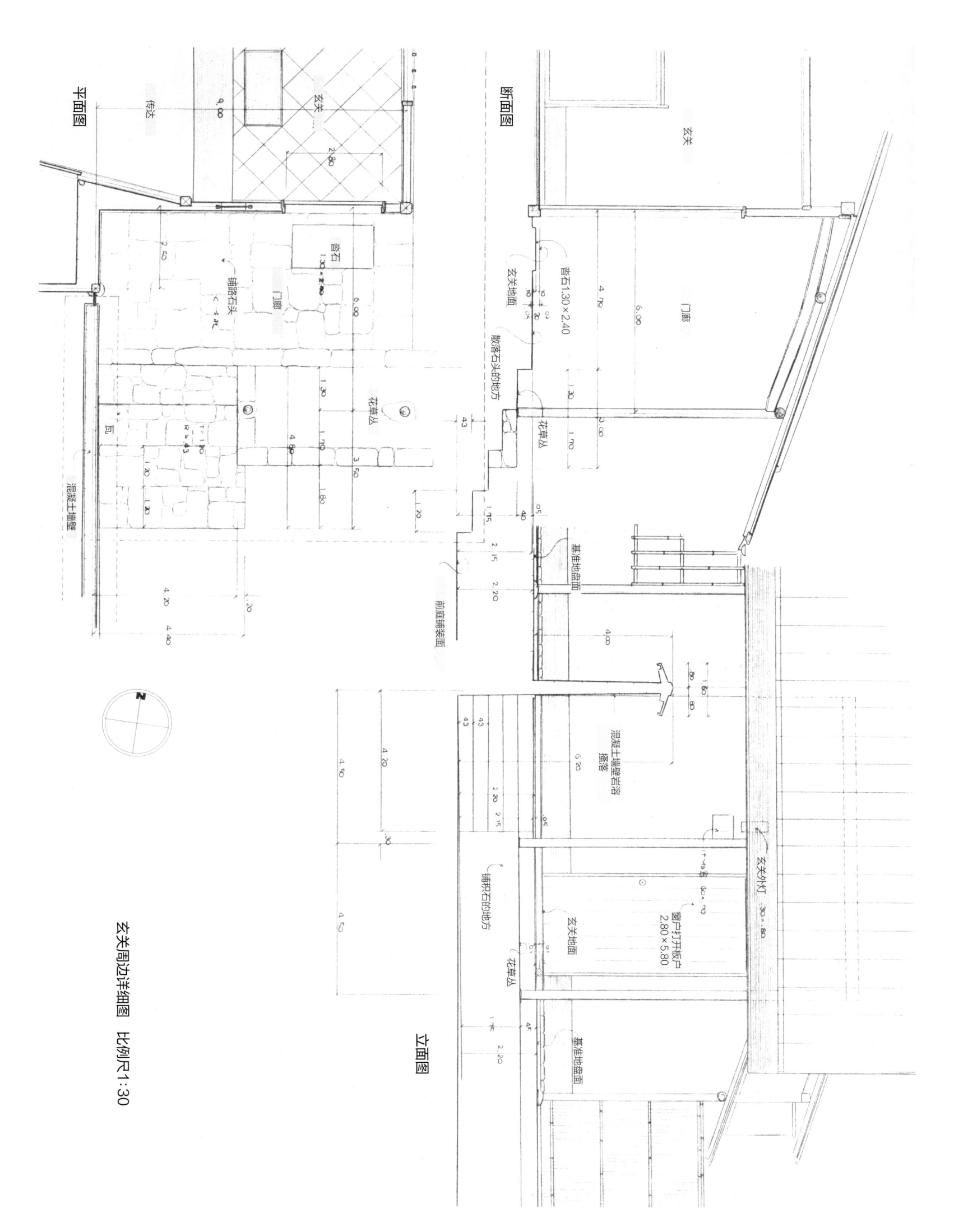

指月亭 实测图

中庭

玄关 饰棚

玄关 内部

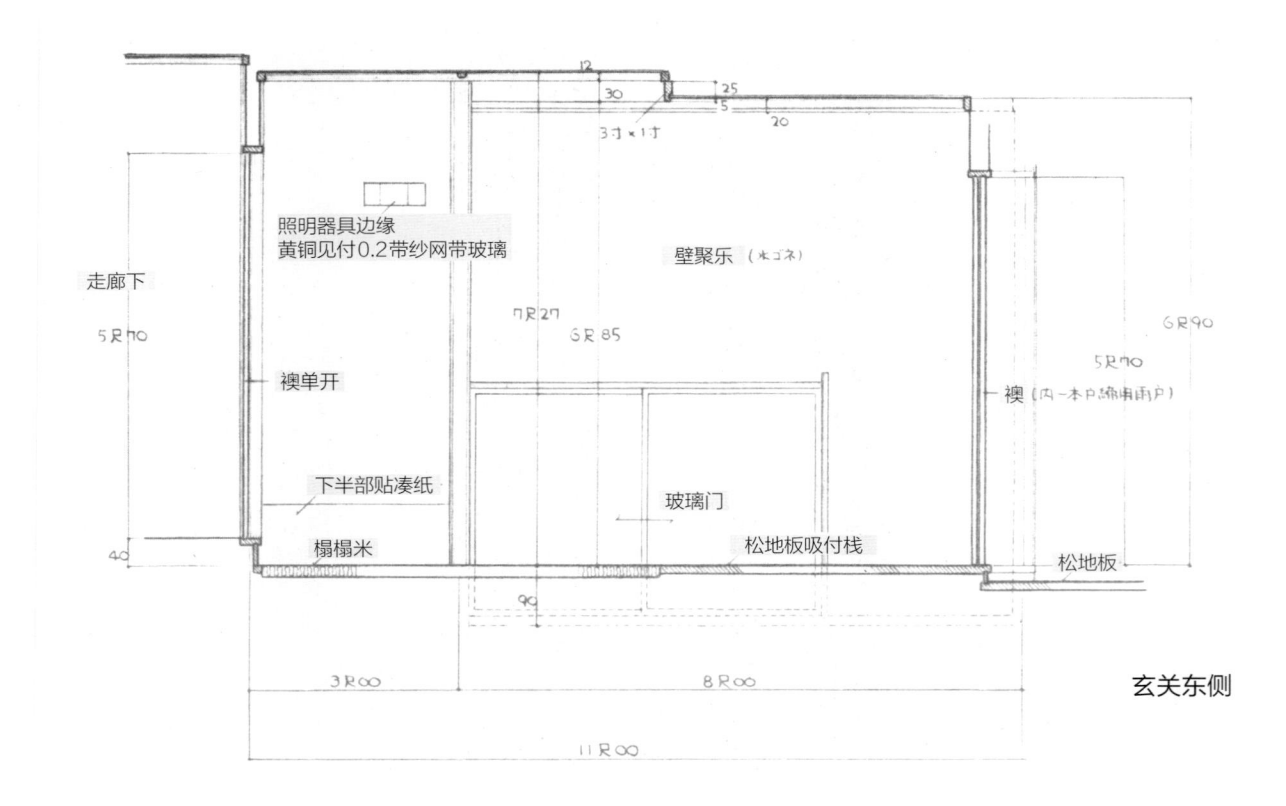

玄关东侧

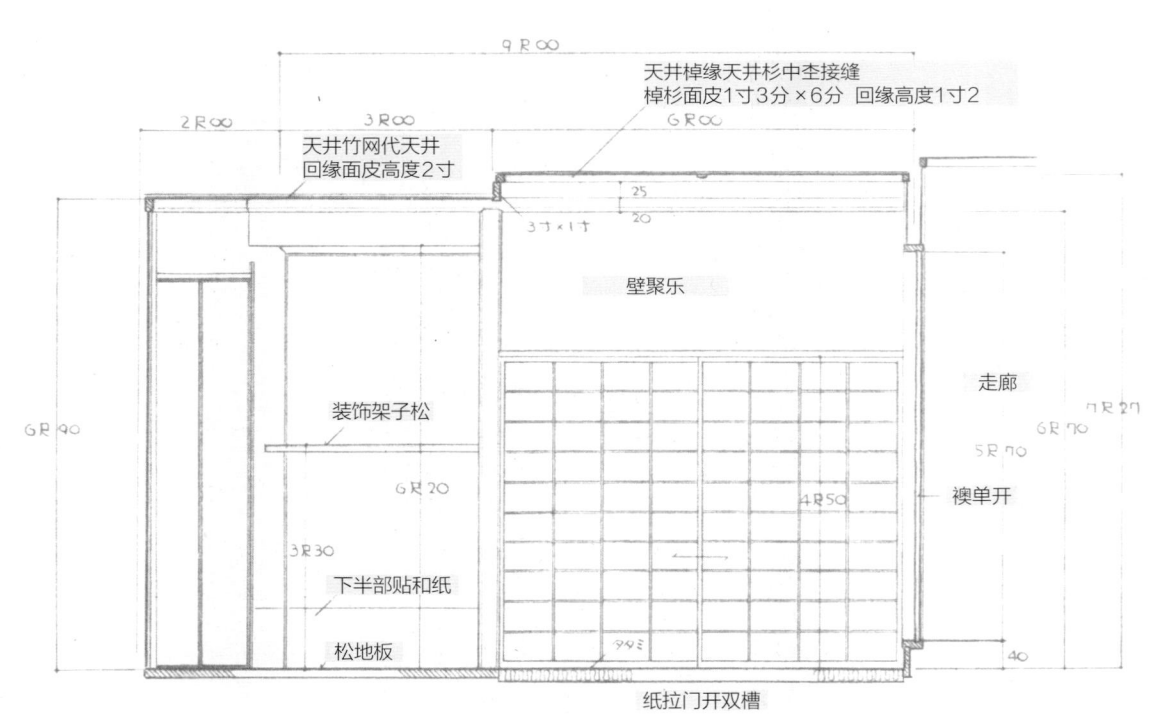

取次西侧

指月亭 实测图

屋檐仰视图　　　　　　　　　庭院一角

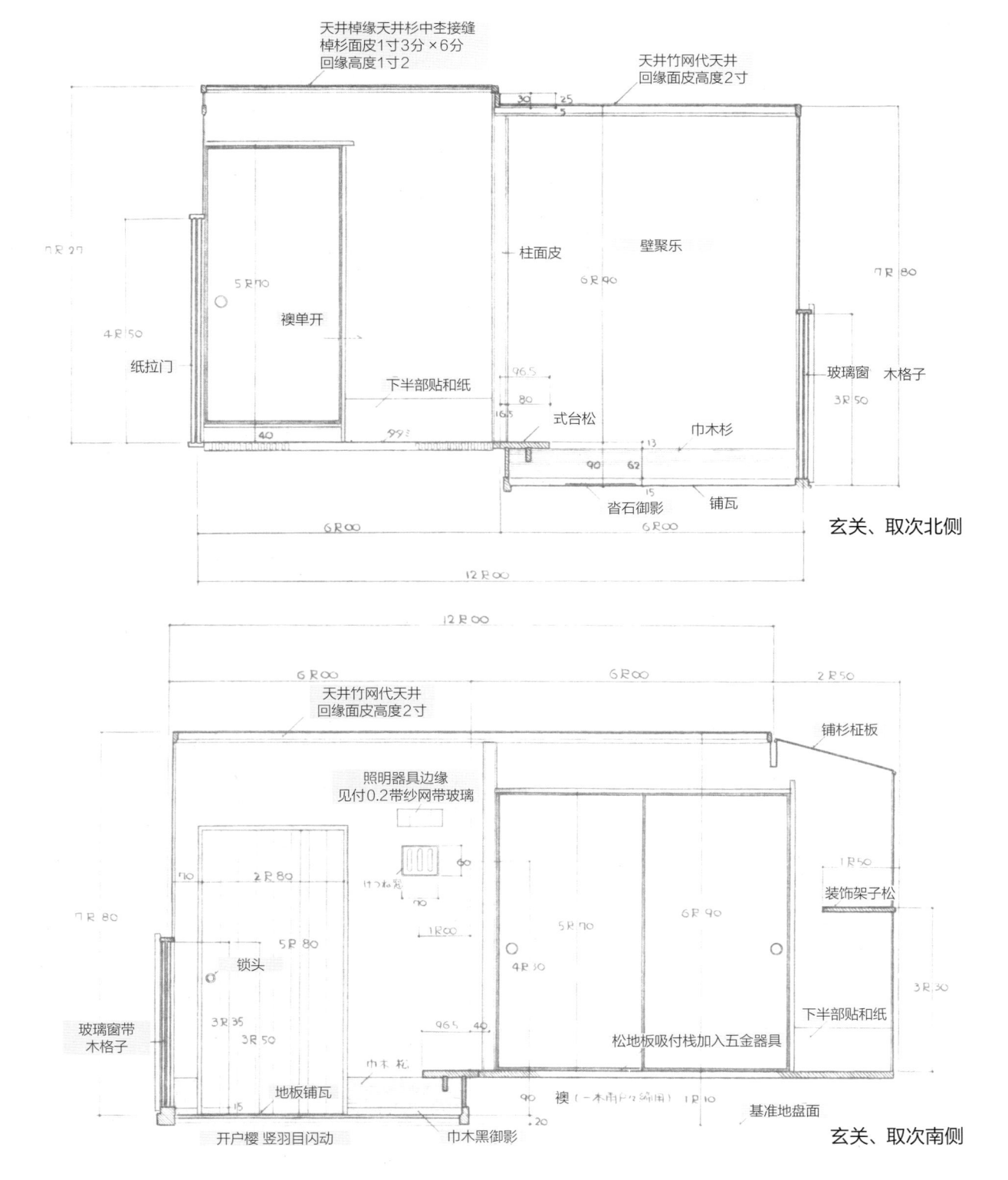

玄关、取次展开图　比例尺1:30

指月亭　实测图

地炉　女佣人室　玄关　取次　渡廊　朝鲜灯笼　东大寺灯笼火袋　砂砾敷

平面图　比例尺1:100

指月亭　实测图

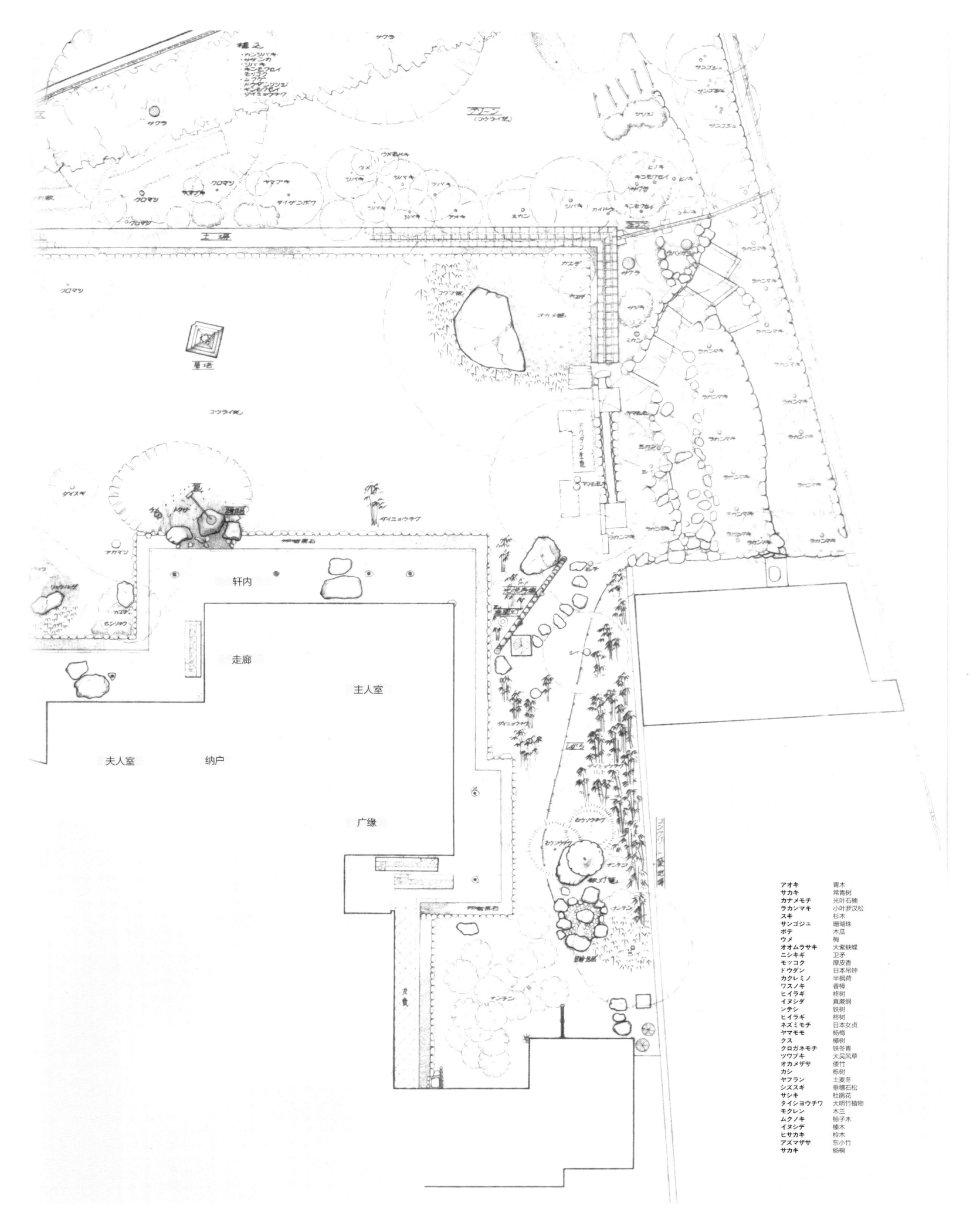

指月亭　实测图

筱园庵

所有者 籔内绍智
所在地 大阪市东区
建筑·作庭年 明治中期
设计·建筑·庭 籔内节庵
施工·建筑 不明

筱园庵是根据籔内节庵（1868—1940年）的喜好而建。明治中期大阪的籔内流的数寄者们结社成筱园会，这里便是道场。节庵死后，这里被用作籔内家的大阪排练场。

间口是宽约四间一尺、纵深九间一尺的敷地，在街道外观中作为茶道家的设施构成。一进入临街大门，庭院左侧是手洗，然后是寄付六叠，里面有玄关，正面是胜手口。

玄关有二叠，有向板和向切炉，还有一叠具备了作为台目向板座位的功能。玄关和寄付之间的走廊中设有水屋，寄付中西侧有壁床，相反一侧的一叠为点前座。

寄付北侧的草坪为露地，面对露地有个三叠半台目茶室，露地西南角设有腰挂。茶室由贵人口和躏口、茶道口和给仕口以及天井三段构成。客座二叠上面是架有竹隅木的化妆屋根里，截断了突上窗。台目结构的中柱是弯枝，带有火灯形的吹拔，是前所未见的袖壁的处理方式。从吹拔可见下棚，这在云雀棚中也是个特例。茶道口的竹方立和燕庵一样也是籔内流的特色。打开点前座的障子是佛龛，佛龛上供奉着利休像和剑仲像。

最里面有八叠的广间。在丸太柱上打入杉木圆削二折的长押，再打上了柏木藏钉五金件。

院内的各处空间充分展现了茶匠的用心，并巧妙活用了当时数寄屋建筑的技巧，备受瞩目。

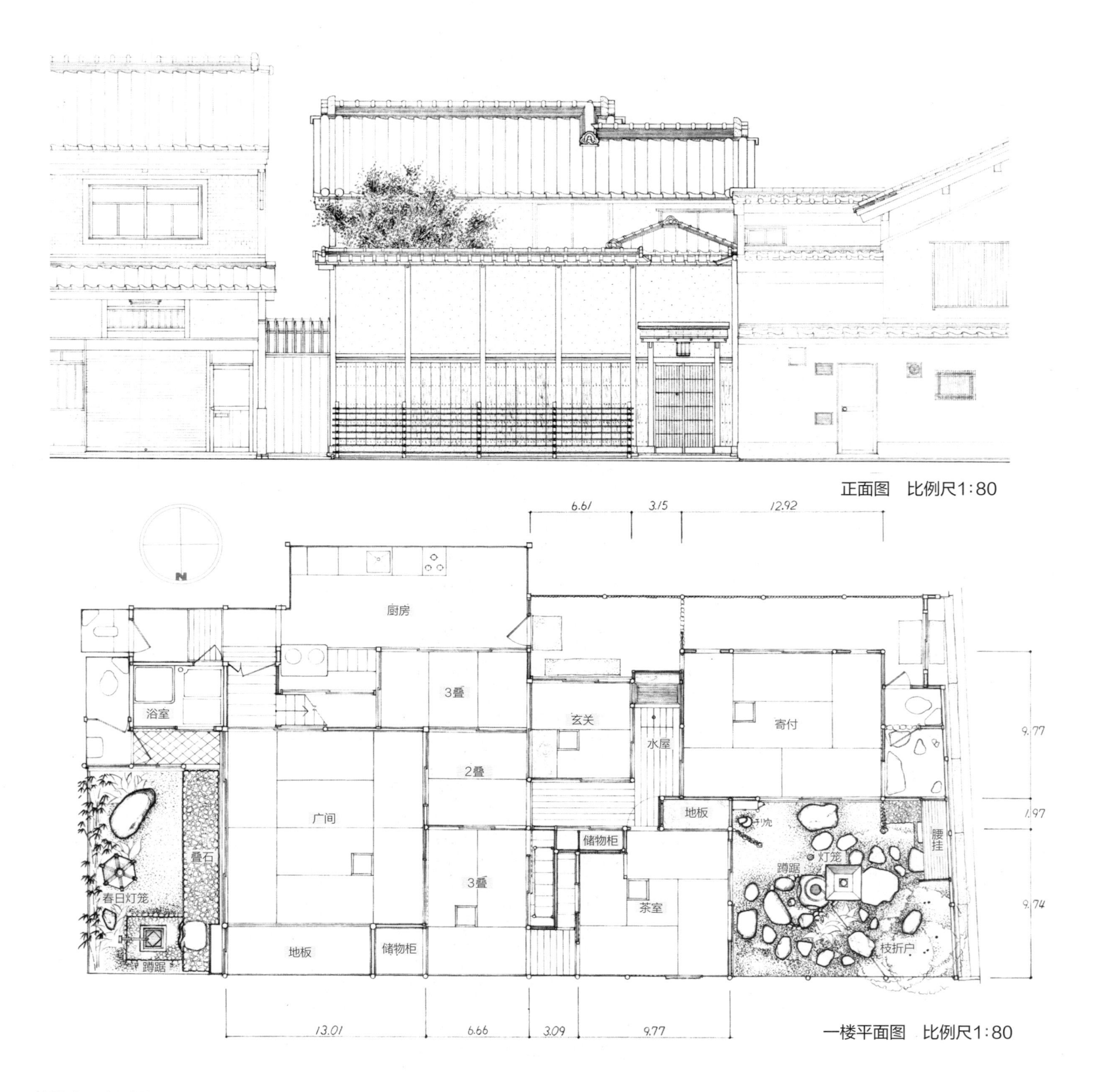

正面图　比例尺1:80

一楼平面图　比例尺1:80

筱园庵　实测图

大门 外观

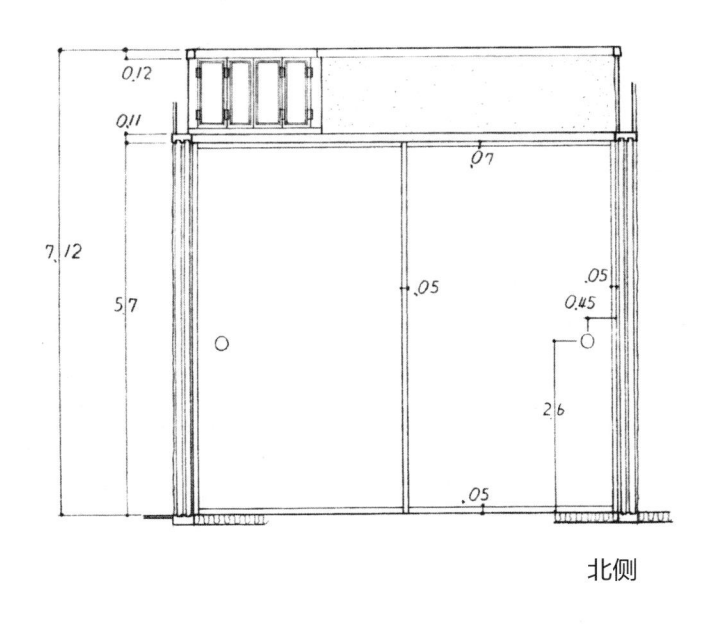

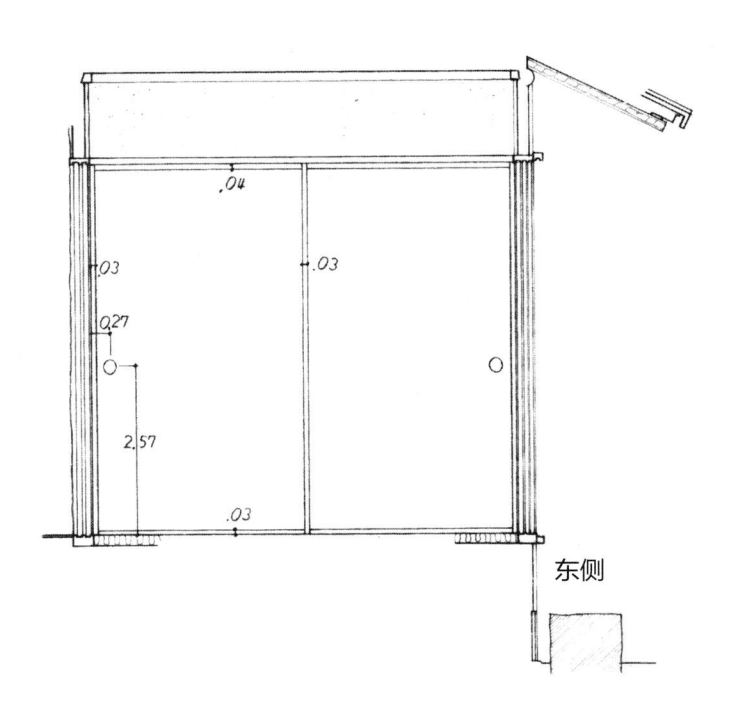

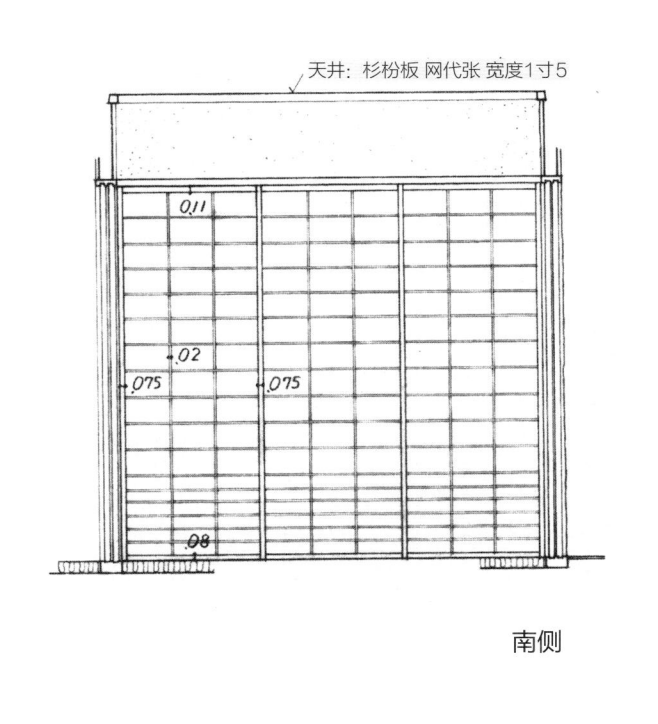

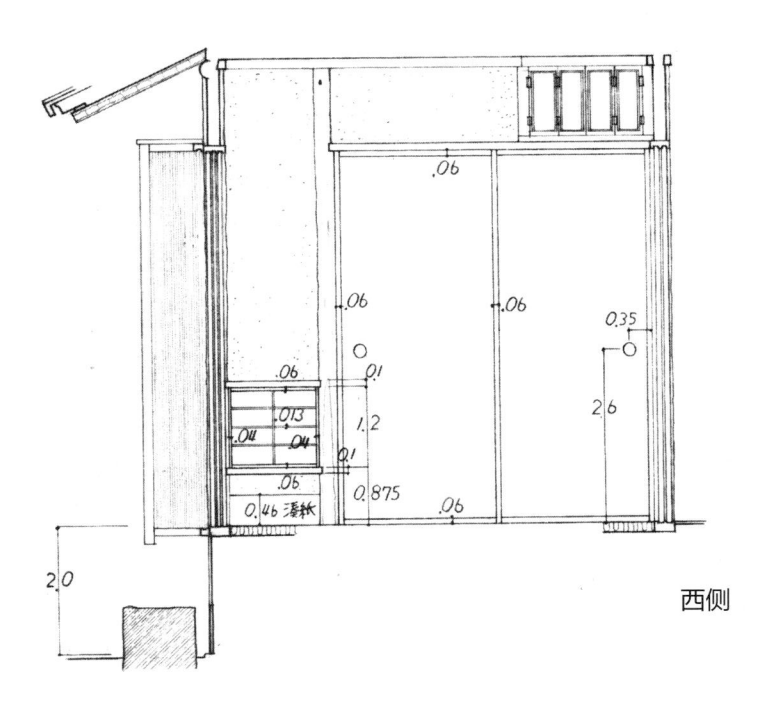

北侧

东侧

天井：杉粉板 网代张 宽度1寸5

南侧

西侧

玄关展开图　比例尺1:30

筱园庵　实测图

茶室　　　　　　　　　　　　　　　　床之间

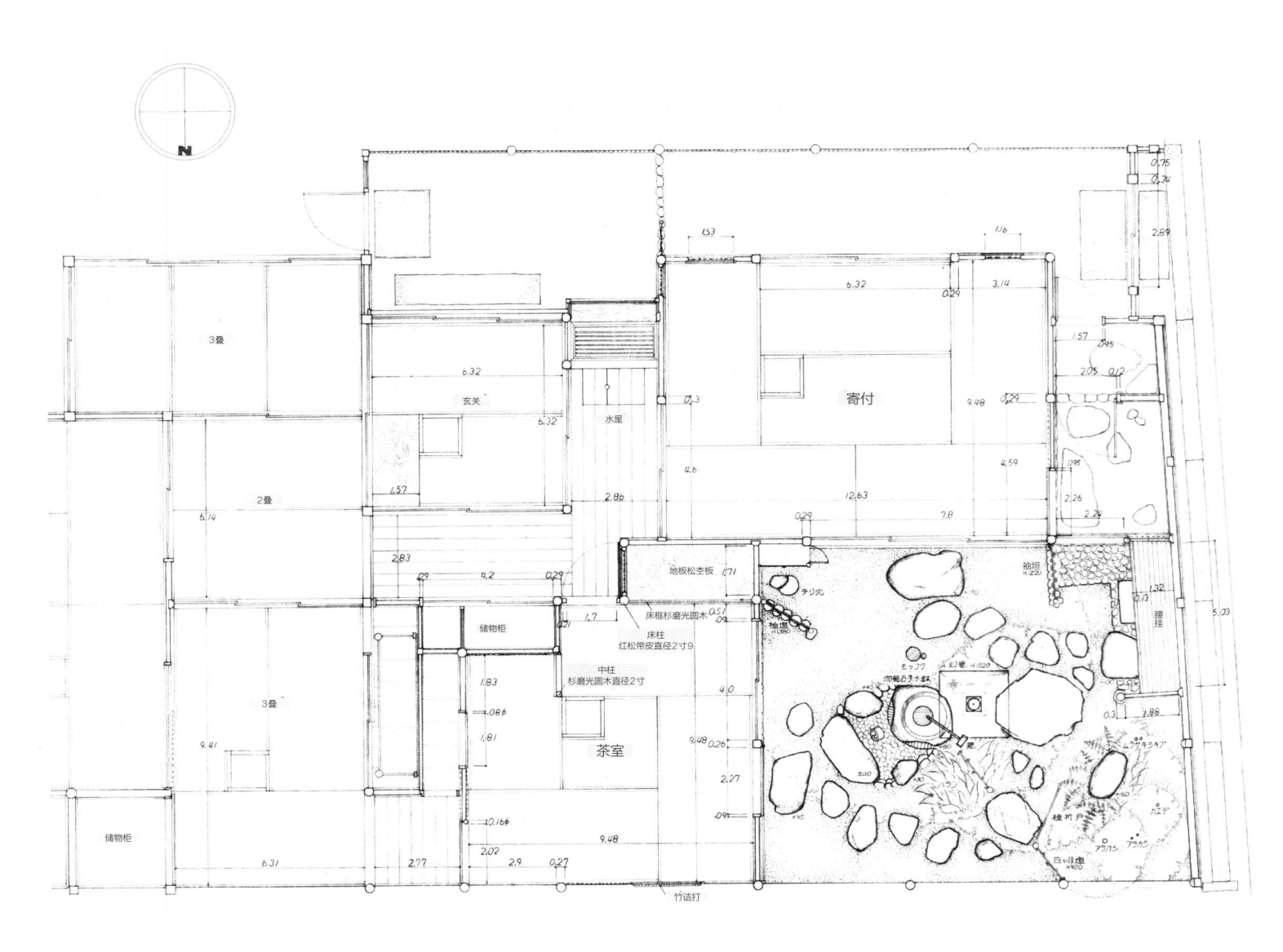

玄关、寄付、茶室平面图　比例尺1:50

筱园庵　实测图

天井仰视图

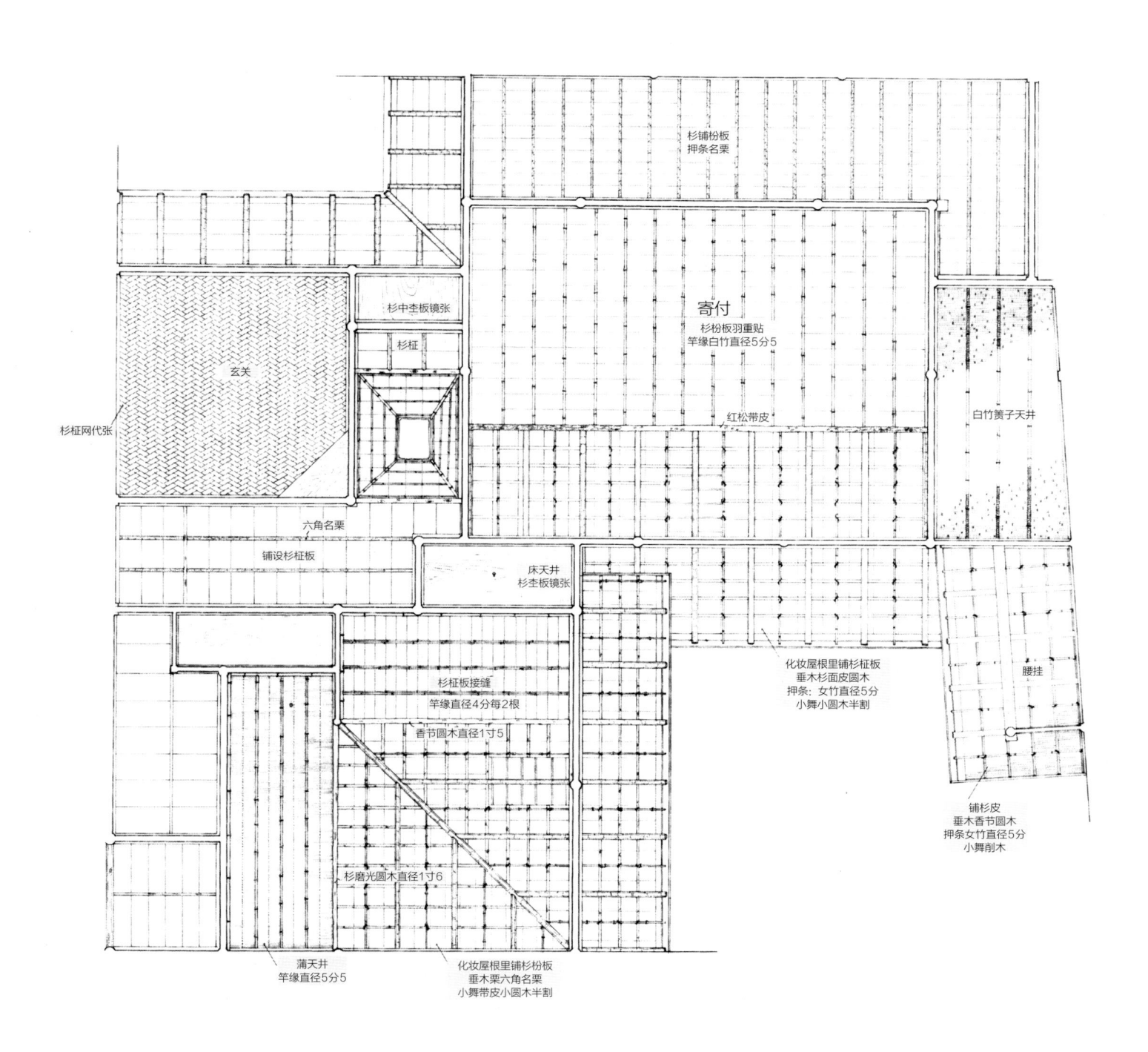

杉铺粉板
押条名栗

杉中杢板镜张

杉柾

玄关

寄付
杉粉板羽重贴
竿缘白竹直径5分5

杉柾网代张

红松带皮

白竹簀子天井

六角名栗

铺设杉柾板

床天井
杉杢板镜张

腰挂

杉柾板接缝
竿缘直径4分每2根

化妆屋根里铺杉柾板
垂木杉面皮圆木
押条：女竹直径5分
小舞小圆木半割

香节圆木直径1寸5

铺杉皮
垂木香节圆木
押条女竹直径5分
小舞削木

杉磨光圆木直径1寸6

蒲天井
竿缘直径5分5

化妆屋根里铺杉粉板
垂木栗六角名栗
小舞带皮小圆木半割

玄关、寄付、茶室天井俯瞰图　比例尺1:50

筱园庵　实测图

广间平面图及展开图　比例尺1:50

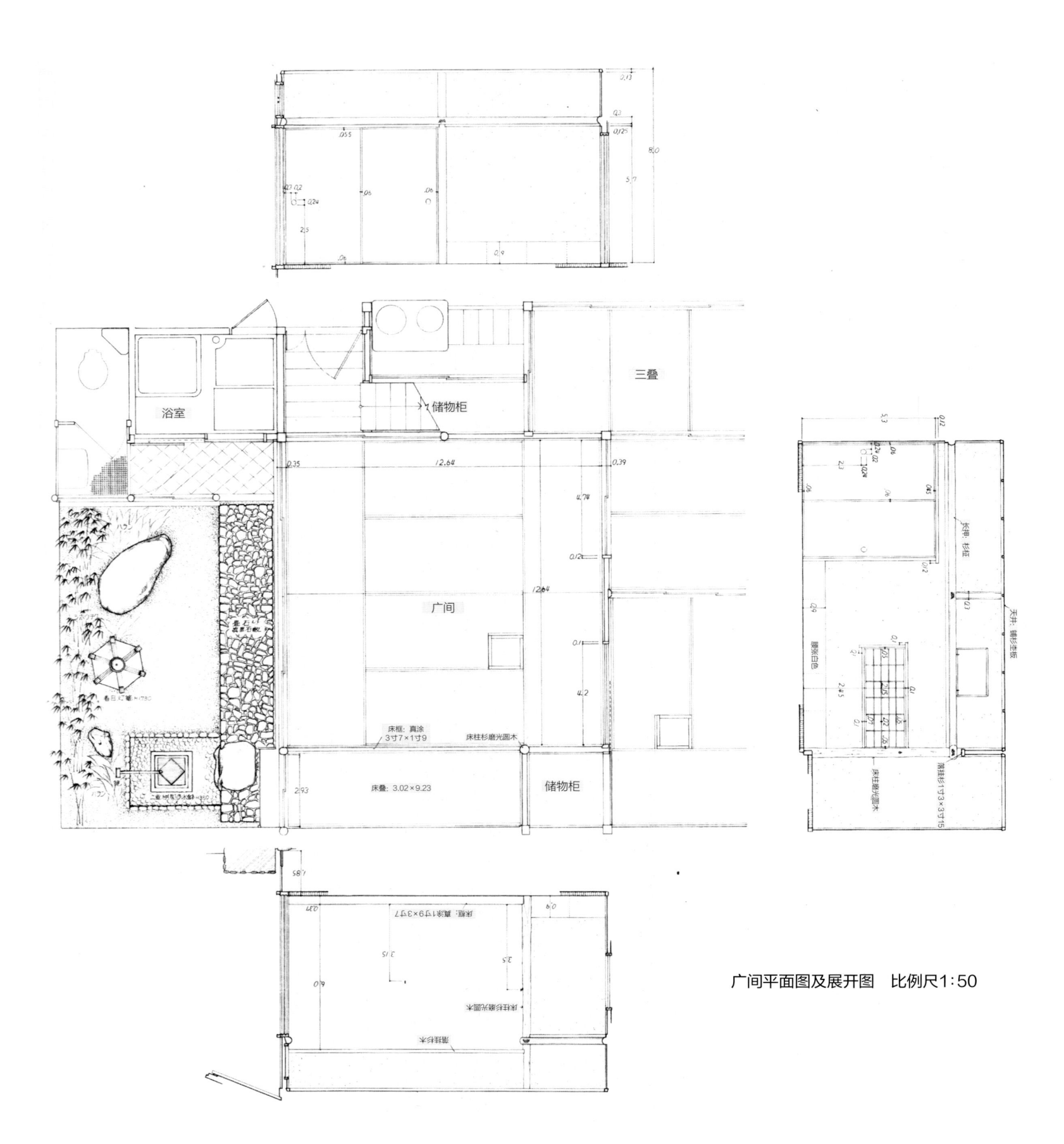

筱园庵　实测图

天井仰视图　　　　　　　　　　　　　　　　　广间　藏钉五金件

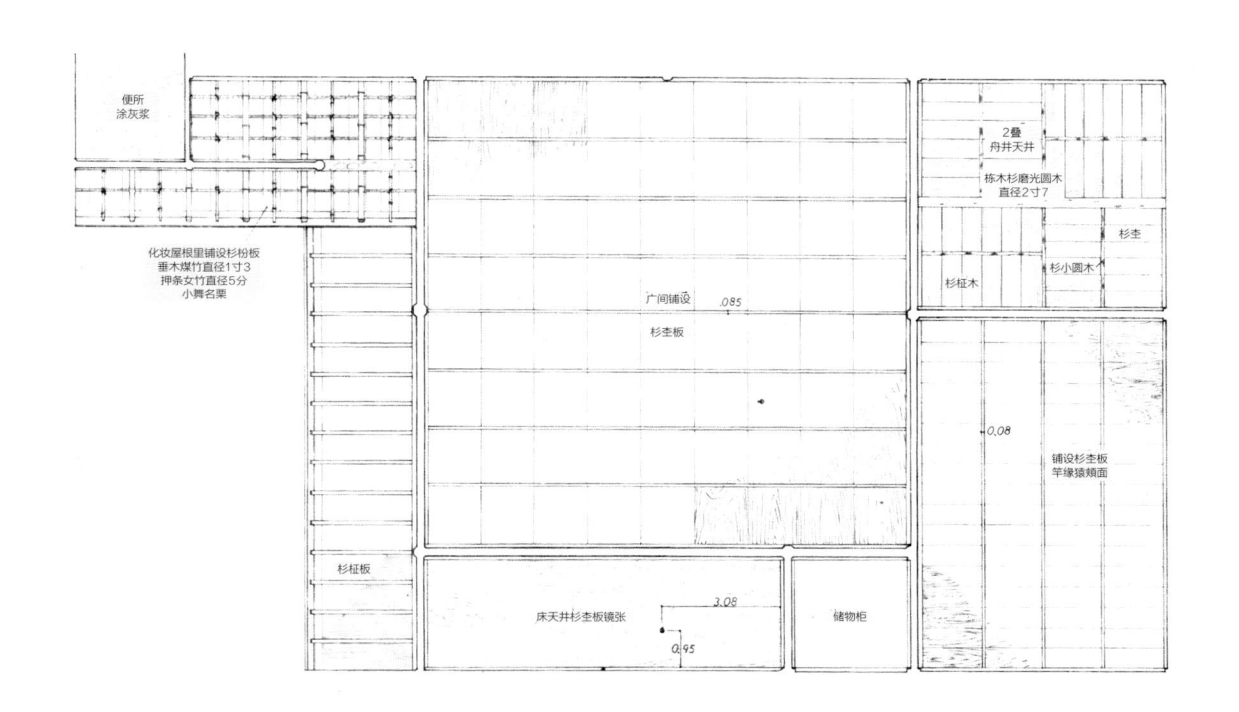

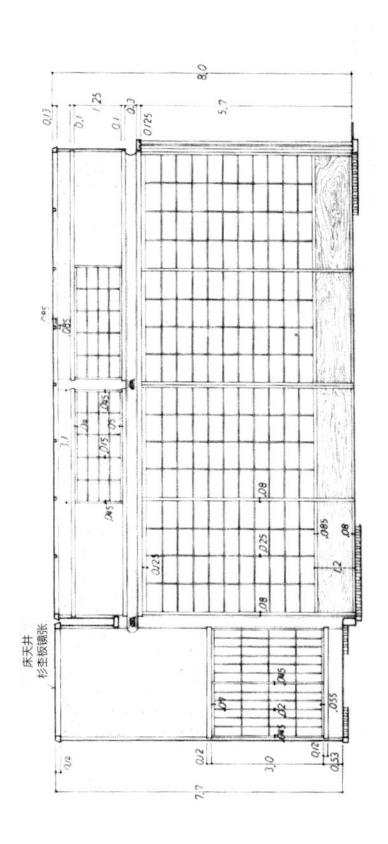

广间天井俯视图　比例图1:50

筏园庵　实测图

北侧

化妆屋根里杉柾板
垂木杉面皮圆木
小舞小圆木半割

天井：杉粉板羽重贴
竿缘白竹直径5分5

红松带皮

杉磨光圆木

腰张白色

西侧

东侧

南侧

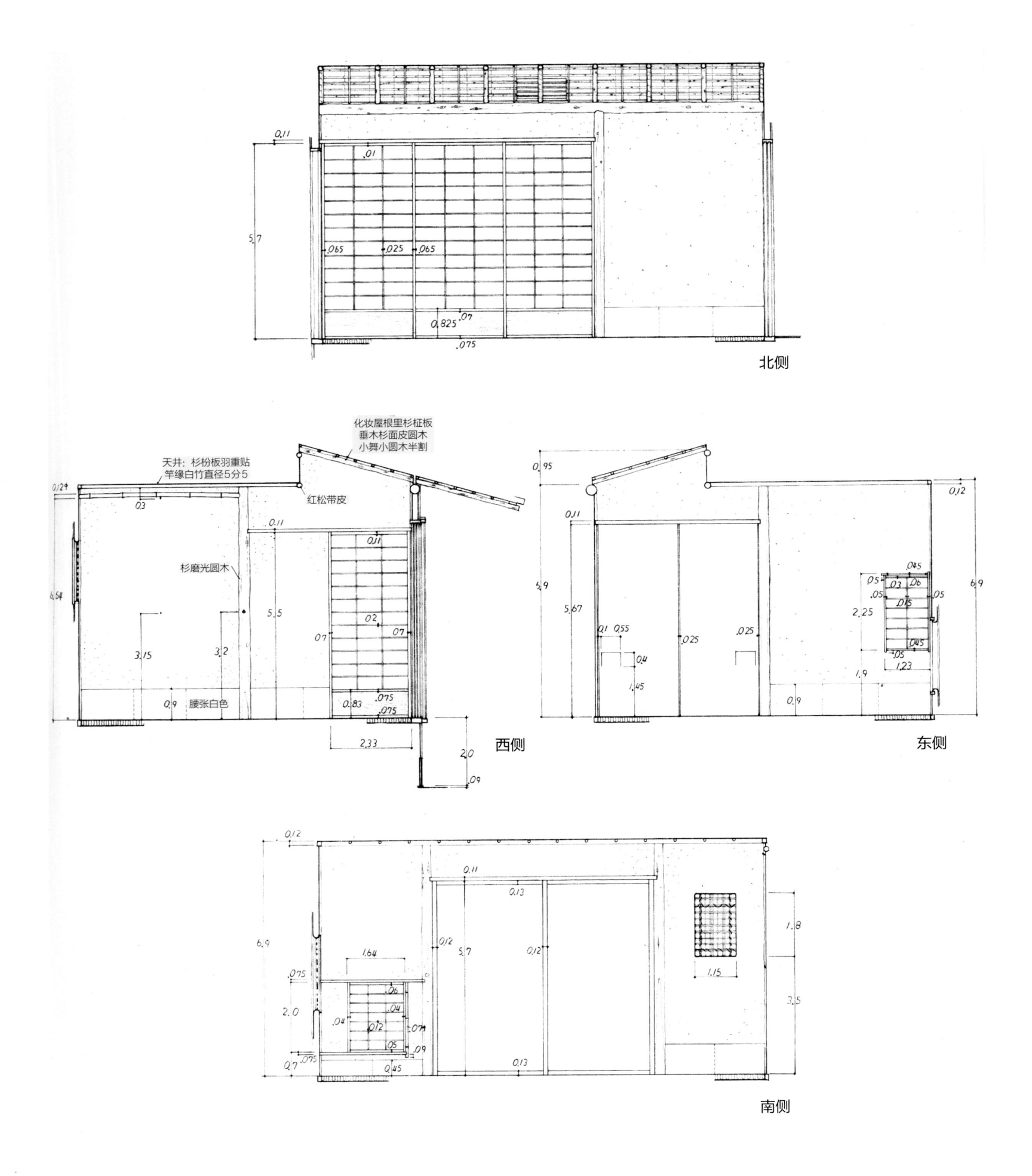

寄付展开图　比例尺1：30

筱园庵　实测图

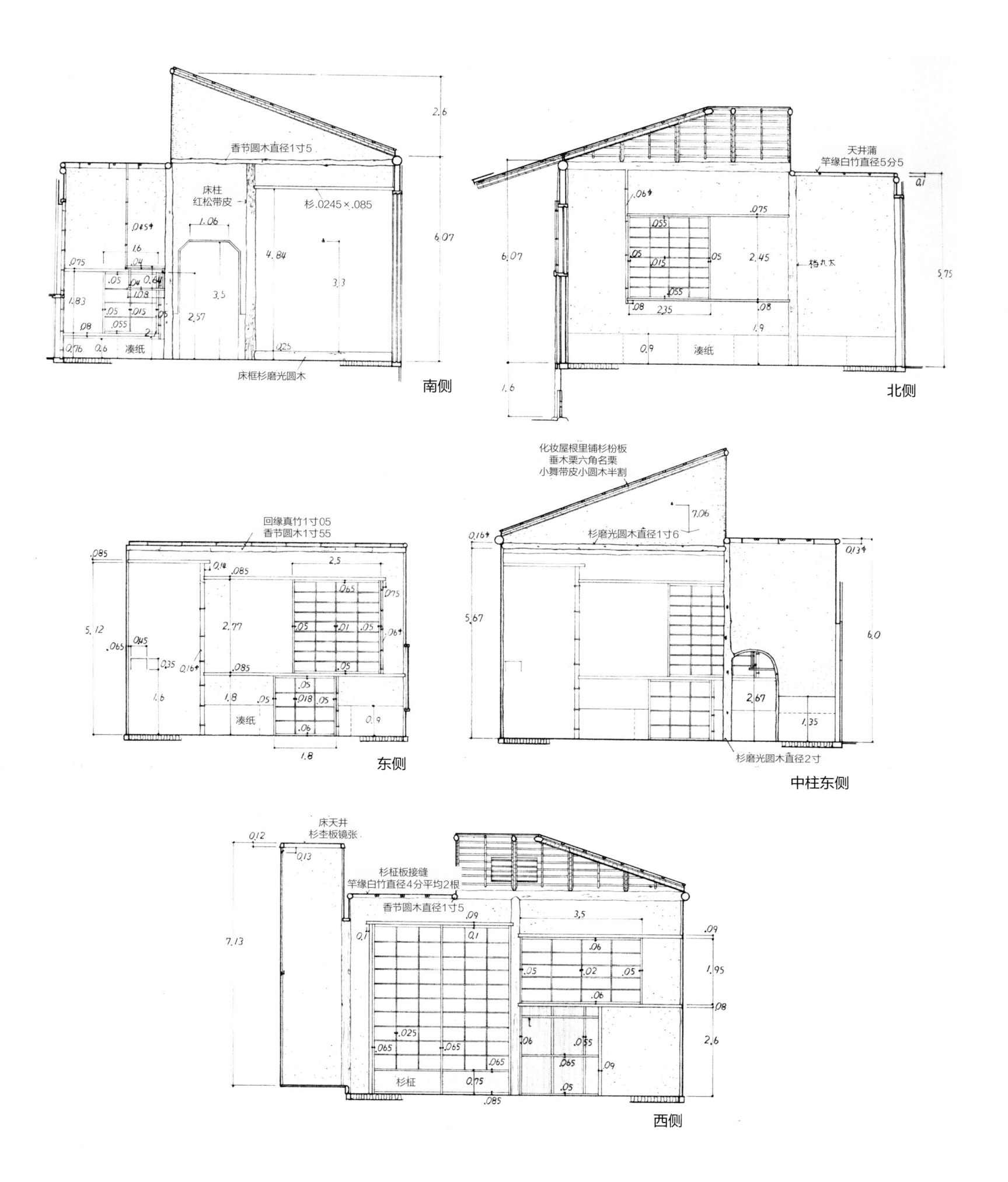

茶室展开图　比例尺1:30

筱园庵　实测图

茶室　竹帘的盲窗

茶室　点前座

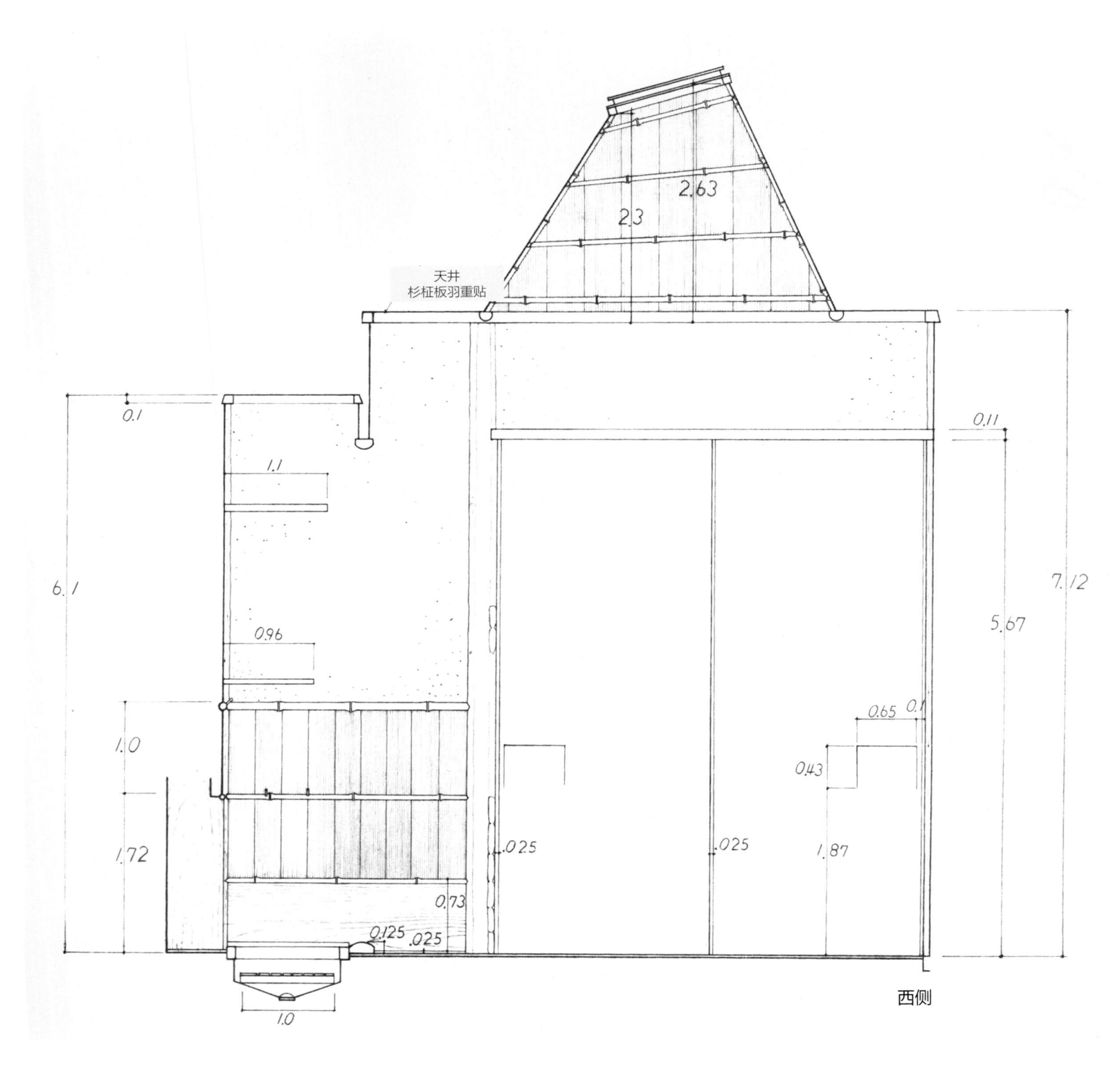

筱园庵　实测图

西侧

水屋 天窗　　玄关和水屋 天井仰视图

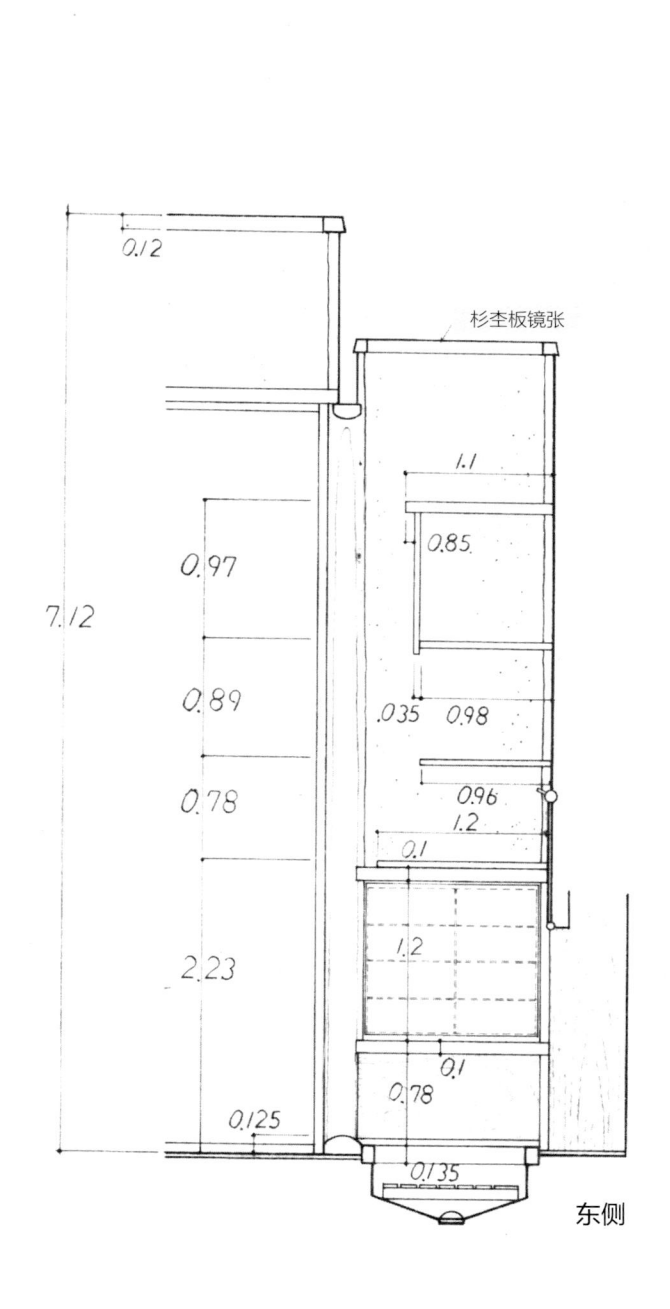

杉杢板镜张

铺杉粉板

杉小圆木

东侧　　南侧

水屋展开图　比例尺1:15

筱园庵　实测图

村野邸

玄关外

上＝坡段　下＝石桥附近
右页图＝露地的延段

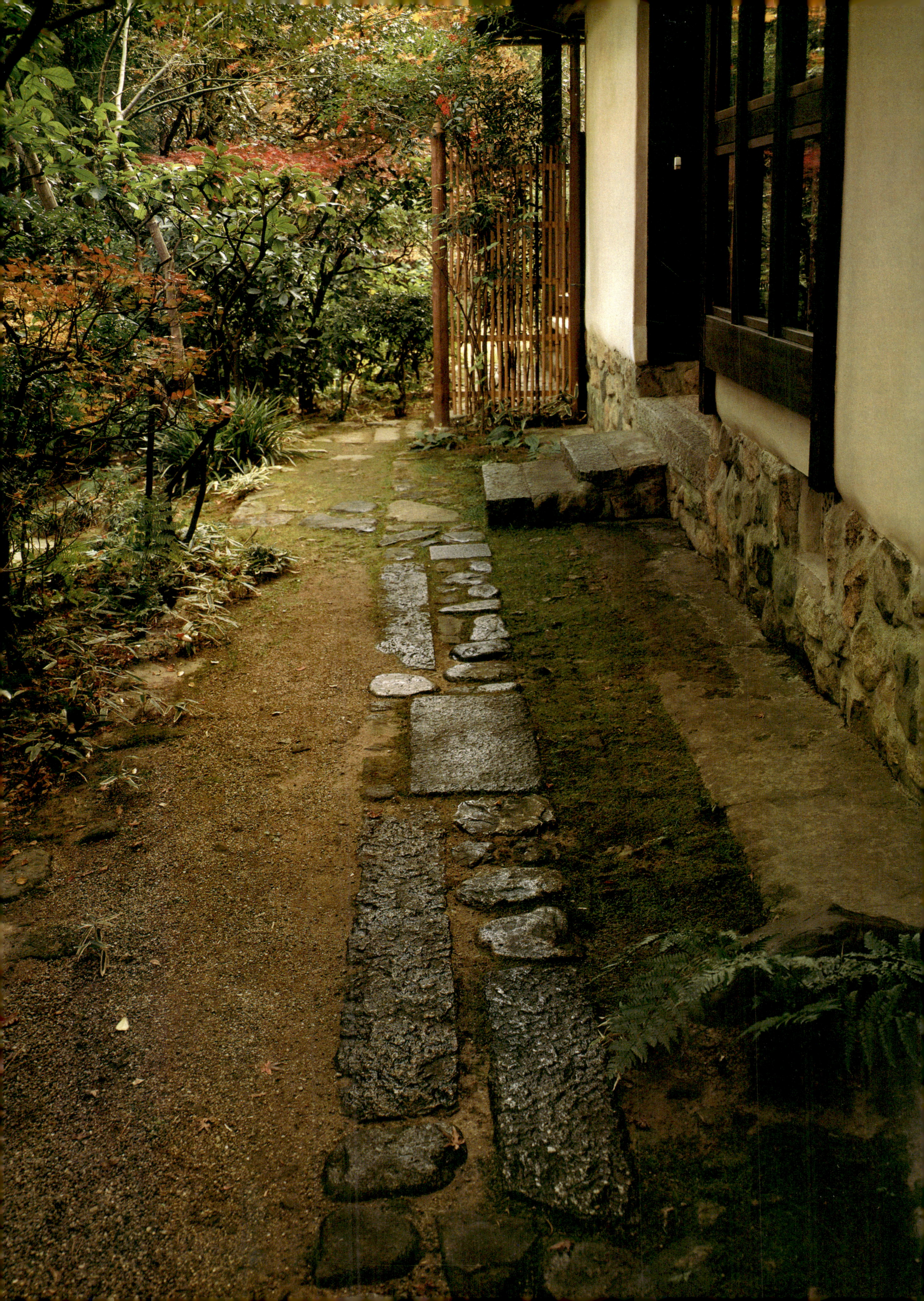

玄关内部

玄关之间

上＝茶道口　下＝点前座和蹦口
右页图＝点前座

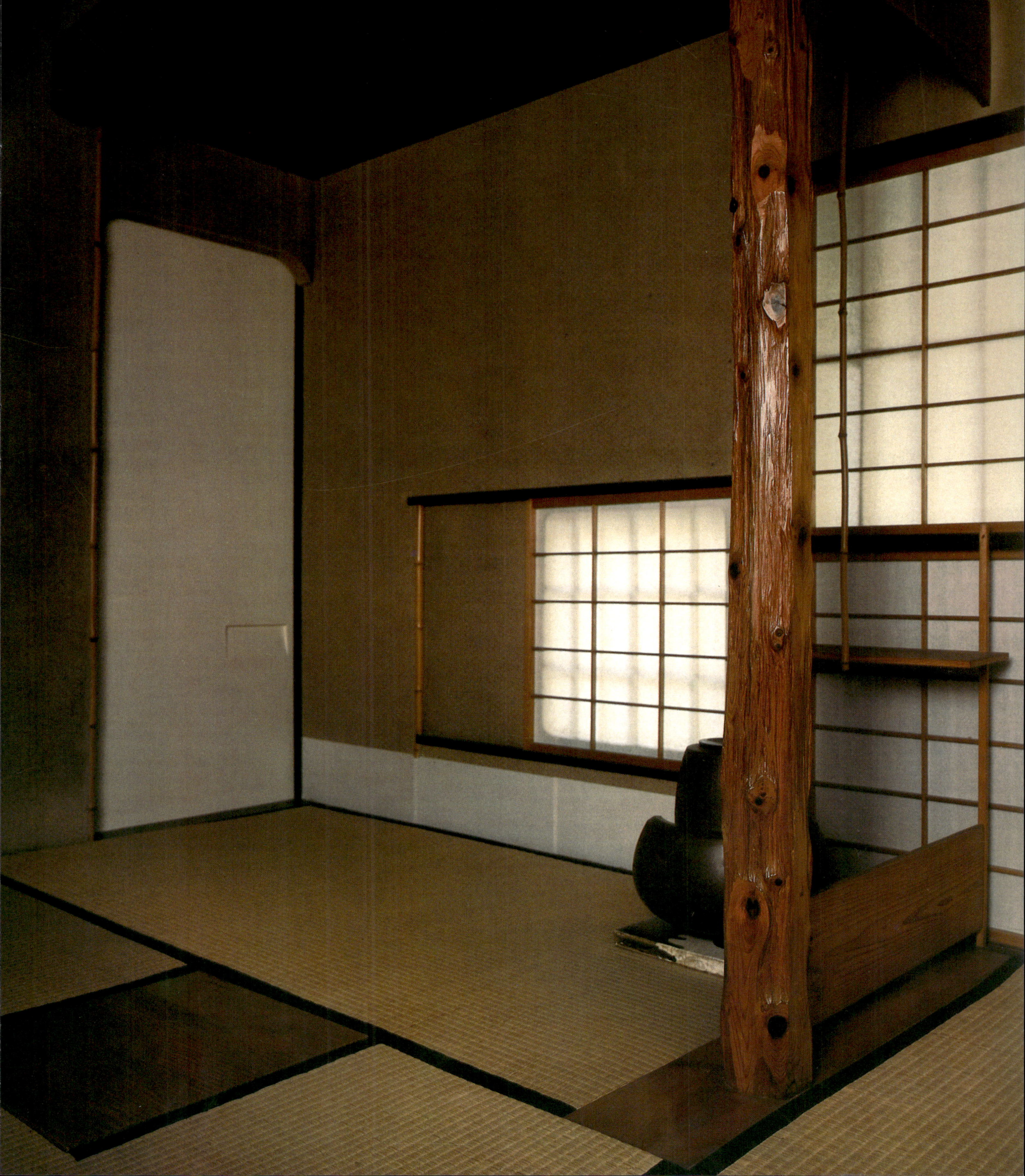

饰棚

床之间

茶室

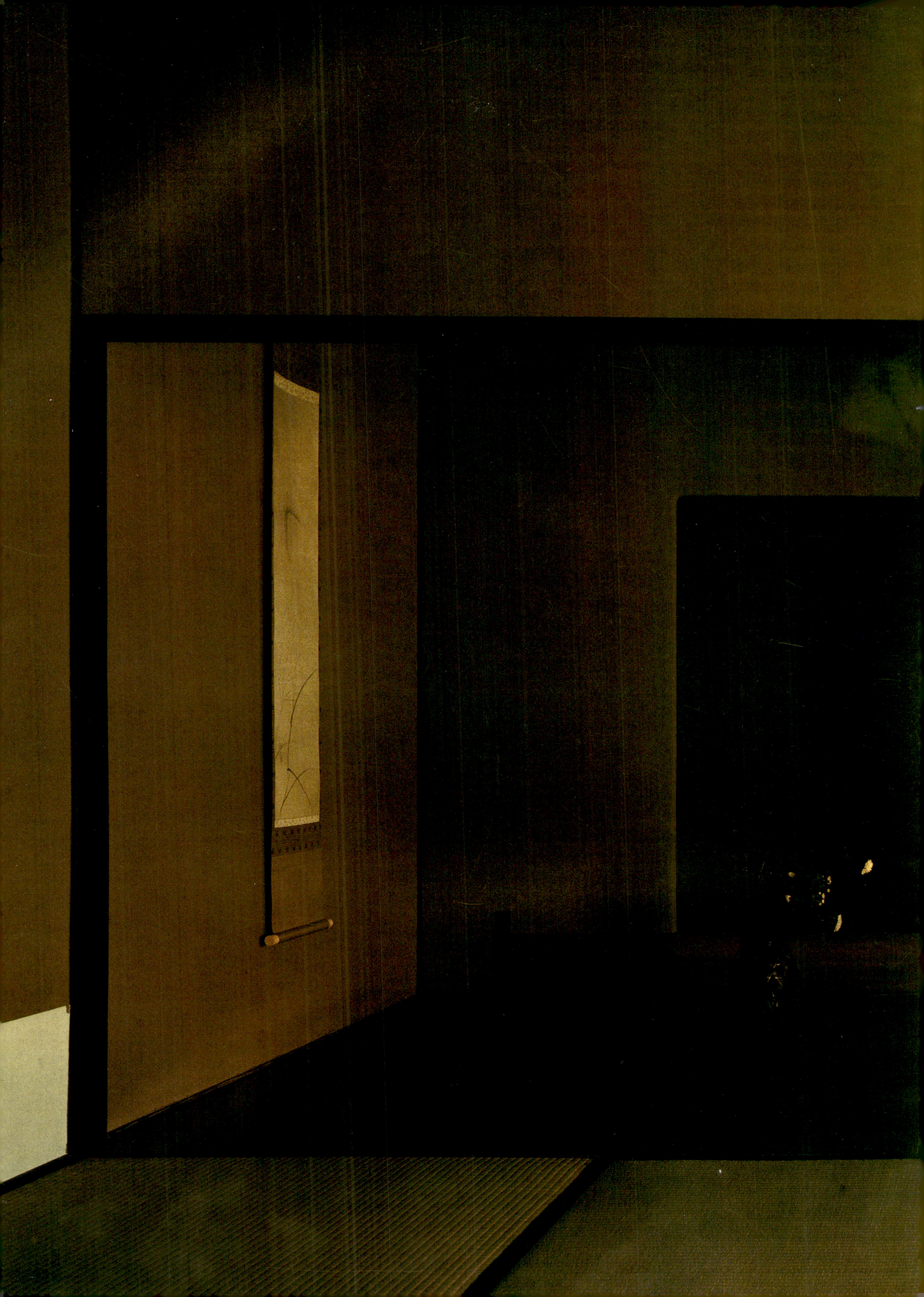

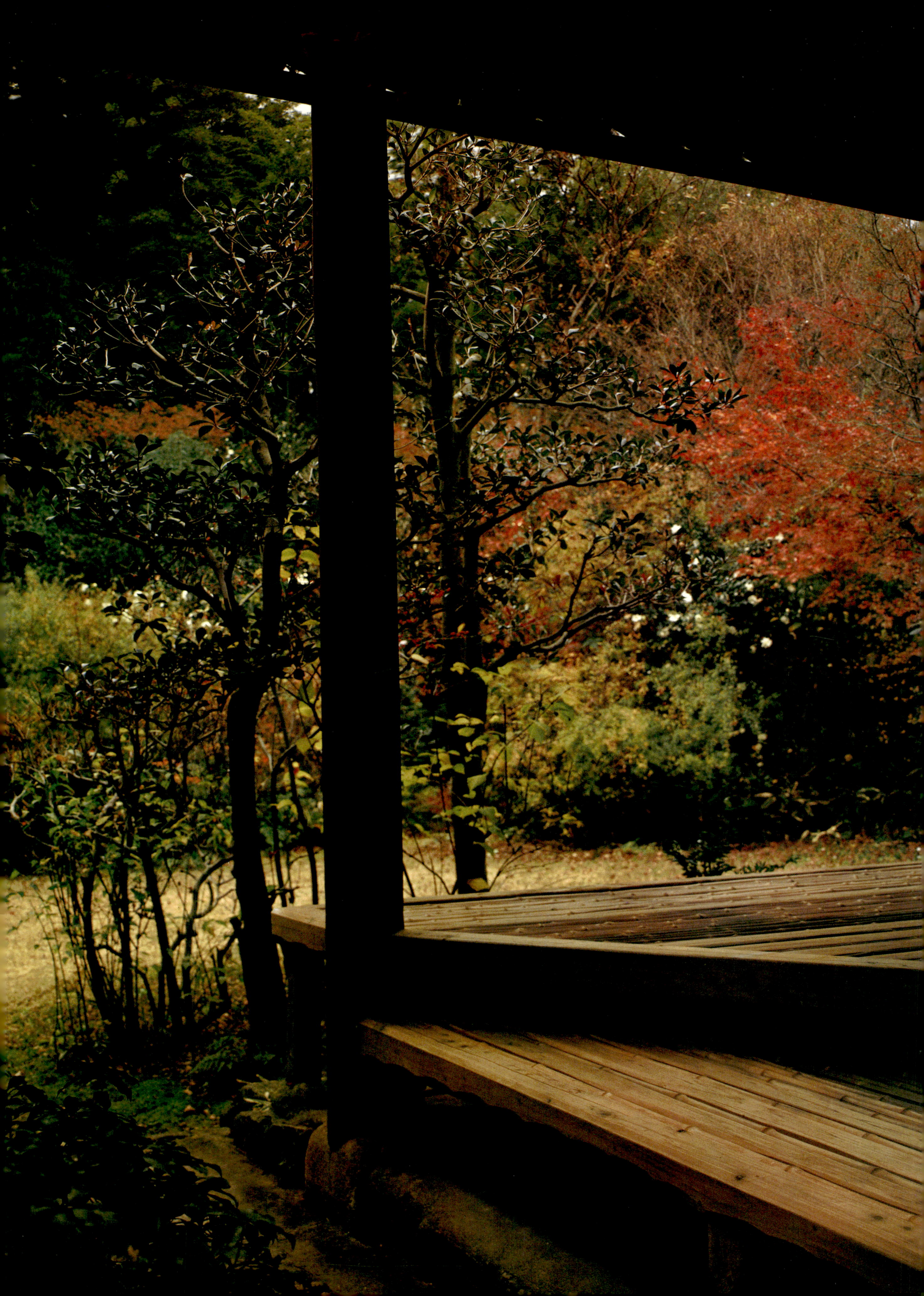

左页图＝座敷的广缘

上、下＝庭院

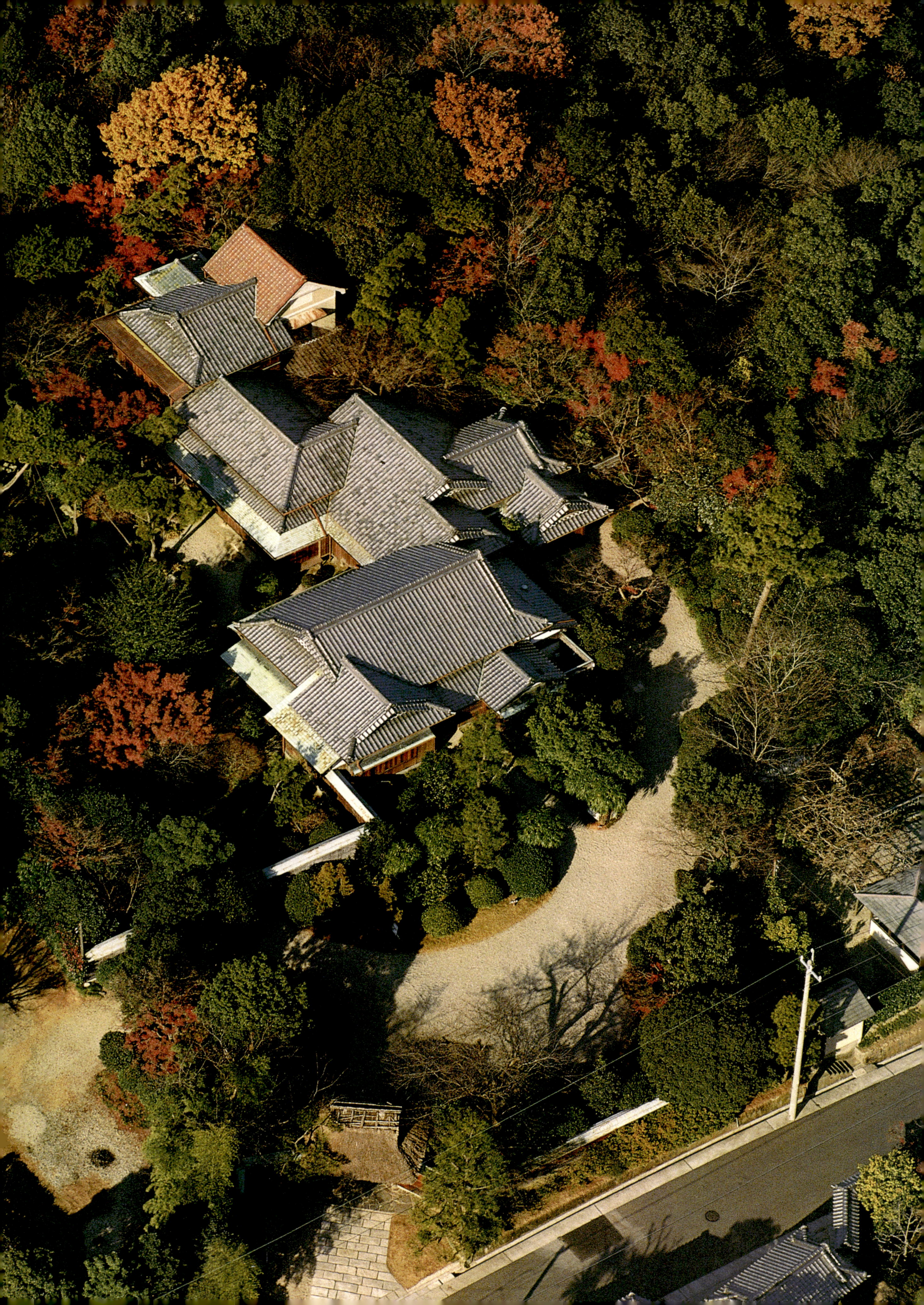

东山庄

左页图=全景　上=正门外观　下=正门与前庭

上＝正门仰视图　下＝玄关外观
右页图＝玄关内部

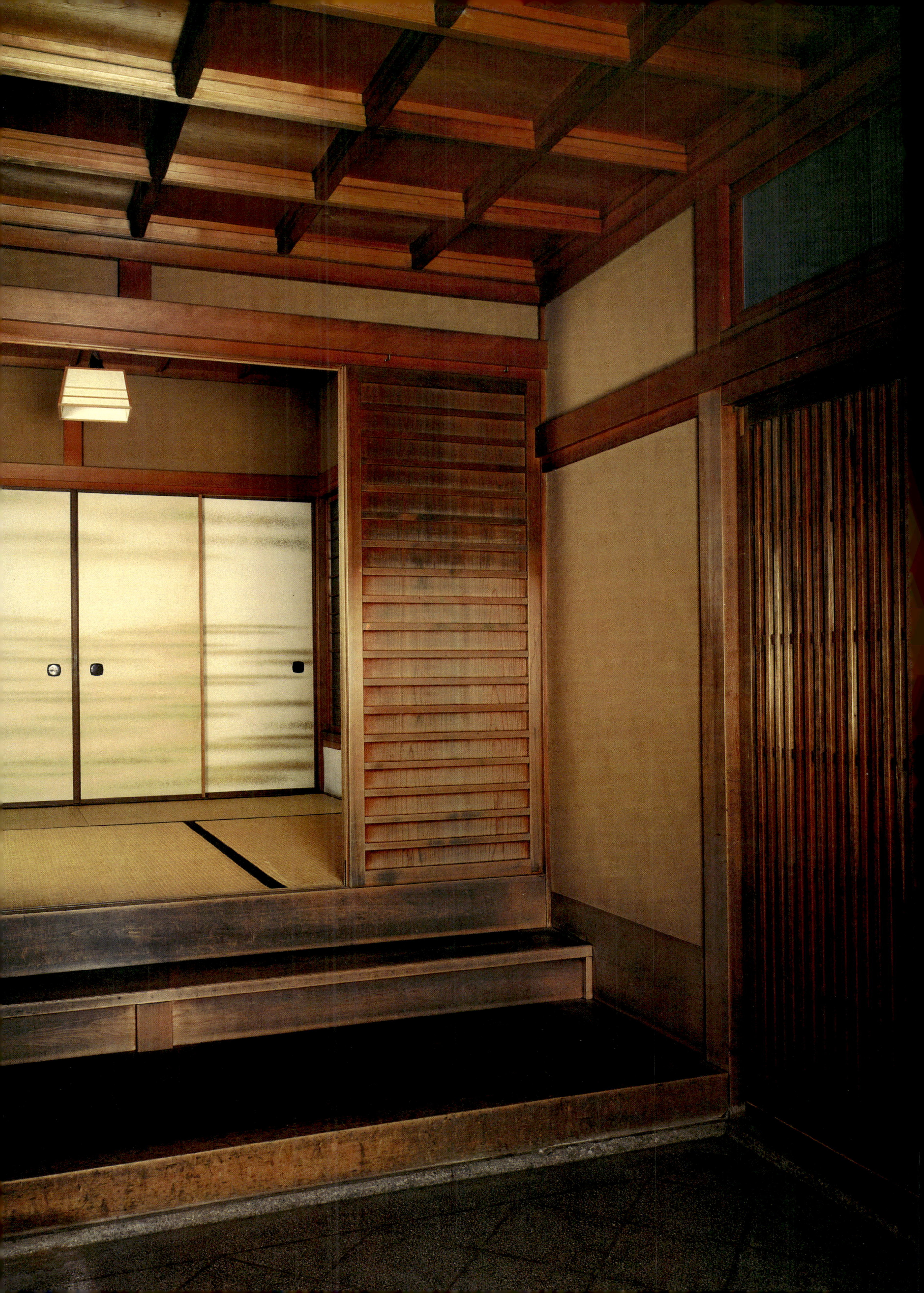

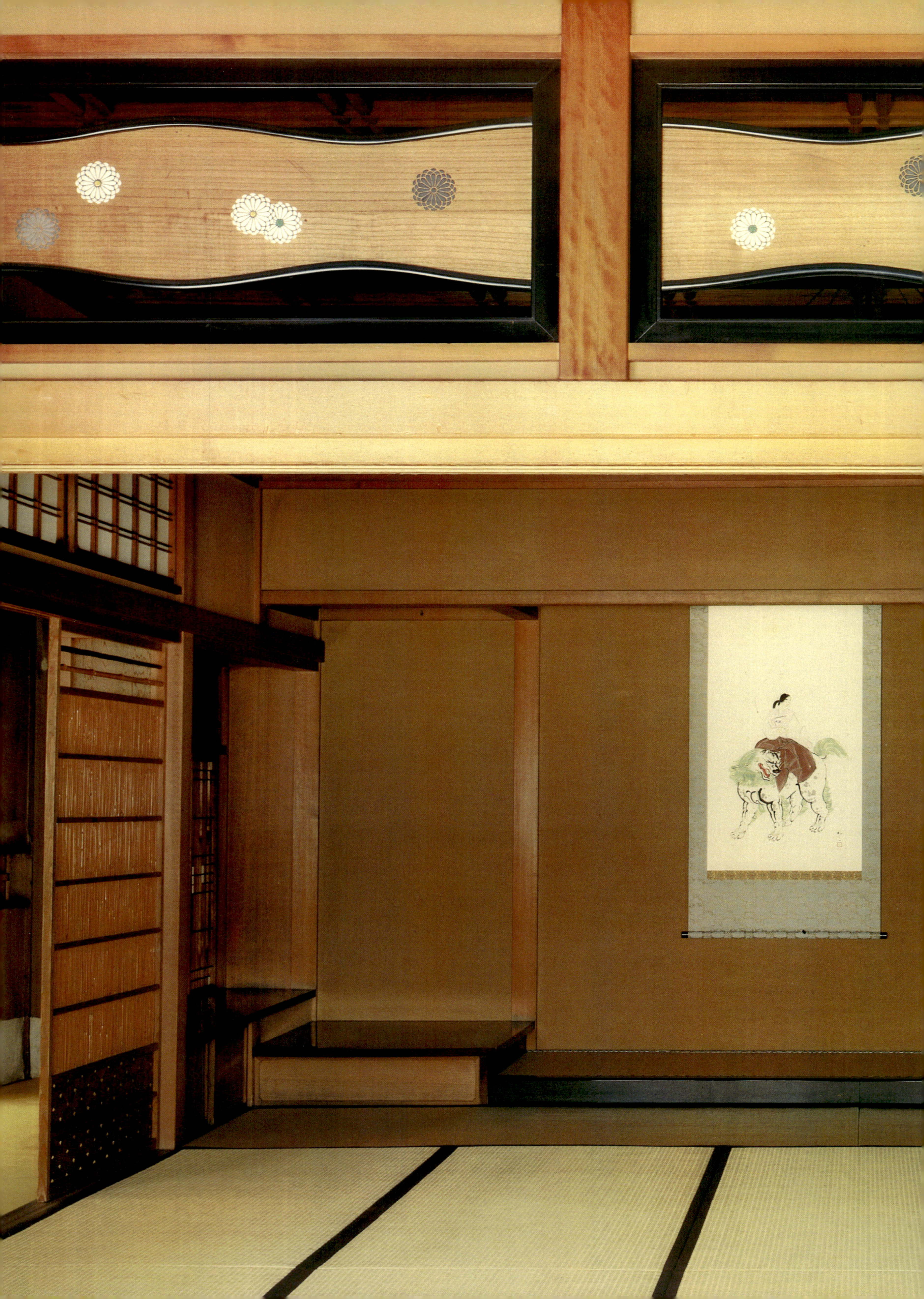

上＝次之间窗户
左＝次之间

上＝缘先手水钵　下＝缘侧
右页图＝仰西庵

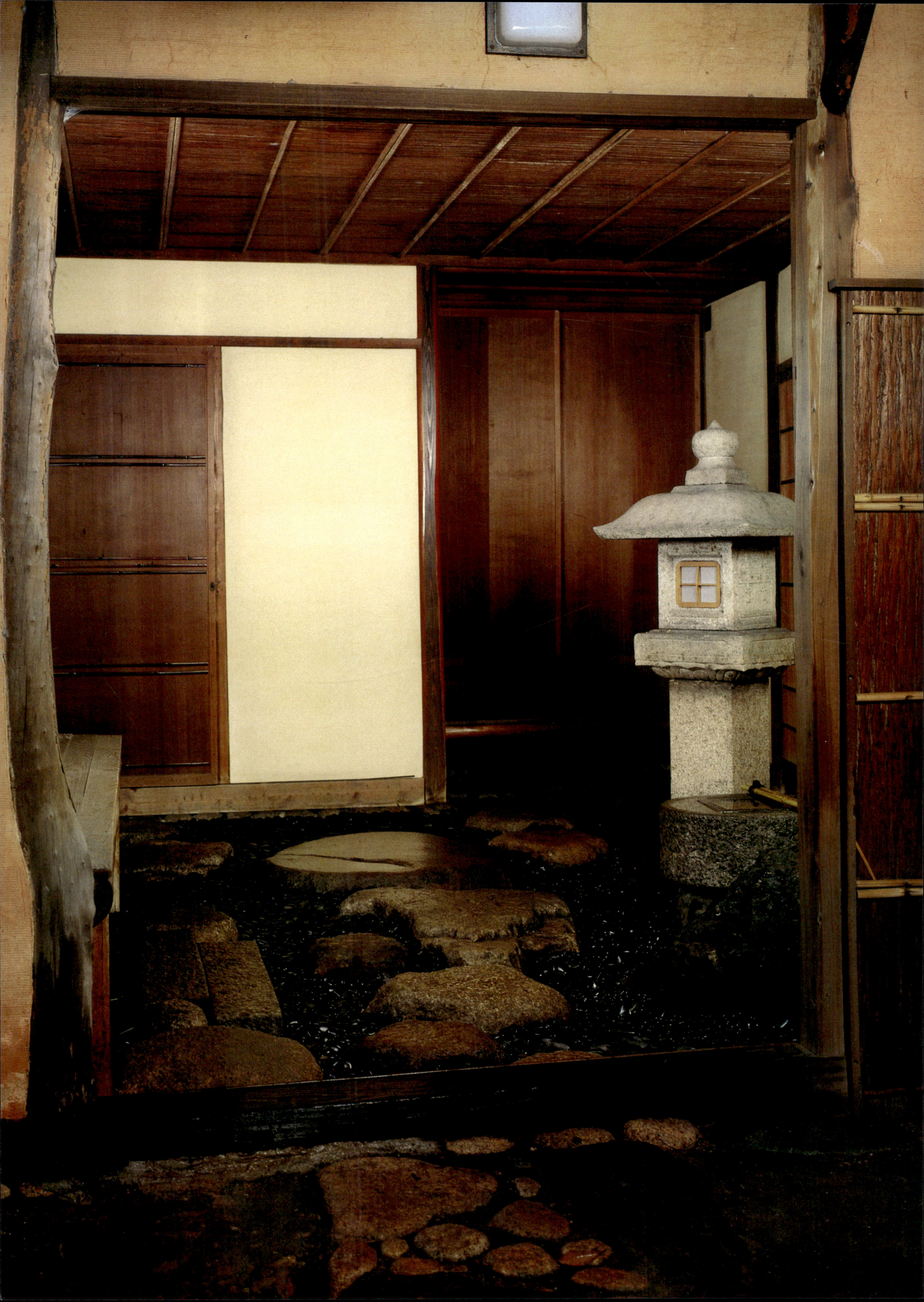

上＝点前座　下＝中柱附近天井

上＝水屋的圆窗　下＝洗手间入口

二楼座敷

二楼座敷

二楼座敷外庭院

二楼座敷外观

井上邸

正门

玄关外观

玄关内部

上＝床之间　下＝天井部分

座敷

上＝庭院　下＝庭院石门

上＝直庵外观　下＝腰挂附近

躏口一侧

末吉邸

上＝寄付　下＝庭院通道

上＝点前座
右页图＝客座

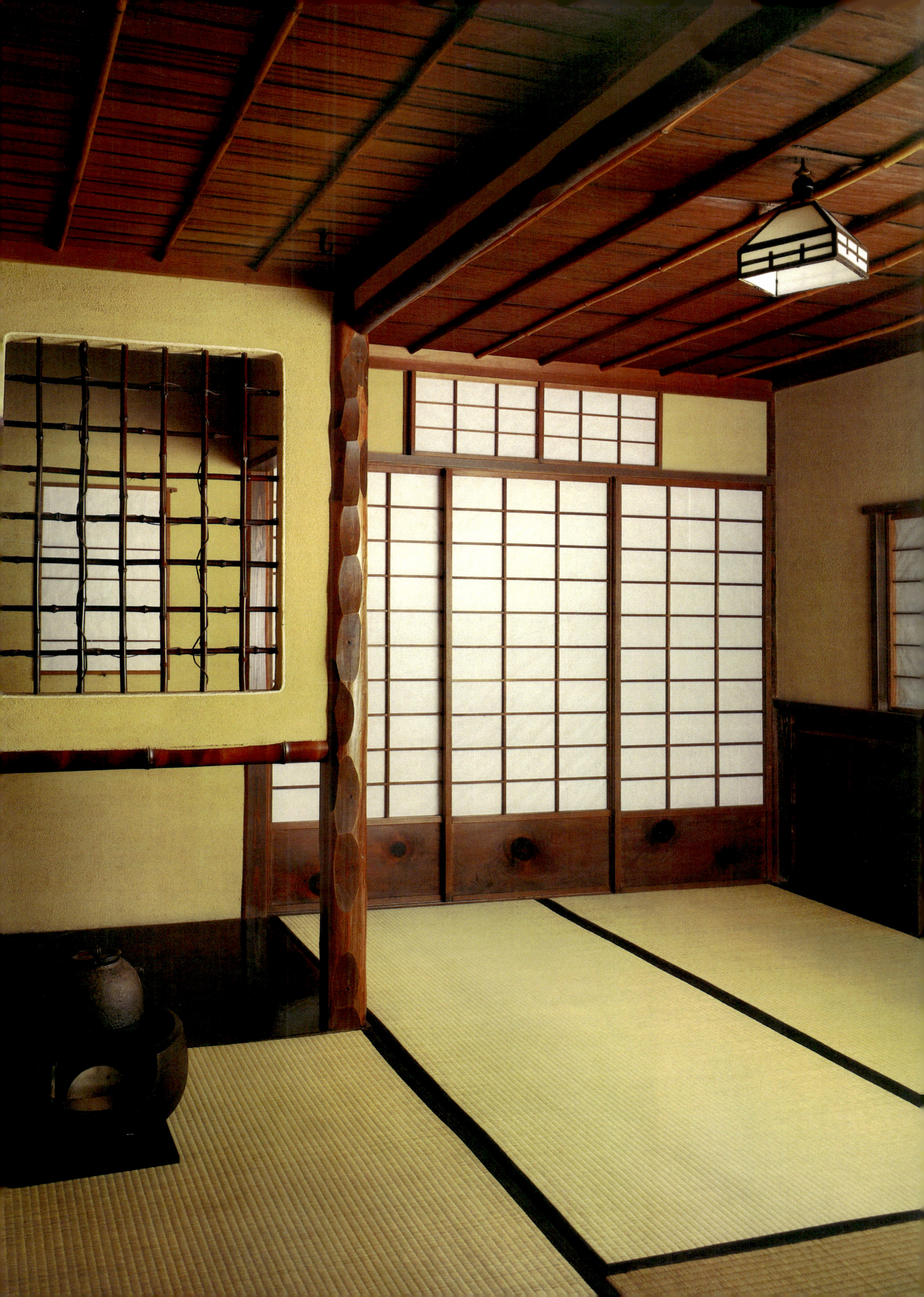

上＝床和床胁　下＝床柱和天袋

上＝起居室　下＝天井结构

点前座

点前座

设计图详解（二）

村野邸

所有者 村野藤吉
所在地 兵库县宝冢市
建筑·作庭年 昭和十六年（1941年）前后
设计·建筑·庭 村野藤吉
施工·建筑·庭 直营

边走边仰望繁茂的竹林，不久便来到了左右竖立着丸太的双开门簧户前，这便是村野邸的大门。穿过林中的延段、砂利道、石桥、石阶，就到达了玄关。在栈瓦葺上可装卸的庇下，开关门时展现出随意的姿态，在这随意的姿态中，隐藏着巨匠的住宅观和建筑观。

延段从玄关的石阶前笔直向右延伸，顺着延段便是内露地。像这样通向村野邸玄关的道路，应该是利休以《深山寺道路的寂寞》为范本，在与茶道露地相同的心境中建造的吧。

此住宅是昭和十六年（1941年）找的河内的民房，进行移建改造的。据说有库房的地方作为茶室，台所位于起居室，台所的地板也被用作床的地板，并且改造一直持续至今。

村野藤吉在书中如下所述：

"在河内的国分寻求的房子，（中略）虽然没有使用特别高档的材料，但可能是因为接近木材的原产地，在房顶骨架和台所附近，使用了相当奢侈的材料。（中略）我试着从座敷下到了土间。在各民房都很常见的巨大房梁，打造出轻微的弯度，将宽敞的台所天井一分为二，构成了绝佳的空间结构。（中略）我觉得要想让这个建筑真正属于自己，除了割断长时间围绕这座房子的插曲和美好的回忆之外别无他法。我作为一个人，更作为一个建筑师，在这样的心灵栖梏中，决定要建立属于自己的家。

那么，我在想该做怎么样的改造呢？（中略）结果，我尽量保留了外轮廓，将内部改造成西洋风格，虽然很狭窄，

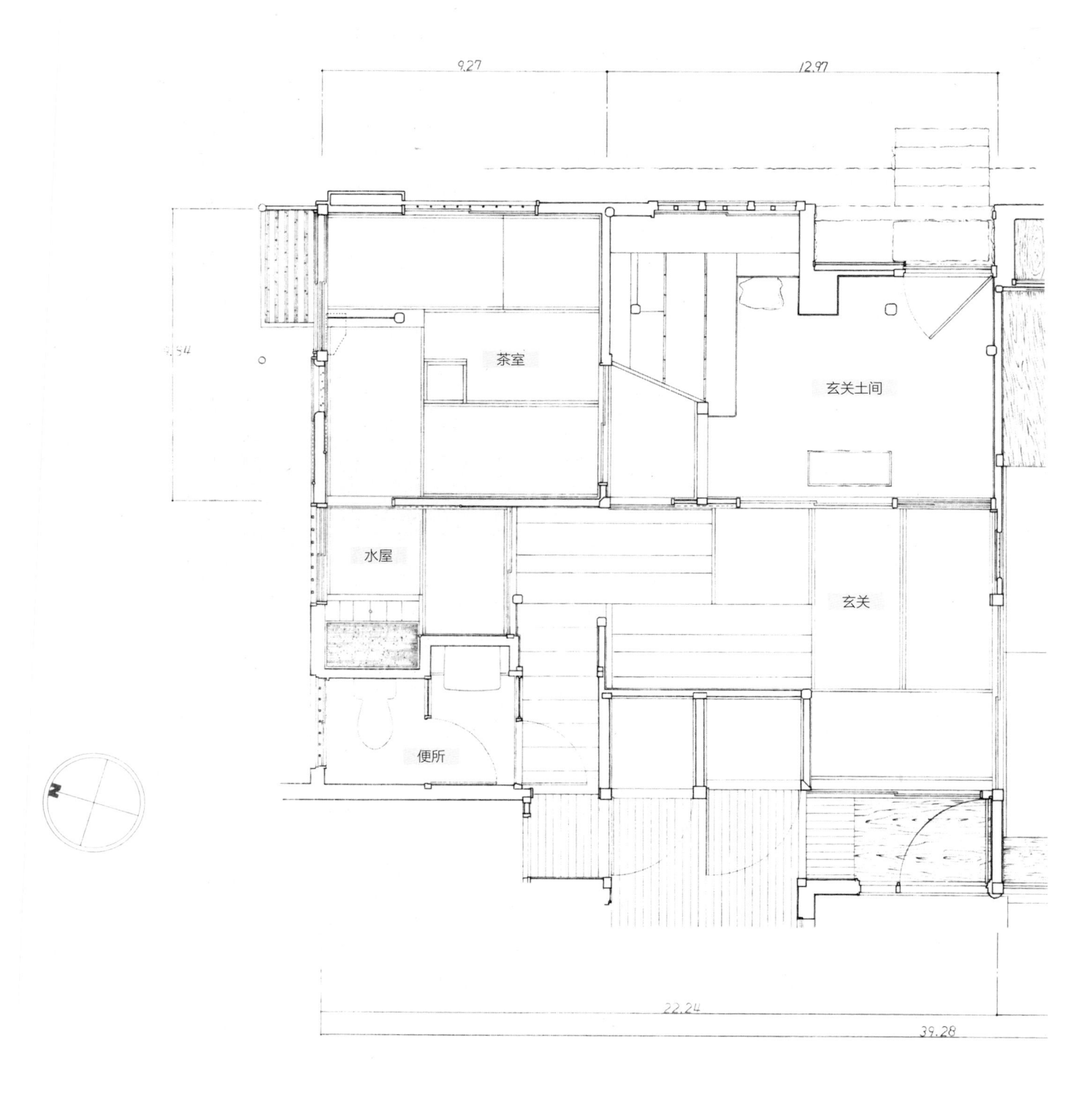

玄关·茶室·茶室平面图　比例尺1:50

村野邸　实测图

但是将茶室和卧室中间加建了藁葺顶。(中略)在妻壁上开个大洞做成入口，柱子、墙壁和天井也都大刀阔斧地加以修改，一改昔日面貌。为了达成我的作品，我耗费了很长的时间与巨大的劳力。但是，那魅力十足的房梁，依然保持着昔日的姿态，留在了我们的起居室内，我始终都未对这根大梁做丝毫修改。"

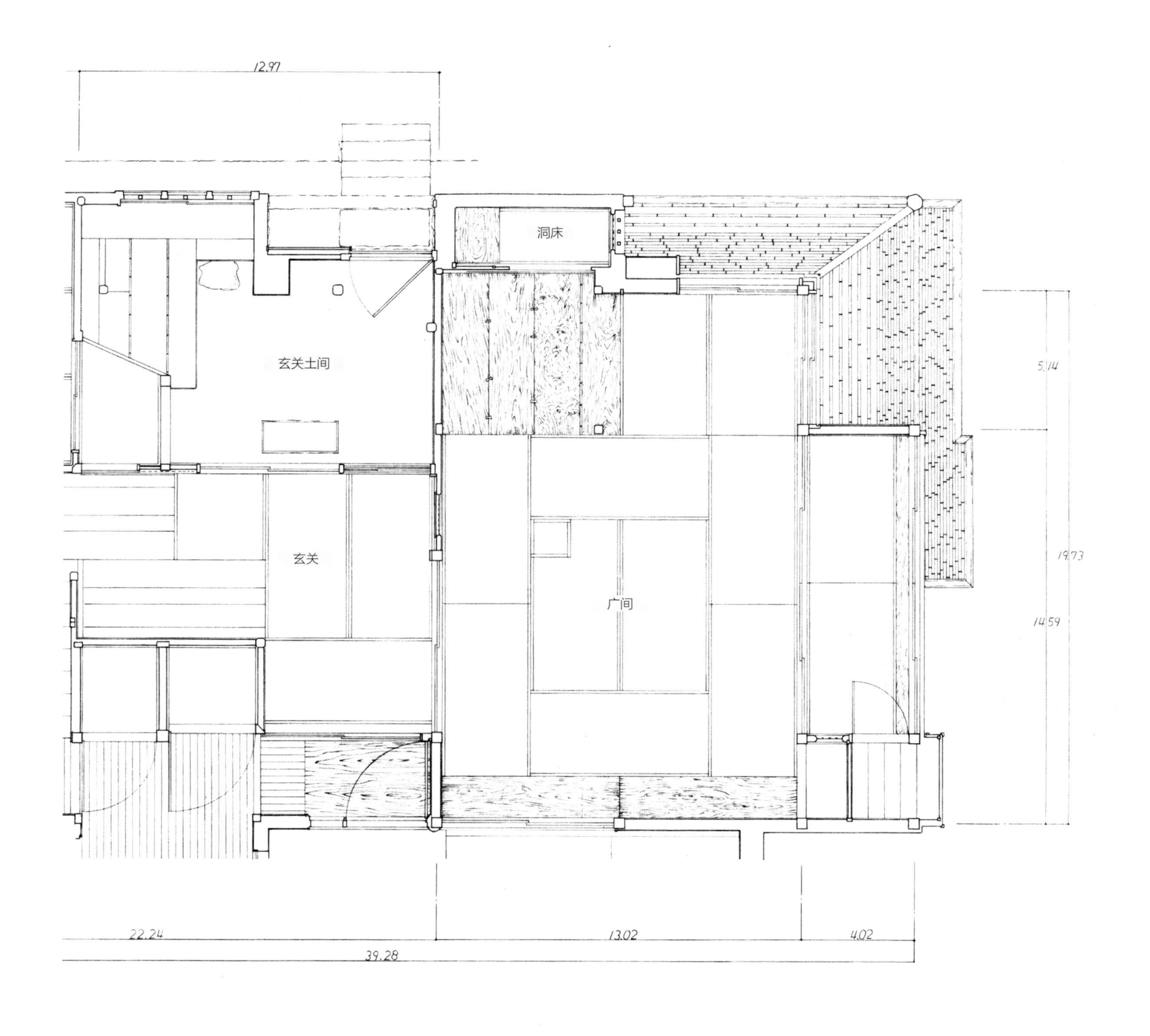

村野邸　实测图

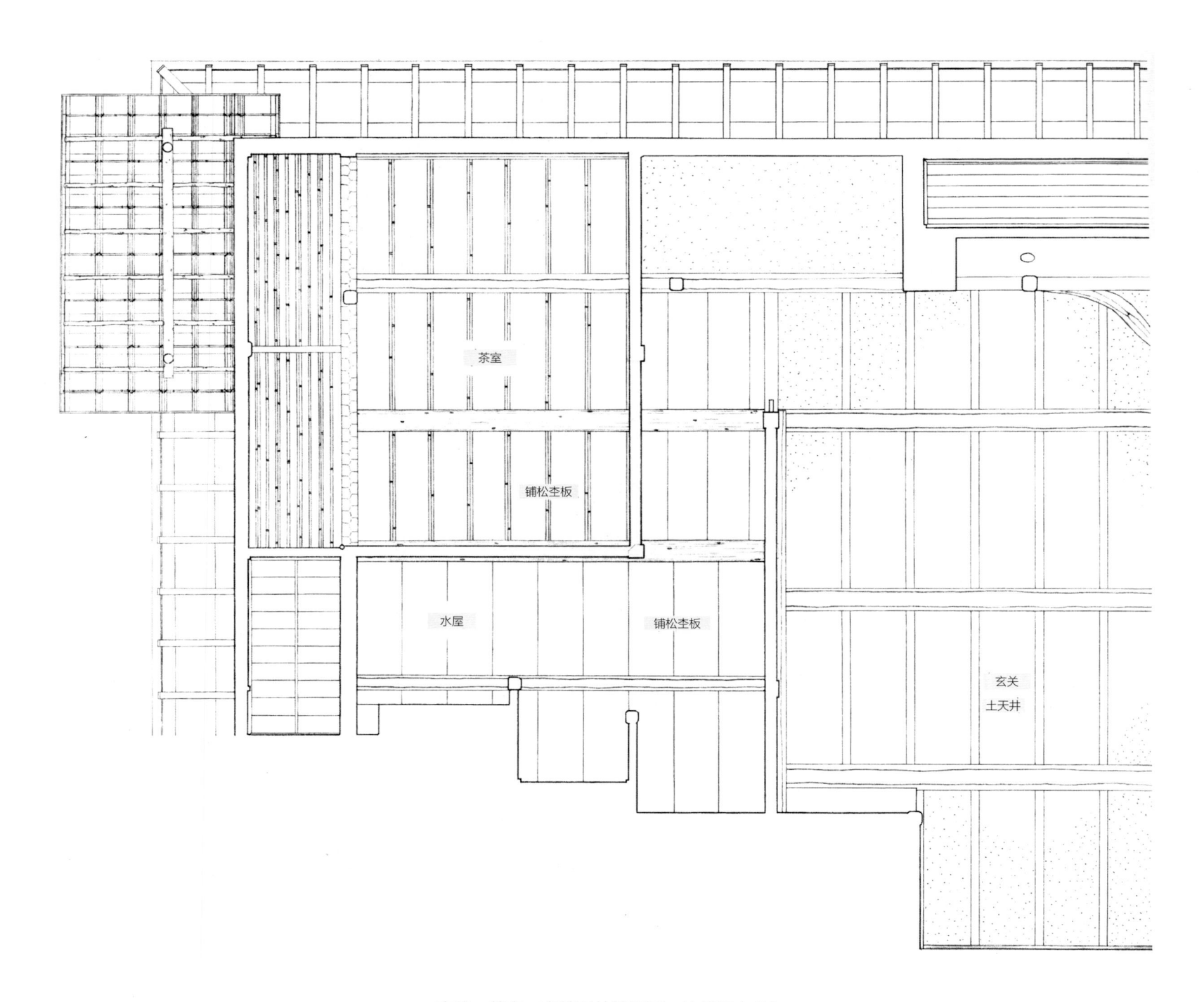

玄关、茶室、座敷天井俯视图　比例尺1:30

村野邸　实测图

洞床土天井

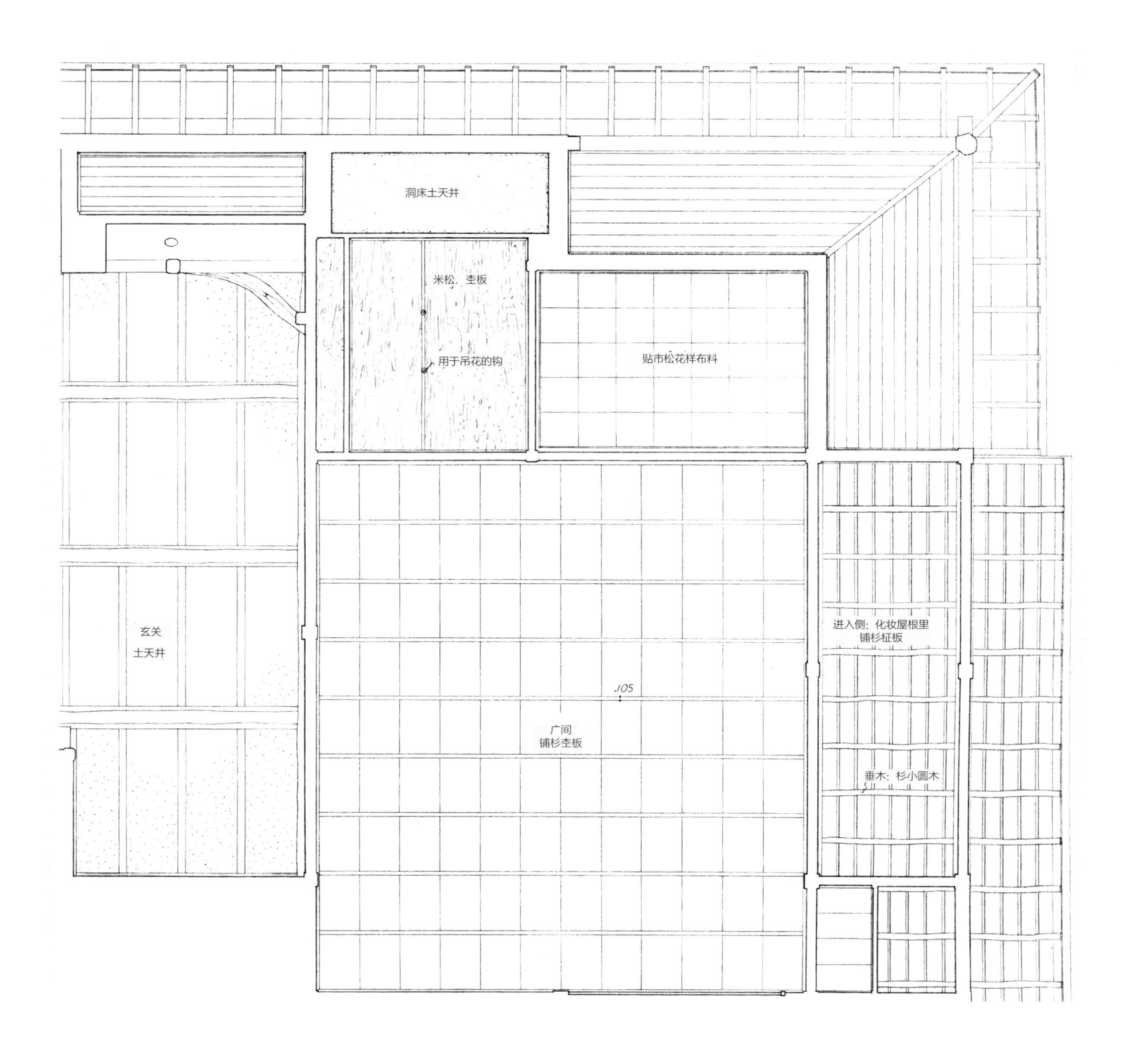

米松、杢板

用于吊花的钩

贴市松花样布料

玄关
土天井

进入侧：化妆屋根里
铺杉柾板

广间
铺杉杢板

垂木：杉小圆木

村野邸　实测图

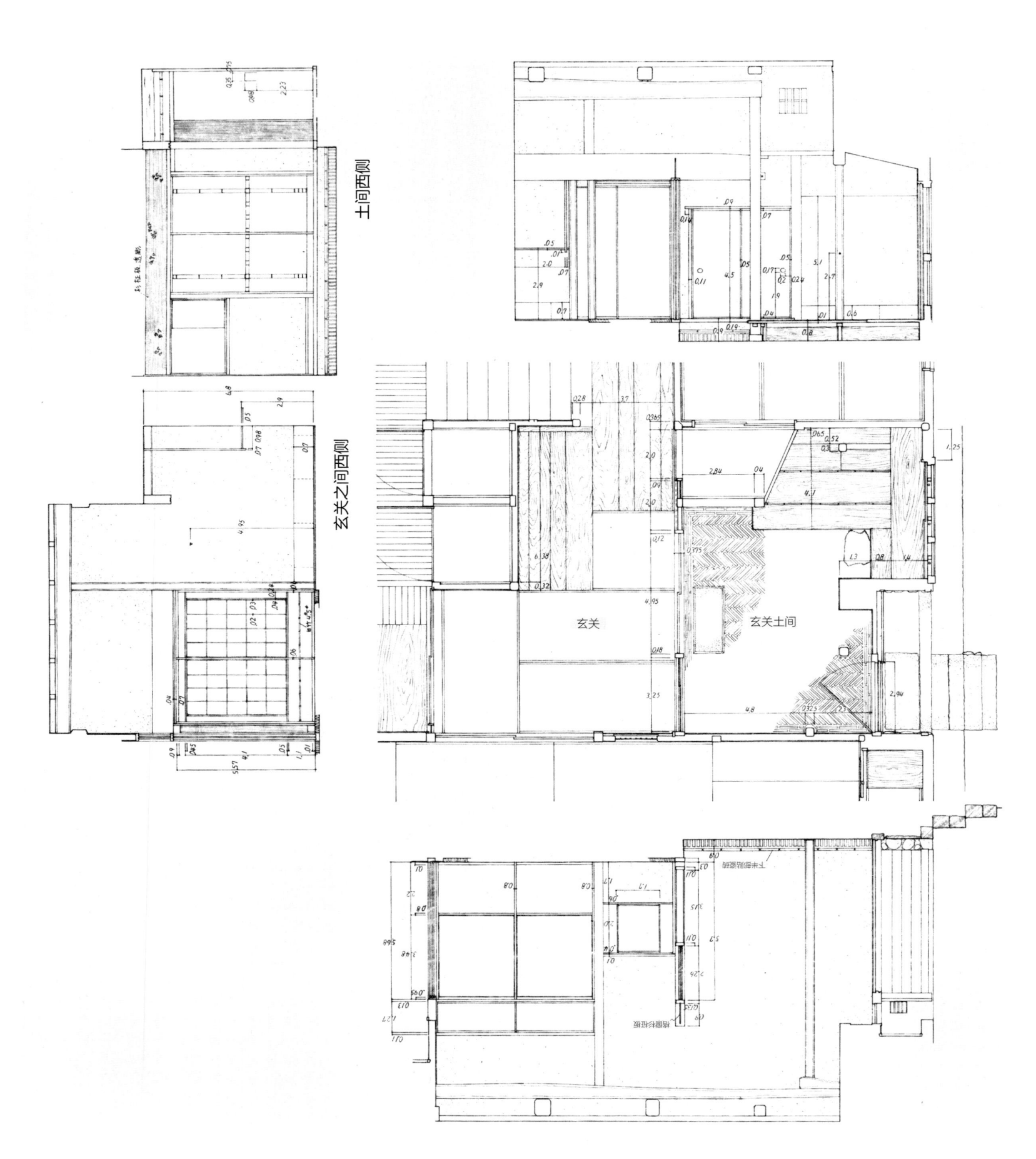

村野邸　实测图

玄关　房梁

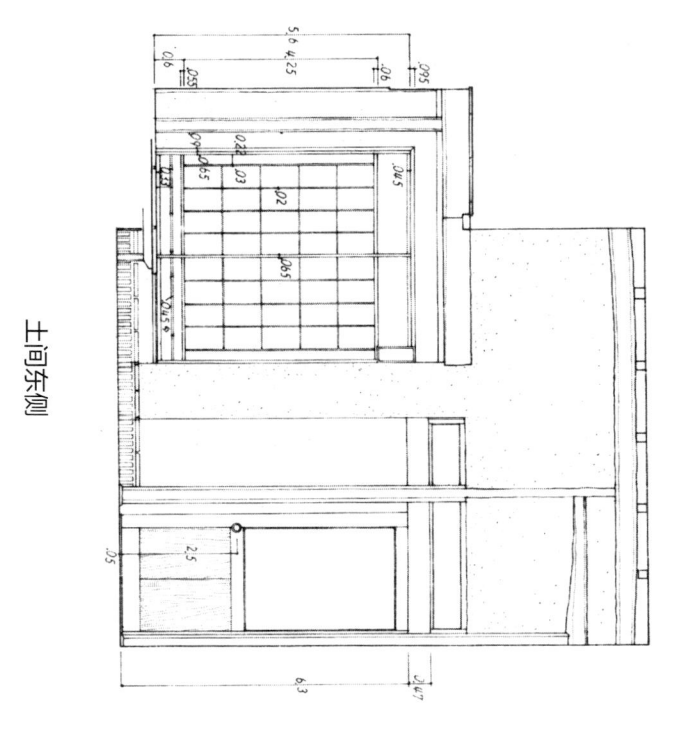

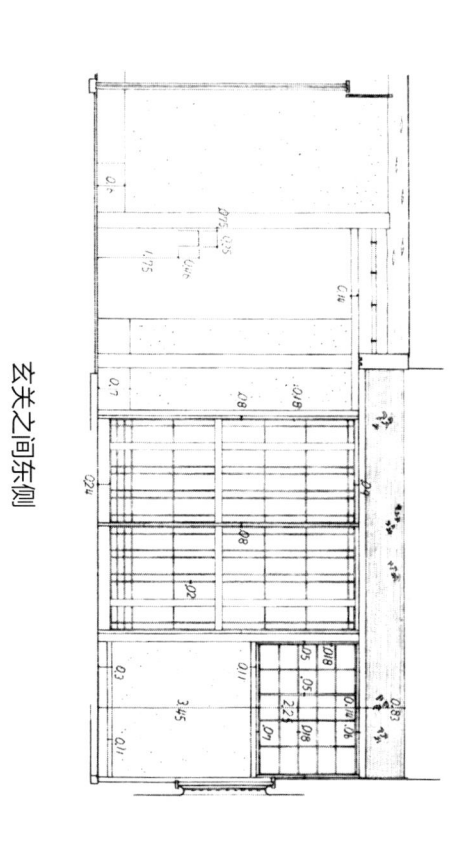

土间东侧

玄关之间东侧

玄关平面图及展开图　比例尺1∶50

村野邸　实测图

茶室、水屋平面图及展开图　比例尺1:30

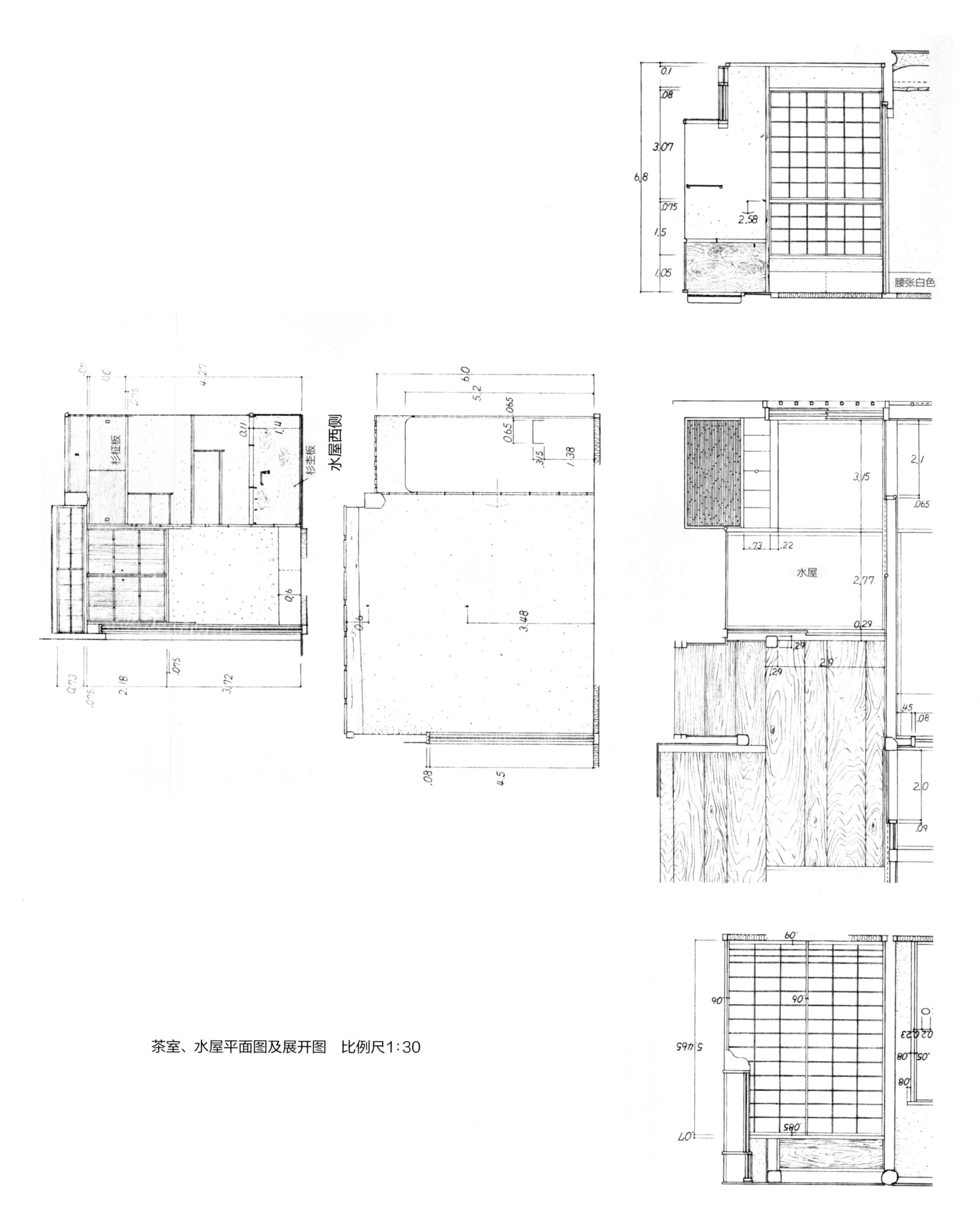

村野邸　实测图

村野邸　实测图

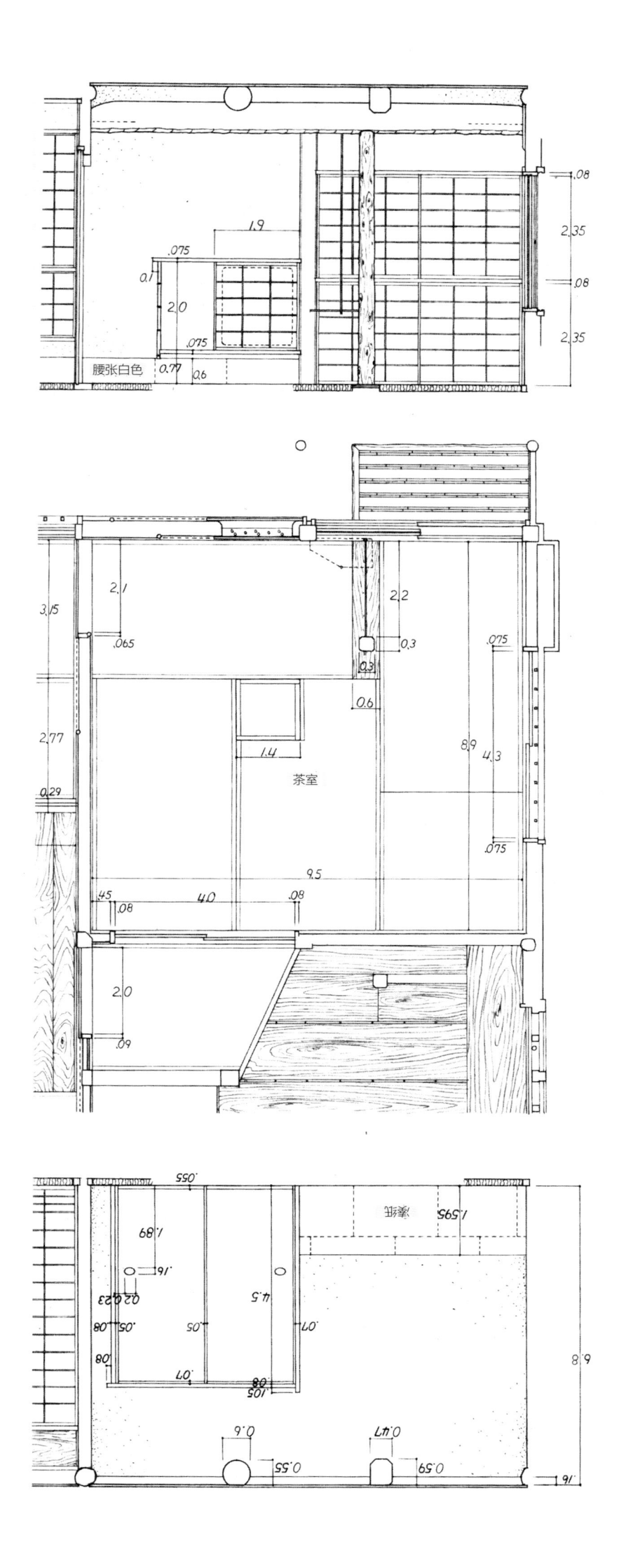

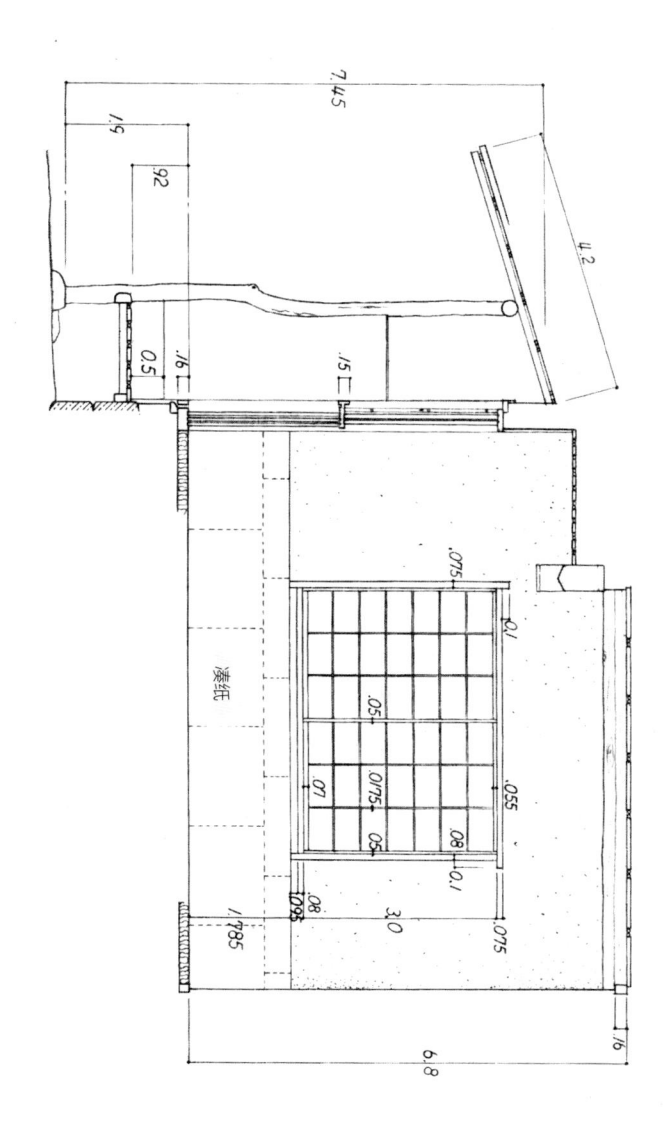

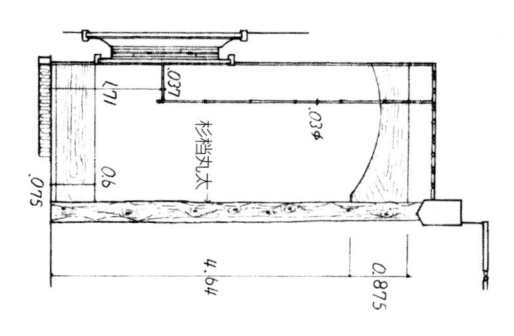

茶室　点前座仰视图

茶室　中柱下部

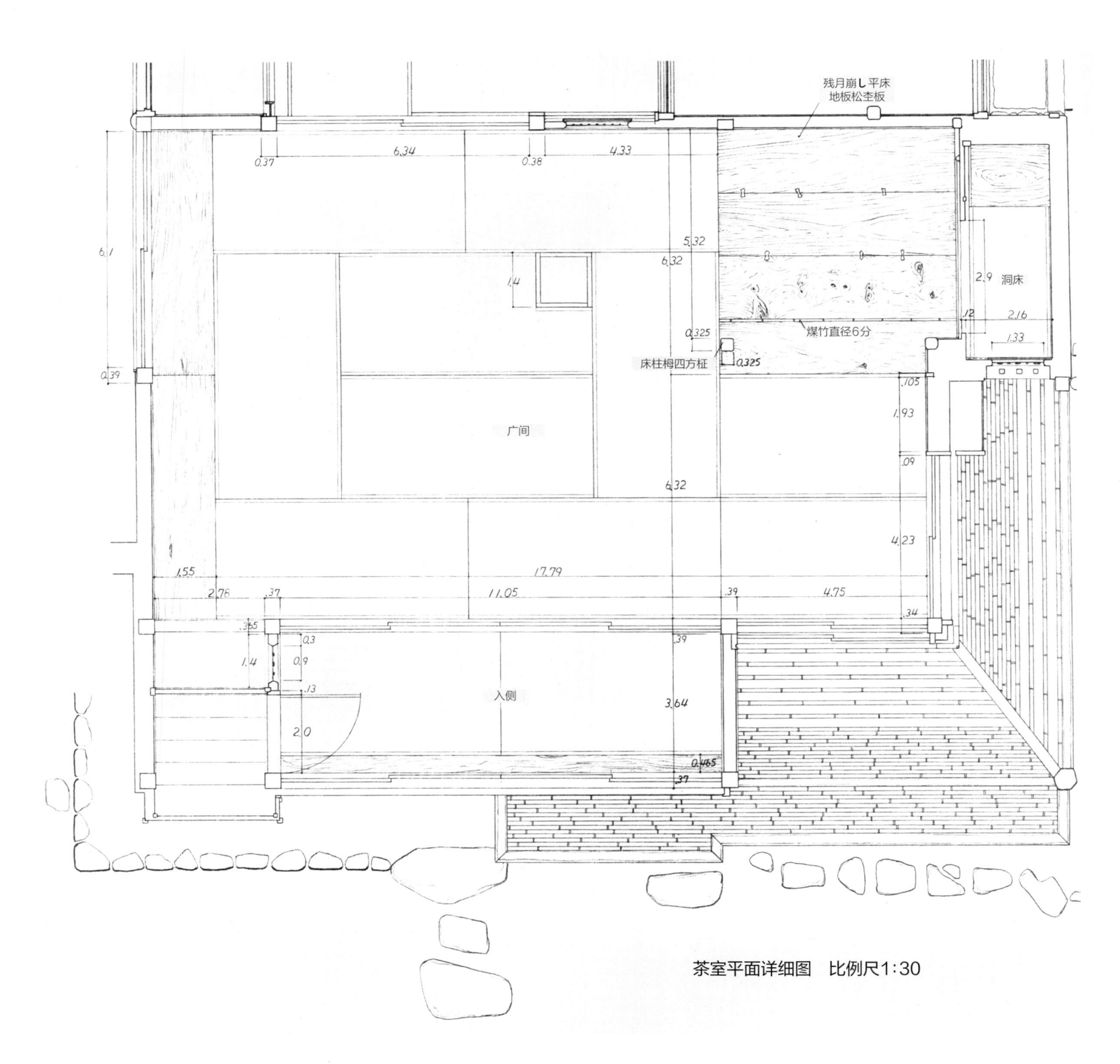

茶室平面详细图　比例尺1:30

村野邸　实测图

茶室 床前

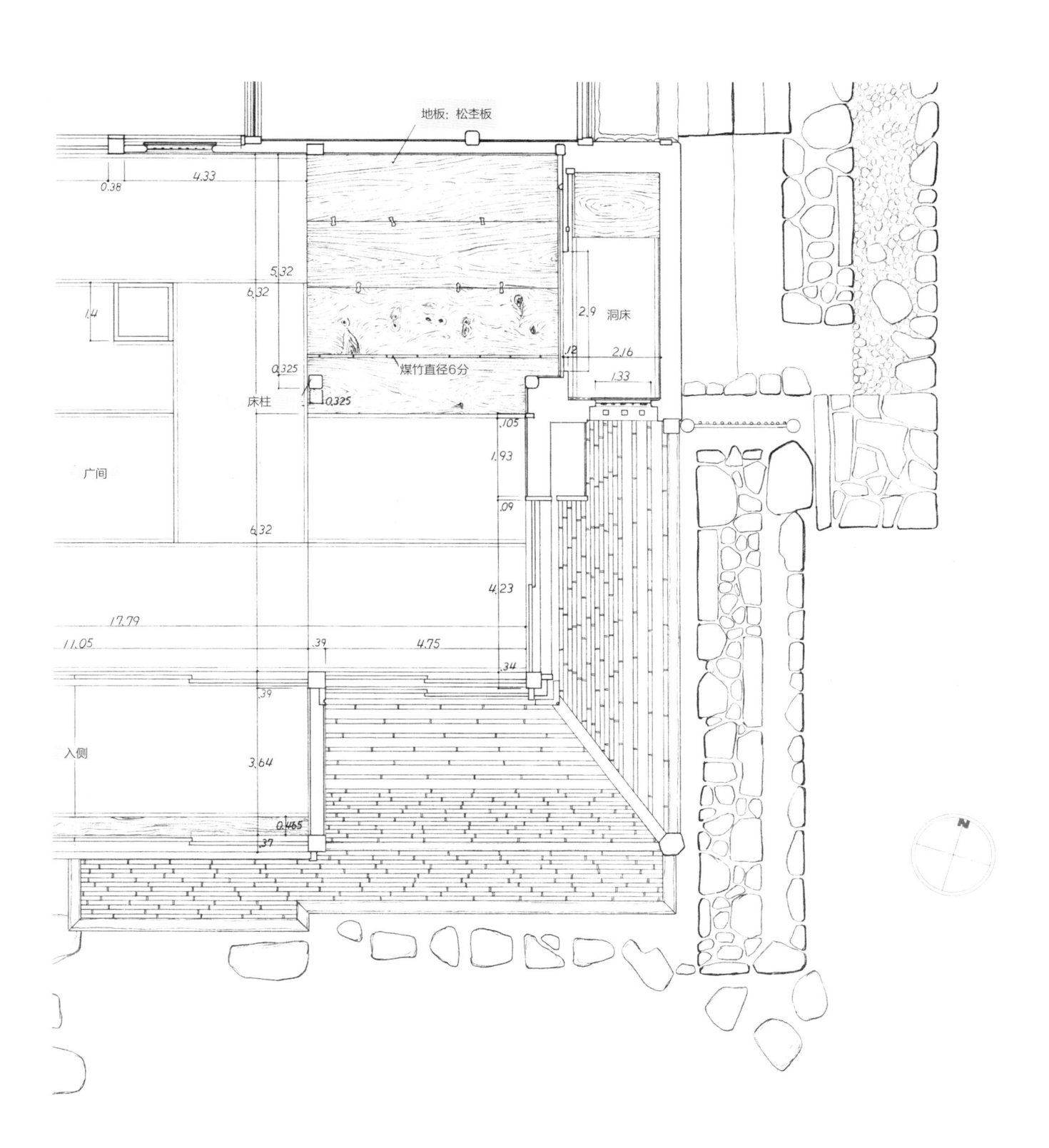

地板：松杢板
煤竹直径6分
洞床
床柱
广间
入侧

村野邸 实测图

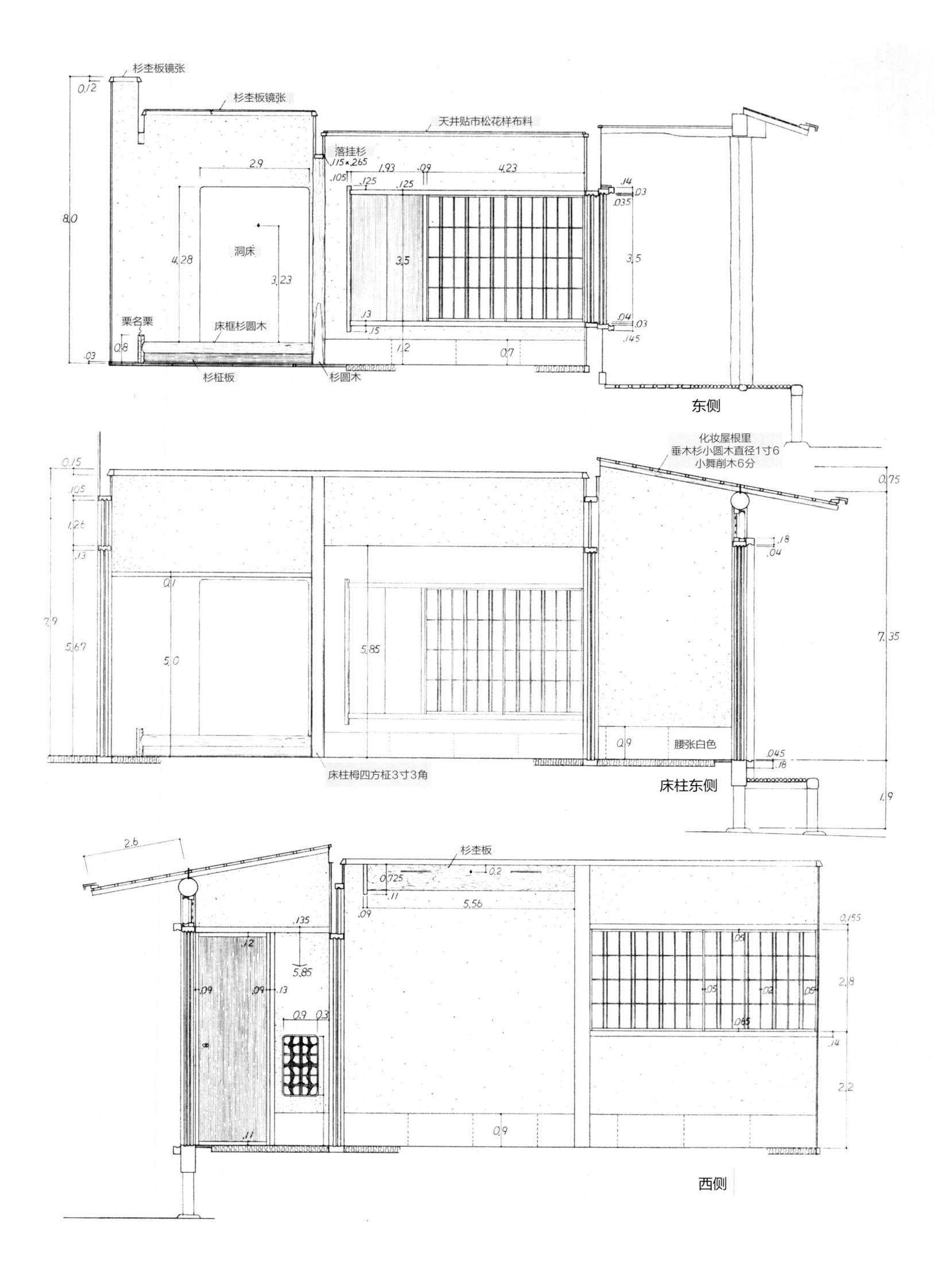

村野邸 实测图

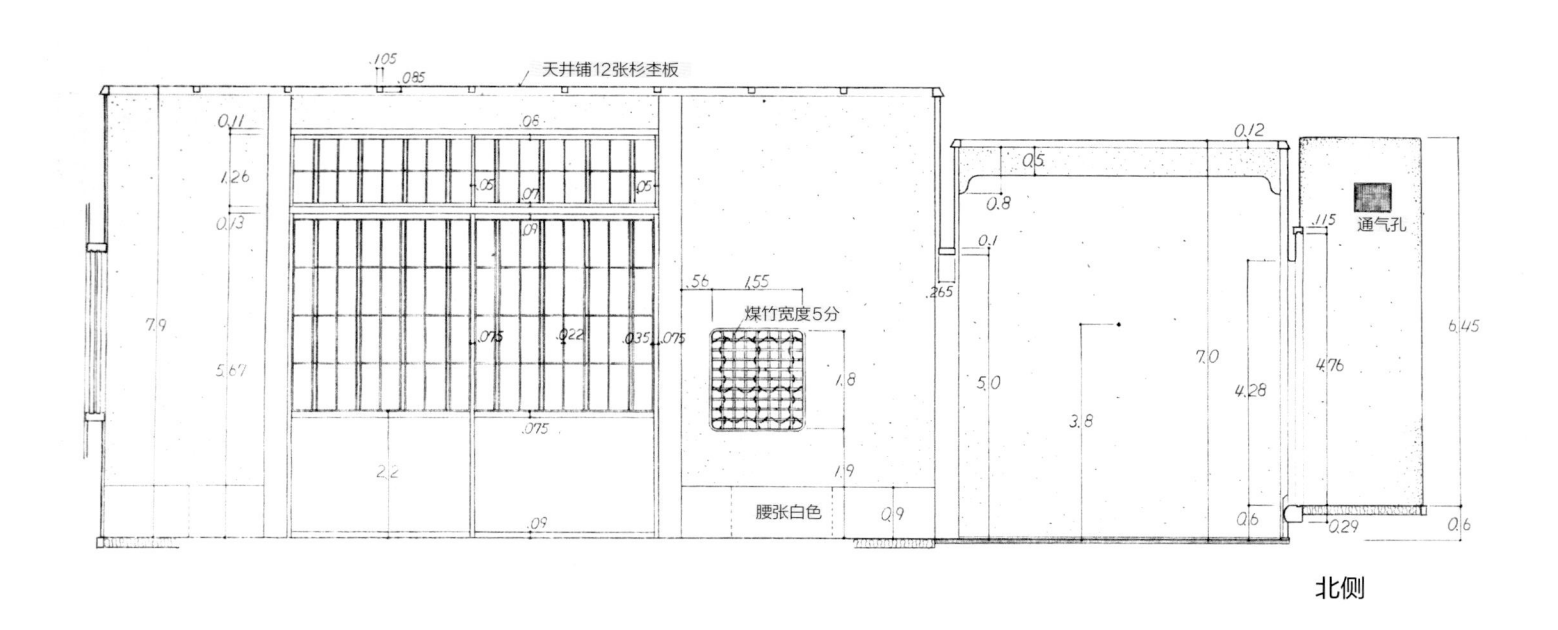

北侧

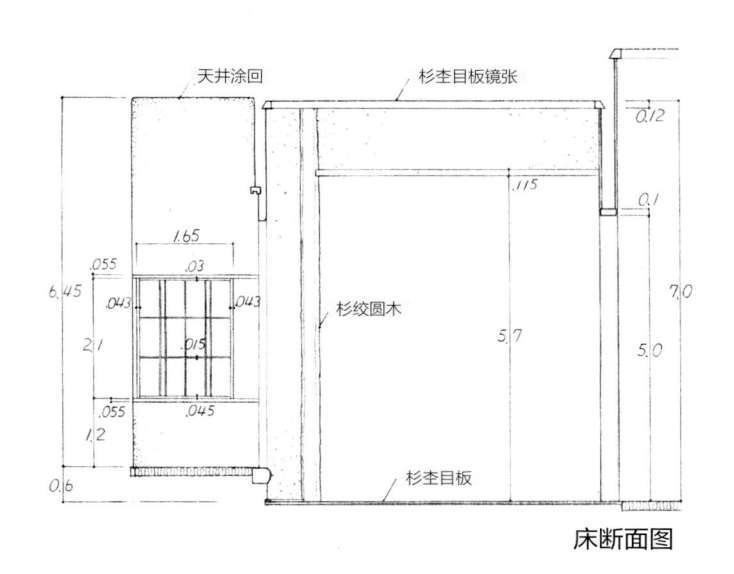

床断面图

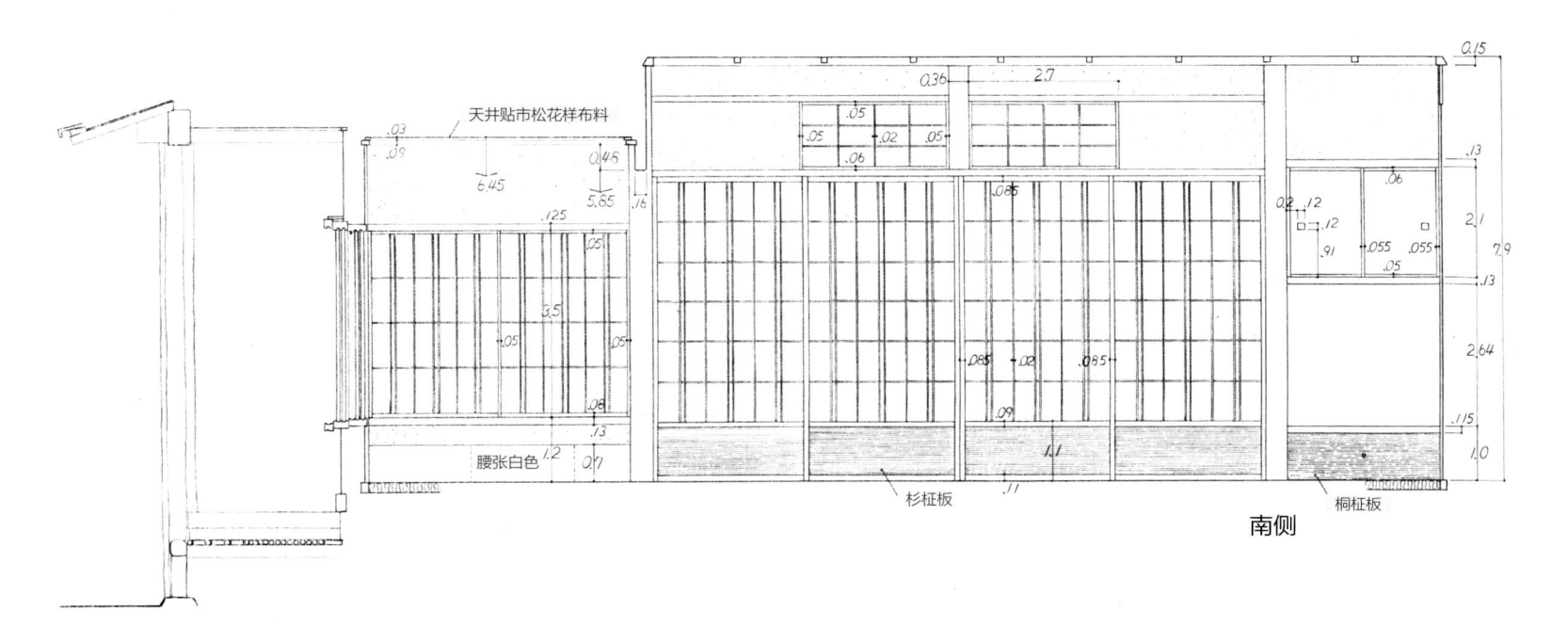

南侧

茶室展开图　比例尺1:30

村野邸　实测图

村野邸

各种植被

村野邸　实测图

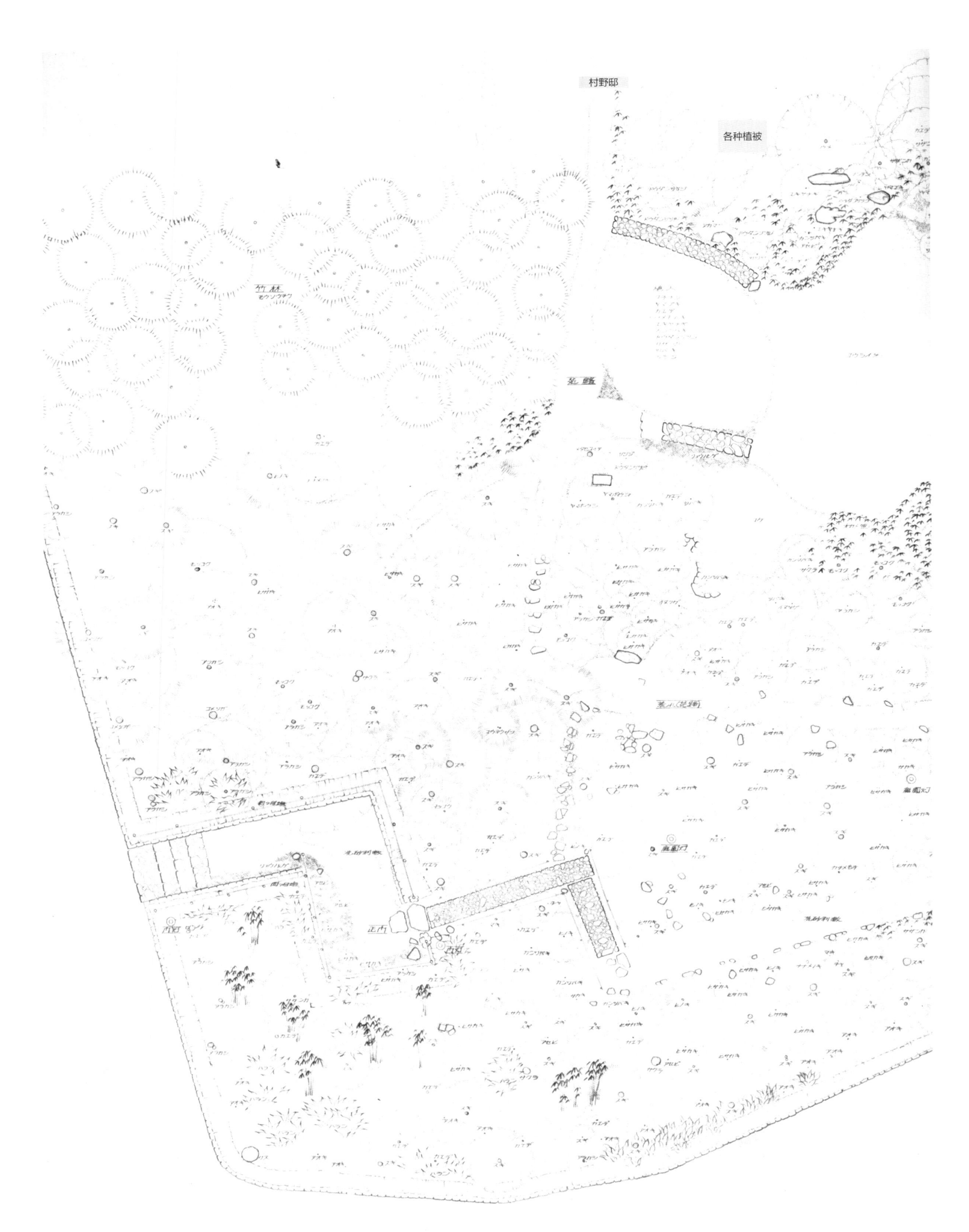

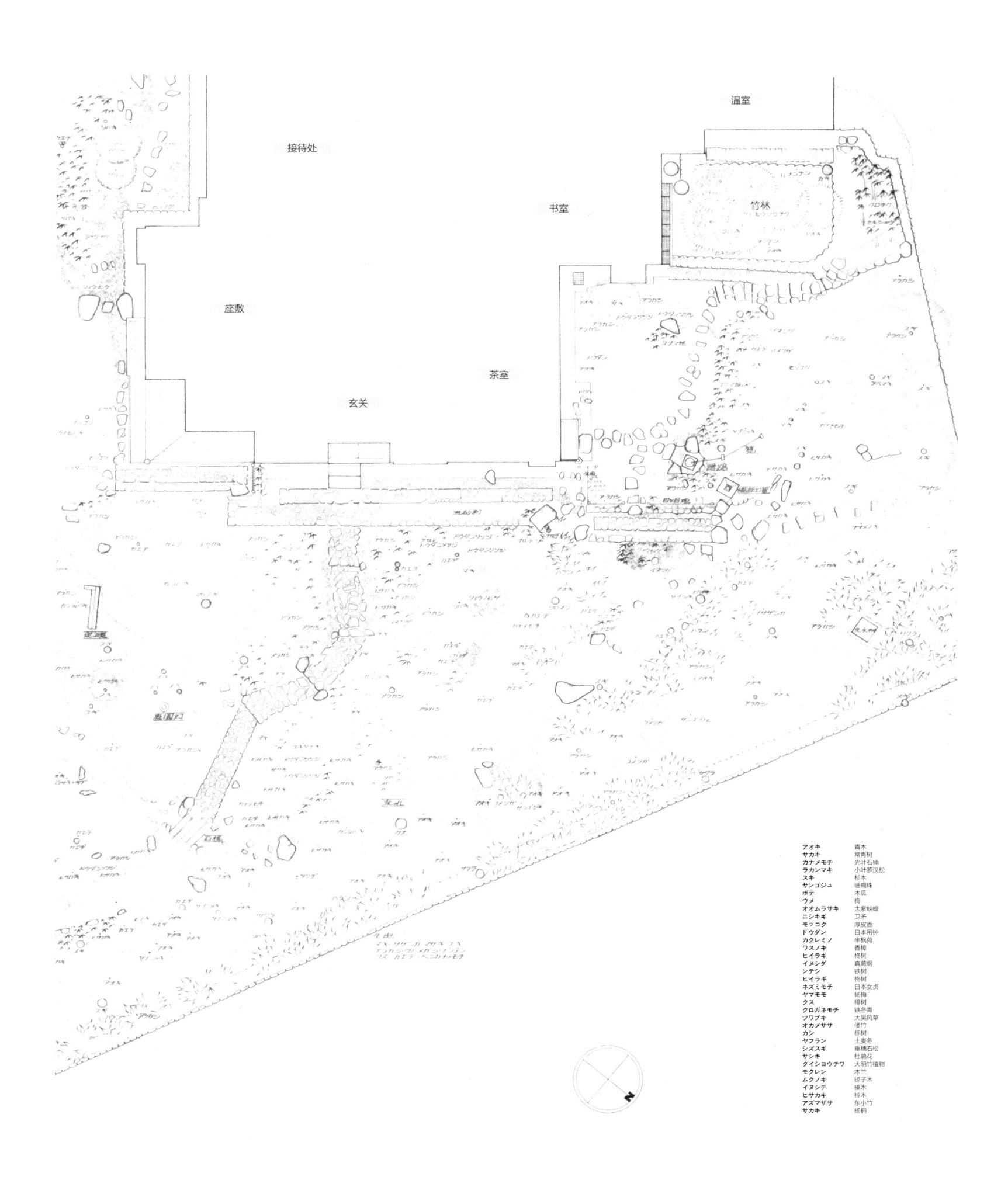

温室
接待处
书室
竹林
座敷
茶室
玄关

アオキ	青木
サカキ	常青树
カナメモチ	光叶石楠
ラカンマキ	小叶罗汉松
スギ	杉木
サンゴジュ	珊瑚珠
ボケ	木瓜
ウメ	梅
オオムラサキ	大紫荆樱
ニシキギ	卫矛
モッコク	厚皮香
ドウダン	日本吊钟
カクレミノ	半枫荷
クスノキ	香樟
ヒイラギ	柊树
イヌシデ	真鹅耳
シデシ	铁树
ヒイラギ	柊树
ネズミモチ	日本女贞
ヤマモモ	杨梅
クス	樟树
クロガネモチ	铁冬青
ツワブキ	大吴风草
オカメザサ	倭竹
カシ	栎树
ヤブラン	土麦冬
シズスギ	垂穗石松
サツキ	杜鹃花
タイショウチワ	大明竹植物
モクレン	木兰
ムクノキ	榉子木
イヌシデ	榛木
ヒサカキ	柃木
アズマザサ	东小竹
サカキ	杨桐

平面图　比例尺1:100

村野邸　实测图

东山庄	
管理者	名古屋市
所在地	名古屋市瑞穗
建筑年	大正末期
作庭年	不明
设计·施工·建筑	不明
庭	不明

东山庄是爱好茶道的棉布商伊东信一在大正初年开始历经十年岁月经营的山庄,山庄于昭和十一年(1936年)捐赠给了名古屋市。山庄在山崎川东岸的占地有三千六百坪,利用自然地形和树木配置了建筑,建造了瀑布、山谷、泉池、河流,修建了环绕苑路,是一座广阔的洄游式庭院。

正门是入母屋造茅茸屋顶,展现出田园乡村风格的外观,而正玄关是格天井,设置了式台,别具一格。

玄关附近的六叠敷(东丘庵)正对寄付。书院由主室十二叠半和次之间十叠构成,三面被围绕着半间的廊,南面西口修建了缘先手水钵。座敷在角柱上打入了内法长押和天井长押,天井是高九尺二寸的吹寄格天井。接着正面中央设有床之间,右边是违棚,左边是琵琶台和付书院。缘侧是丸太柱上的丸太桁和角棰。

主室的深处(西侧)隔着胜手是茶室仰西庵,胜手的北面设有由内露地引入屋内的腰挂。顺着书院北面的缘侧从东丘庵也可走到此腰挂。这个室内露地和腰挂的处理可谓奇思妙想。胜手的边界处开设了一个大圆窗,为露地增添了一道风景。

二楼座敷是由南往西围绕着的缘勾栏,用舞台造来支撑着,在此可享受俯瞰溪谷美景的快乐时光。室内在二叠敷的上段中央配有琵琶台,另一面设有地袋,但天板下面实际上是楼梯,不能用作收纳。北面隔着走廊有个西式房间。

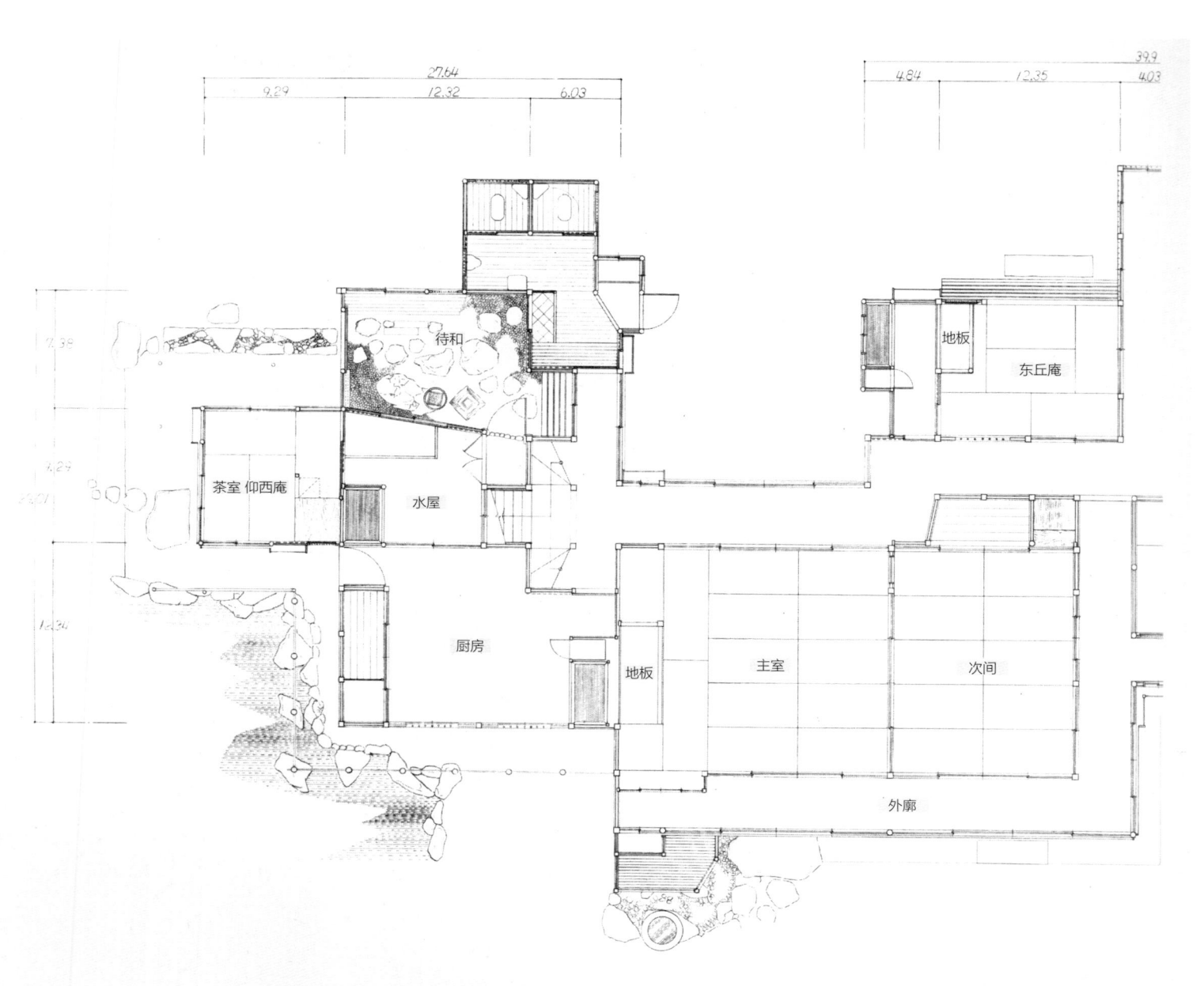

一楼平面图　比例尺1:100

东山庄　实测图

正门化妆屋根里仰视图

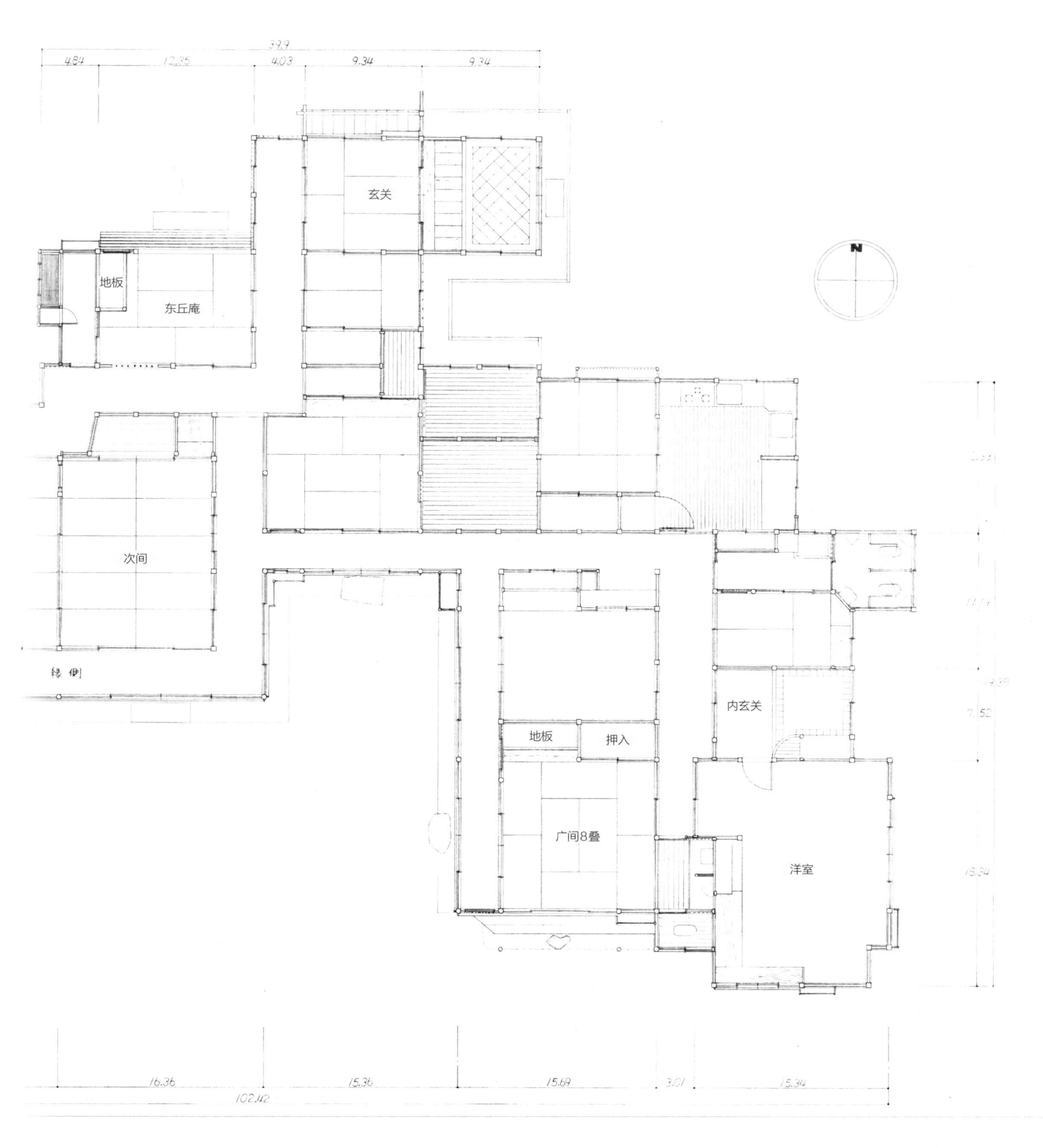

东山庄　实测图

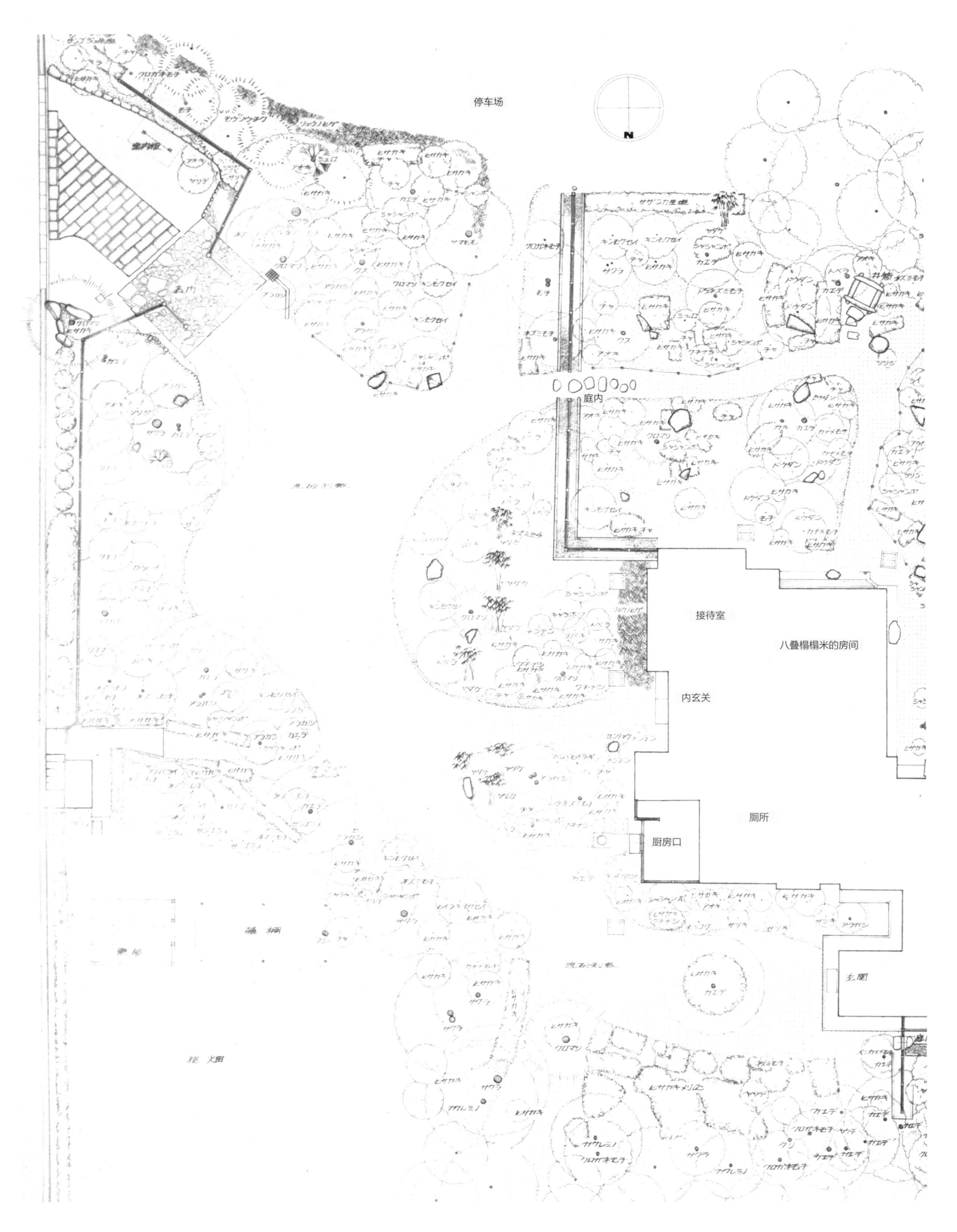

平面图　比例尺1:150

东山庄　实测图

アオキ	青木
サカキ	常青树
カナメモチ	光叶石楠
ラカンマキ	小叶罗汉松
スギ	杉木
サンゴジュ	珊瑚珠
ウメ	梅
ボケ	木瓜
オオムラサキ	大紫荆蝶
ニシキギ	卫矛
モッコク	厚皮香
ドウダン	日本吊钟
カクレミノ	半枫荷
リスノキ	香樟
ヒイラギ	柊树
イタシデ	真鹅树
ソテツ	铁树
ヒイラギ	柊树
ネズミモチ	日本女贞
ヤマモモ	杨梅
クス	樟树
クロガネモチ	铁冬青
ツワブキ	大吴风草
オカメザサ	倭竹
カシ	栲树
ヤブラン	土麦冬
シノススギ	垂穗石松
サツキ	杜鹃花
タイシヨウチク	大明竹筋竹
モクレン	木兰
ムクノキ	榉子木
イタシデ	槭木
ヒサカキ	柃木
アズマザサ	东小竹
サカキ	杨桐

东山庄　实测图

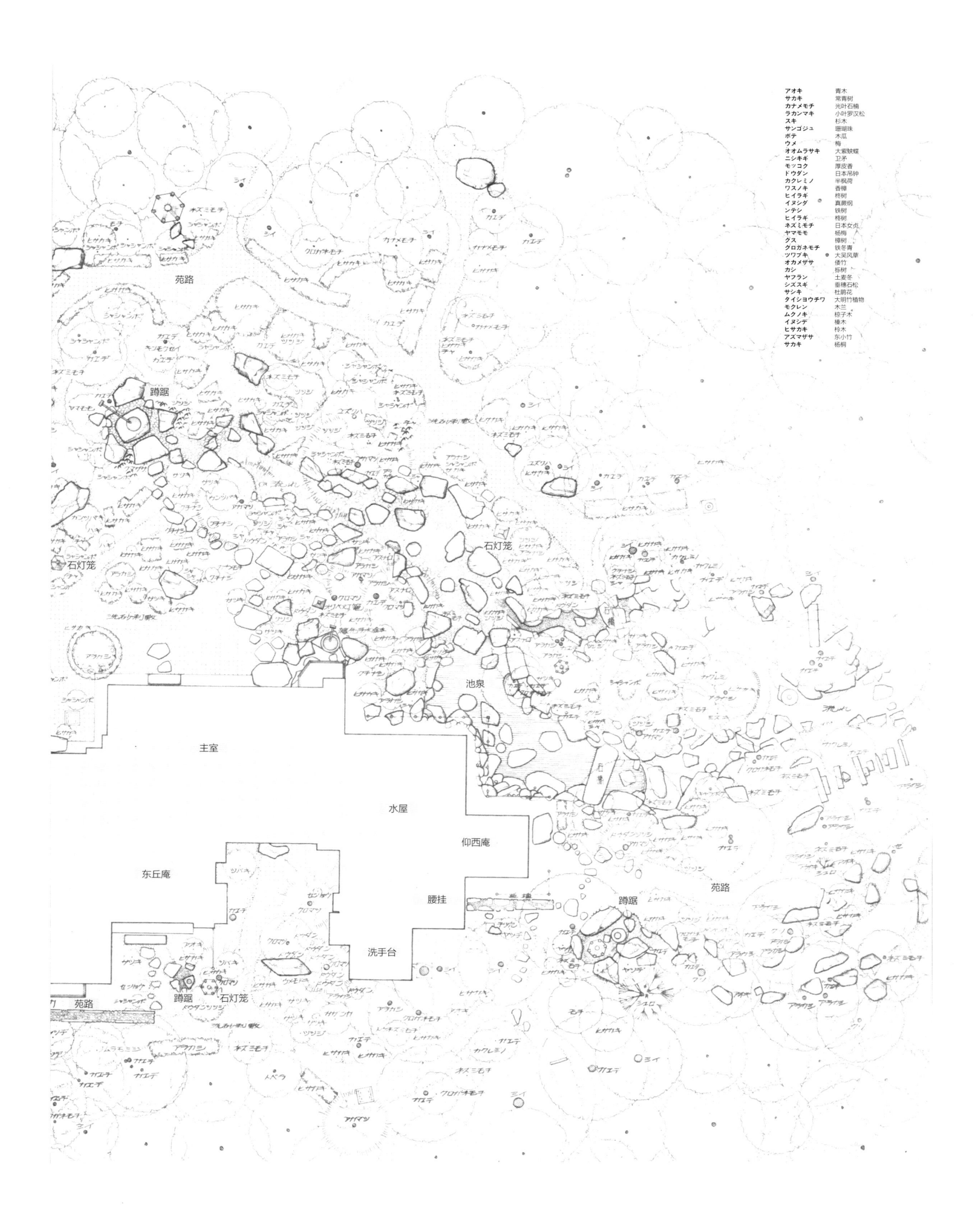

玄关　妻和轩

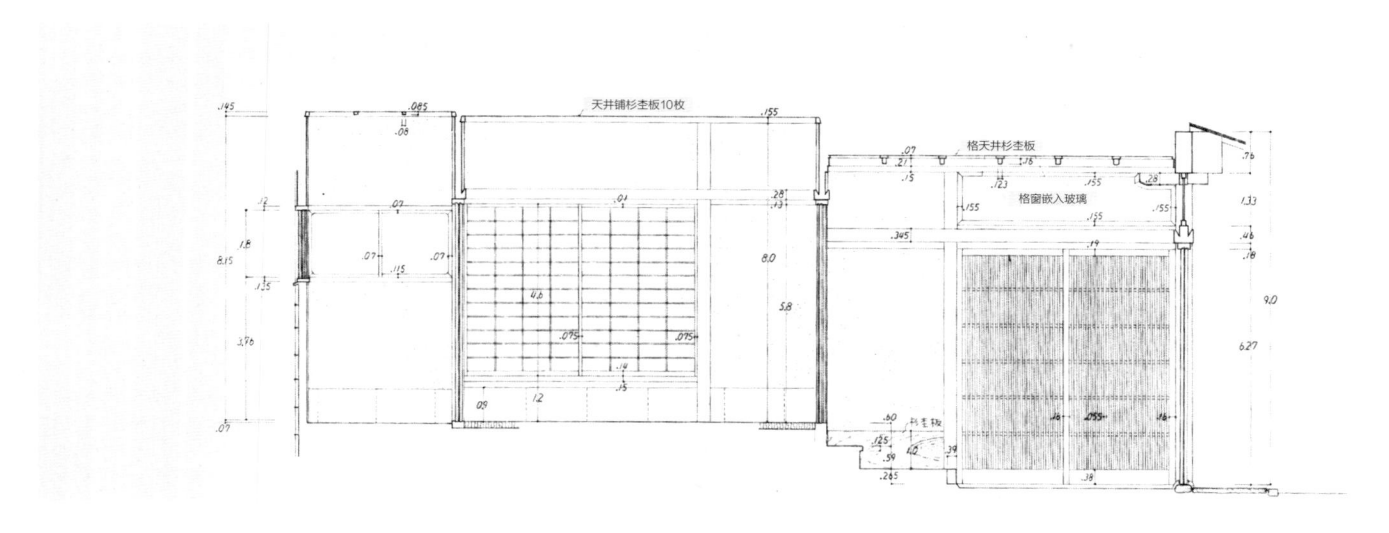

玄关北侧立面图　比例尺1:50

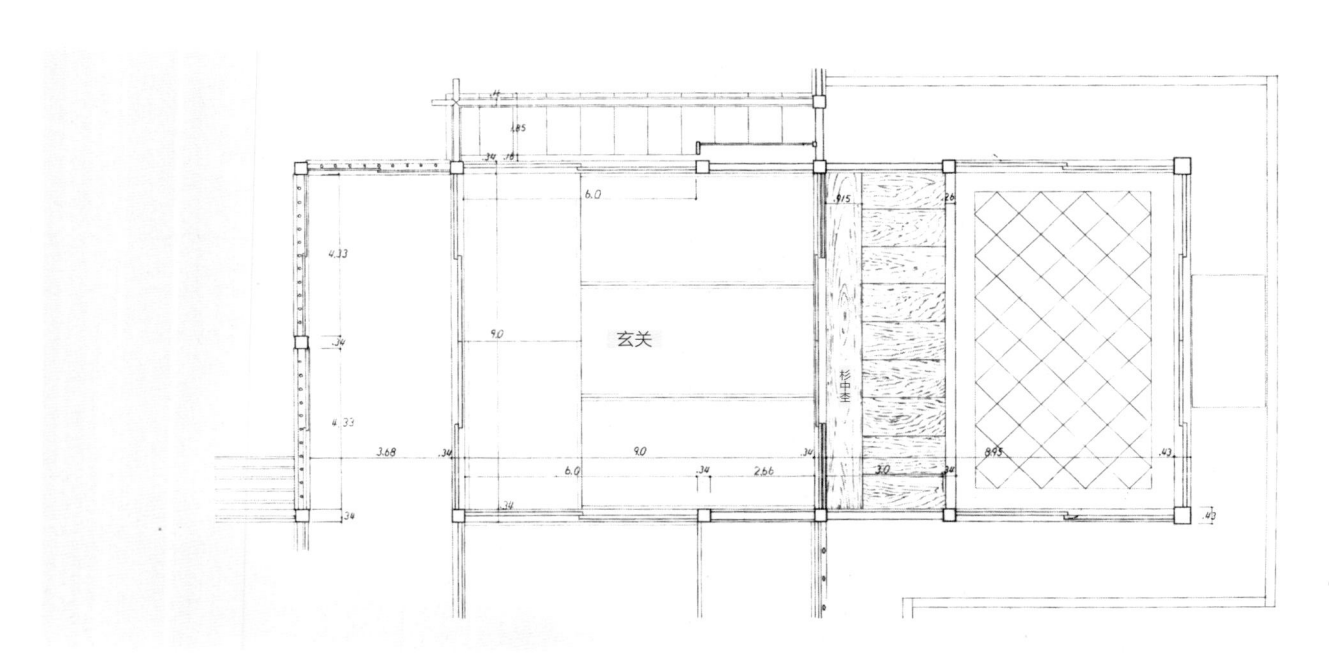

玄关平面图　比例尺1:50

东山庄　实测图

东丘庵 床 　　　　　　　东丘庵 床一侧 　　　　　　东丘庵 东南侧

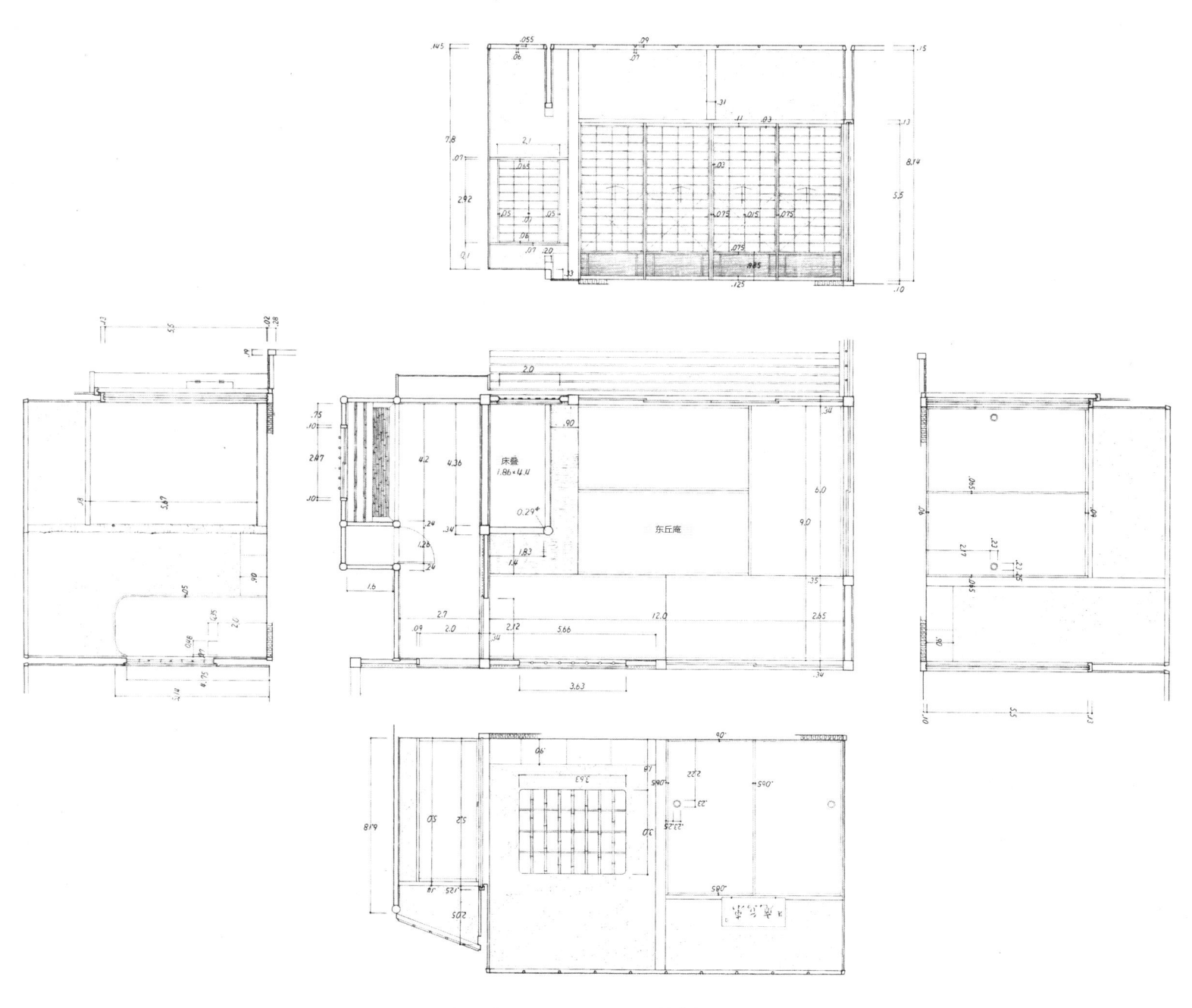

东丘庵平面图及展开图　比例尺1:50

东山庄　实测图

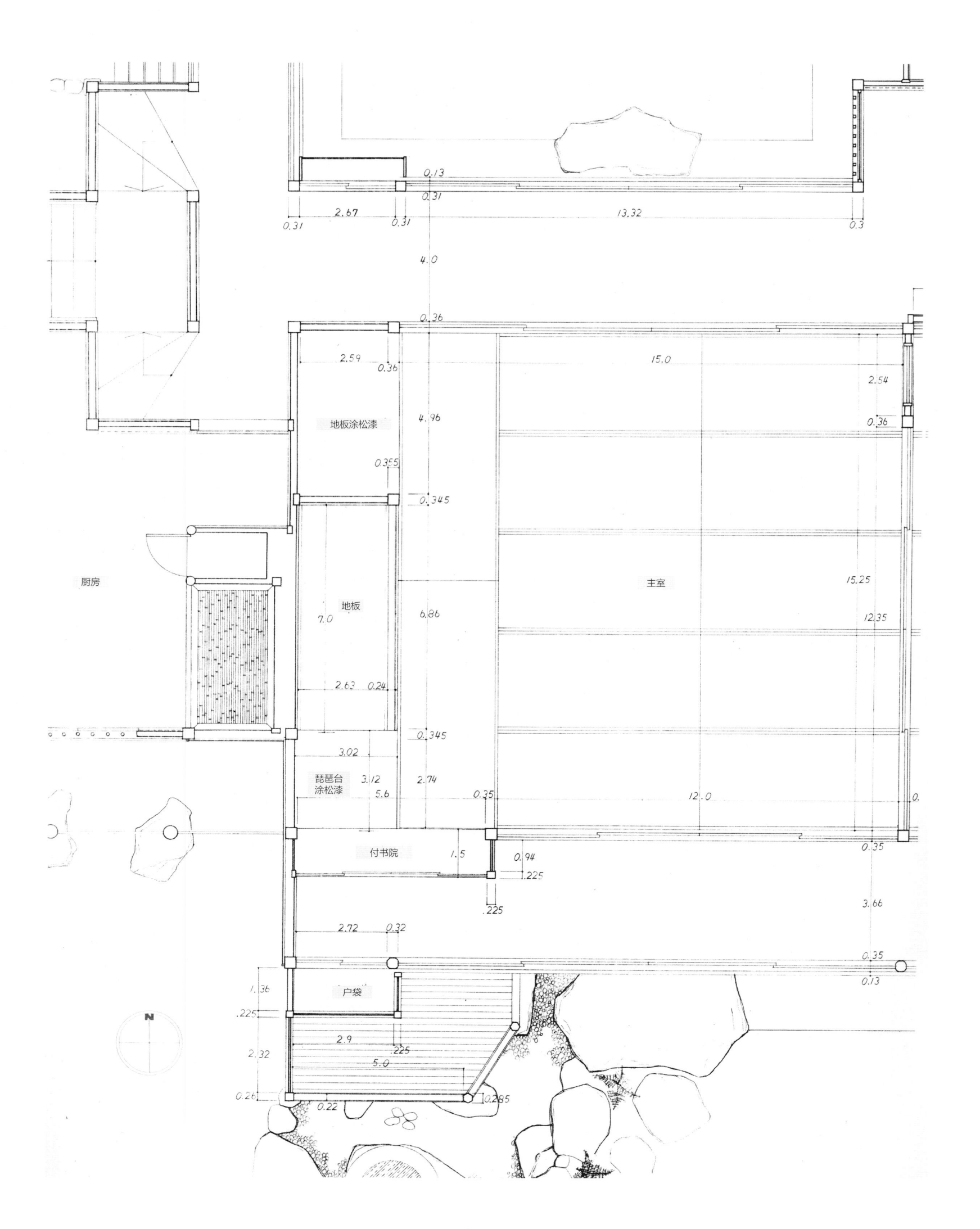

东山庄　实测图

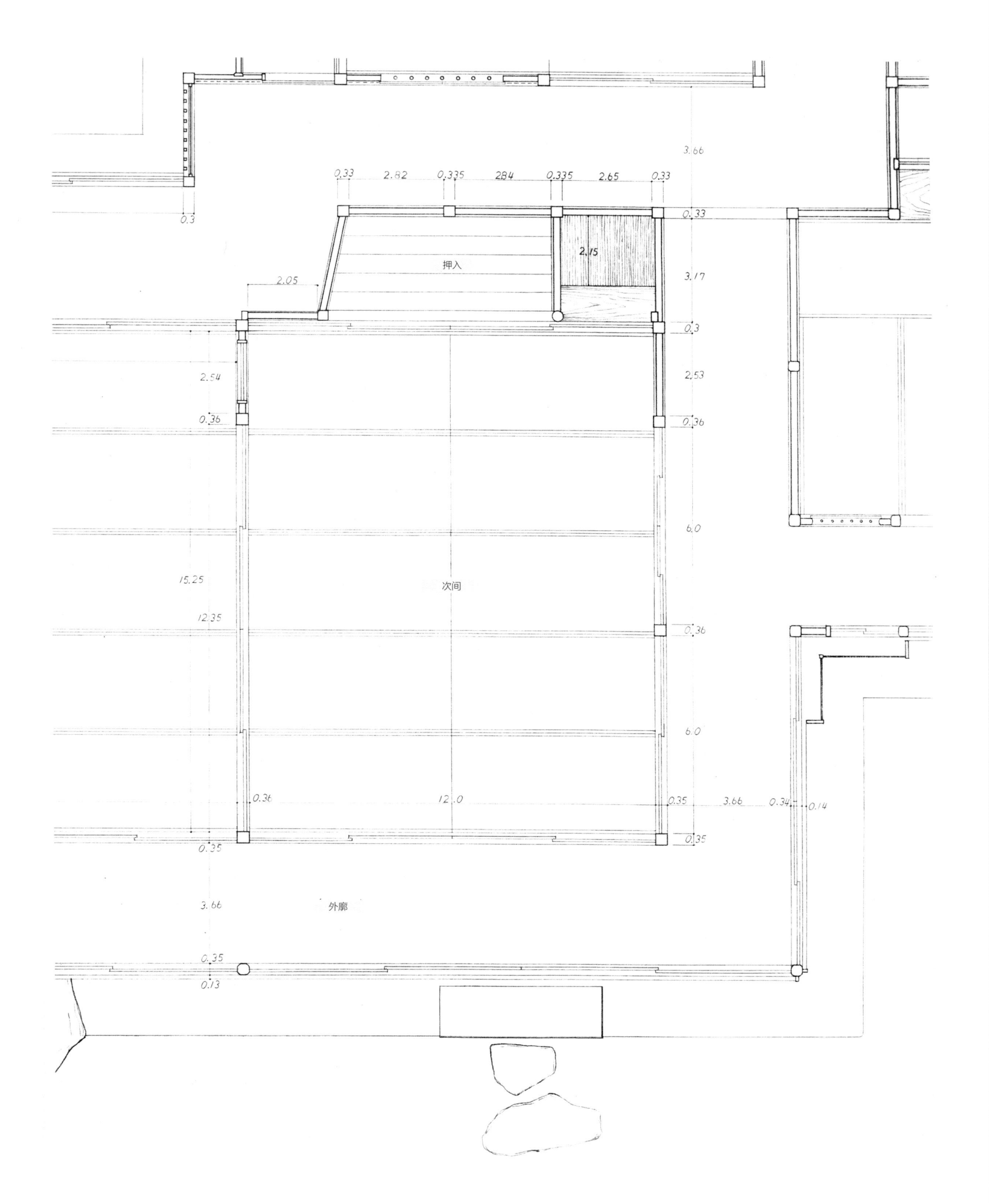

主室、次之间平面详细图　比例尺1:30

东山庄　实测图

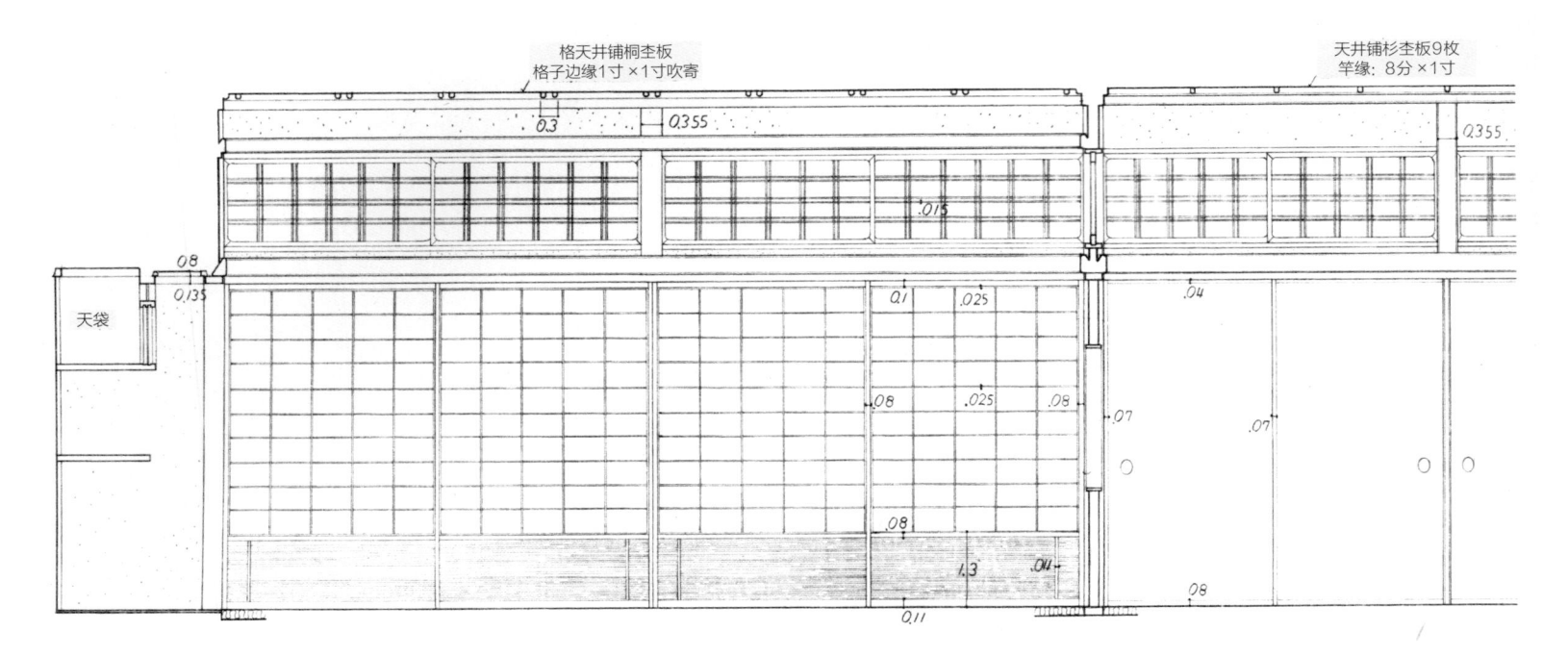

主室、次之间北侧

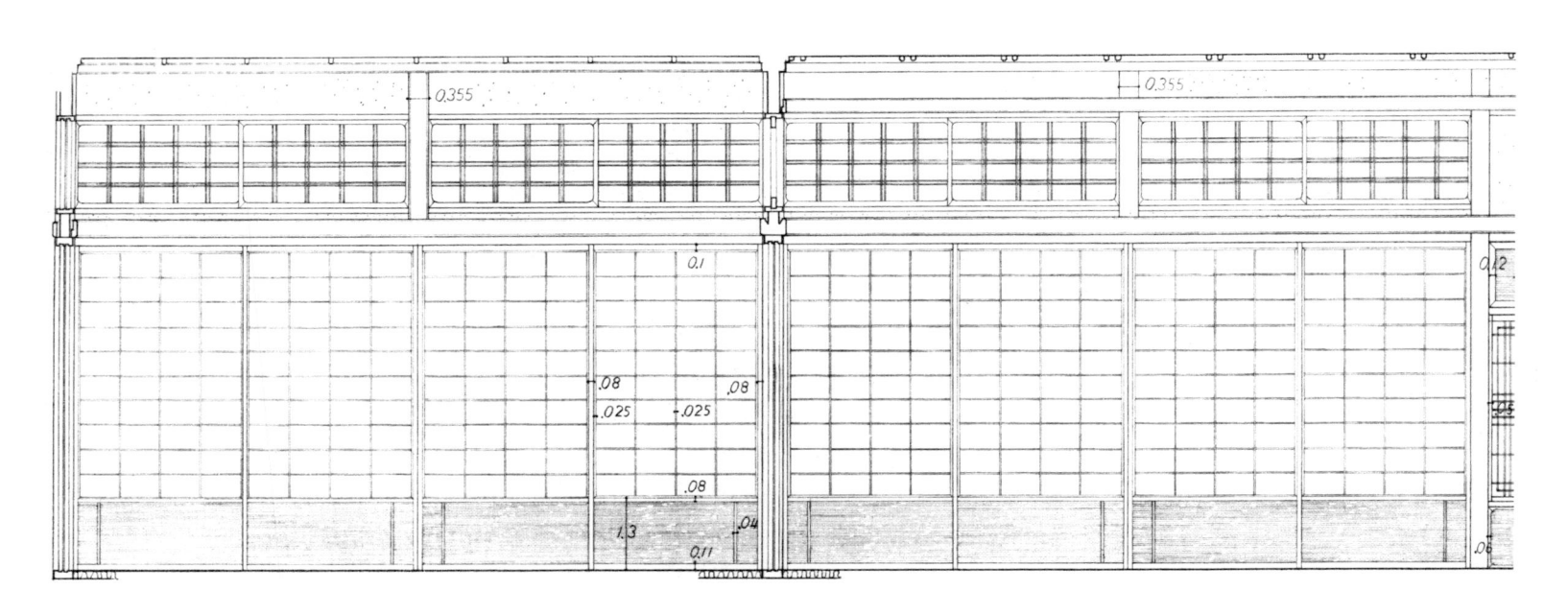

主室、次之间南侧

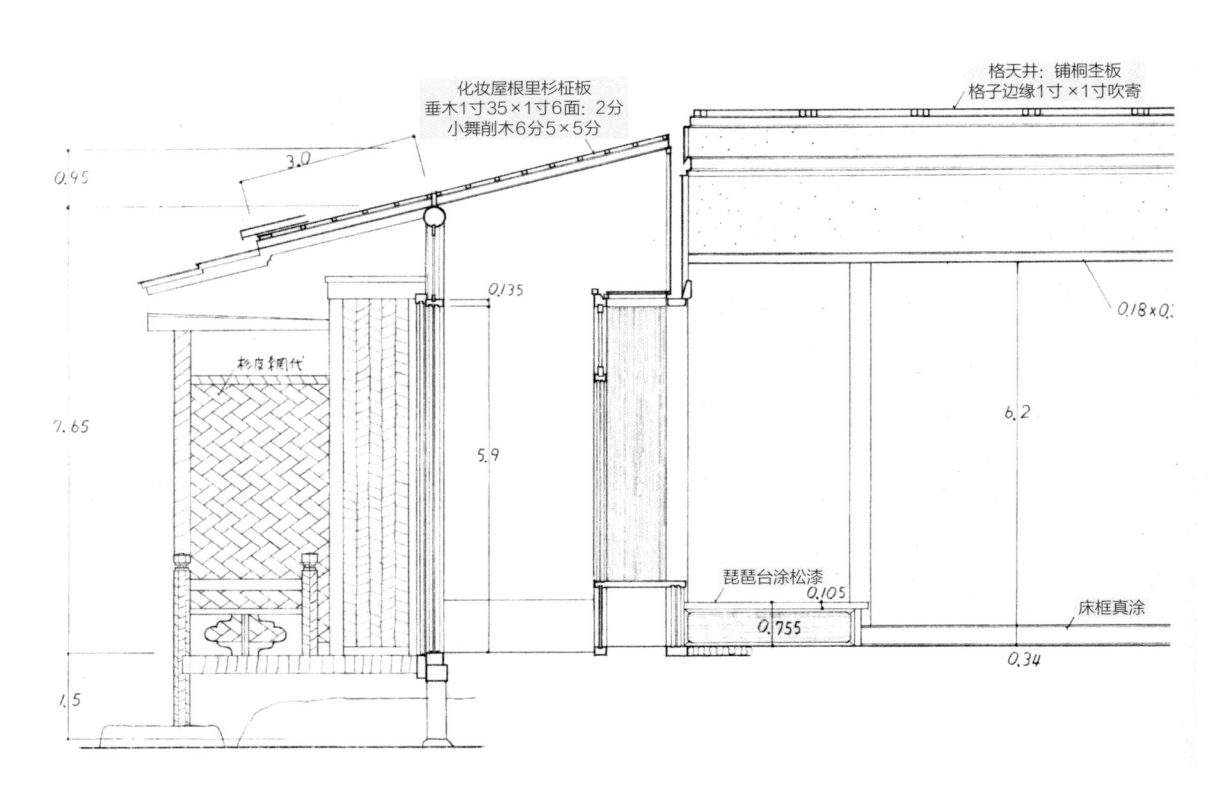

主室、次之间展开图
比例尺 1∶30

东山庄　实测图

主室东侧

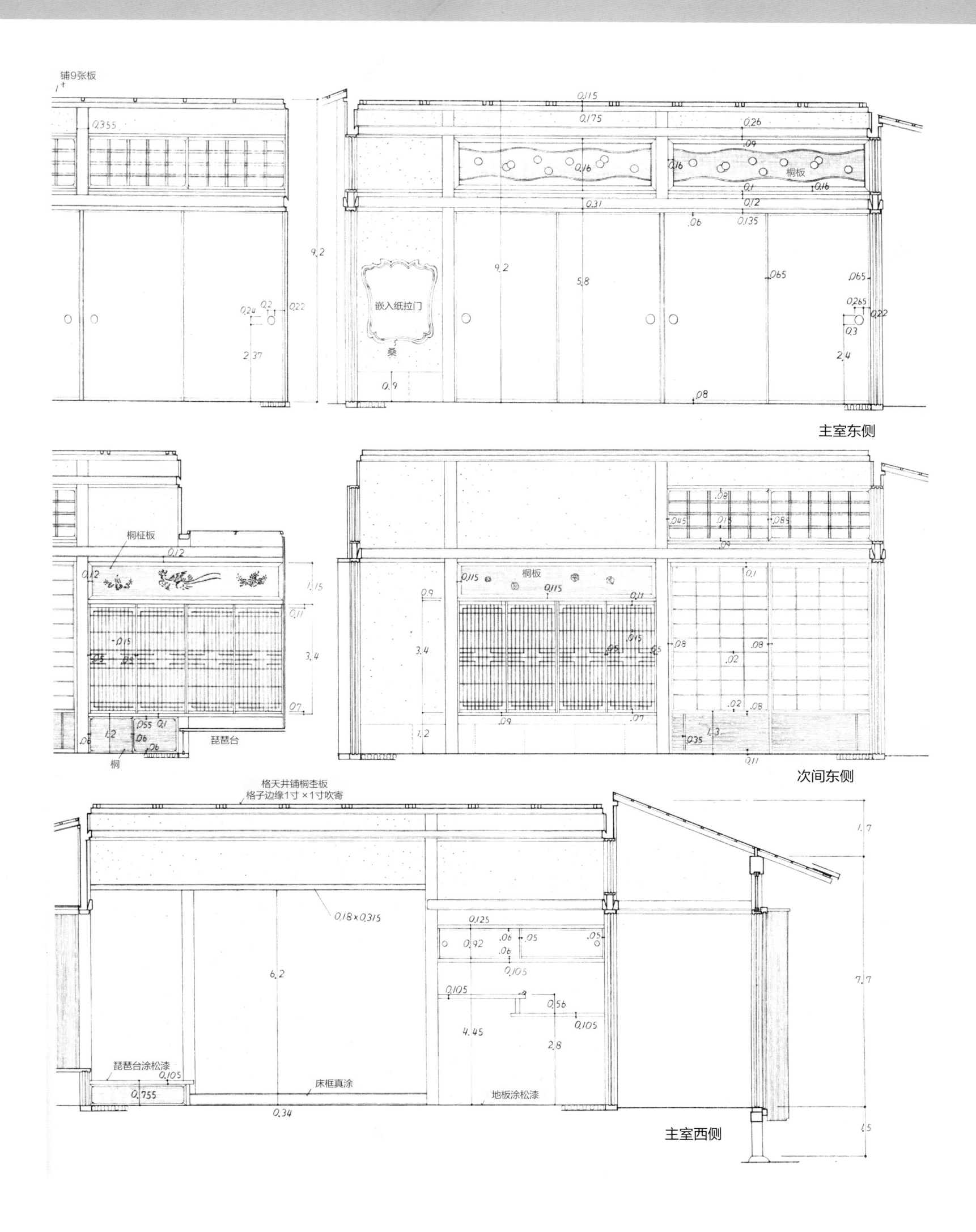

次间东侧

主室西侧

东山庄 实测图

八叠之间　西侧

八叠之间　北侧

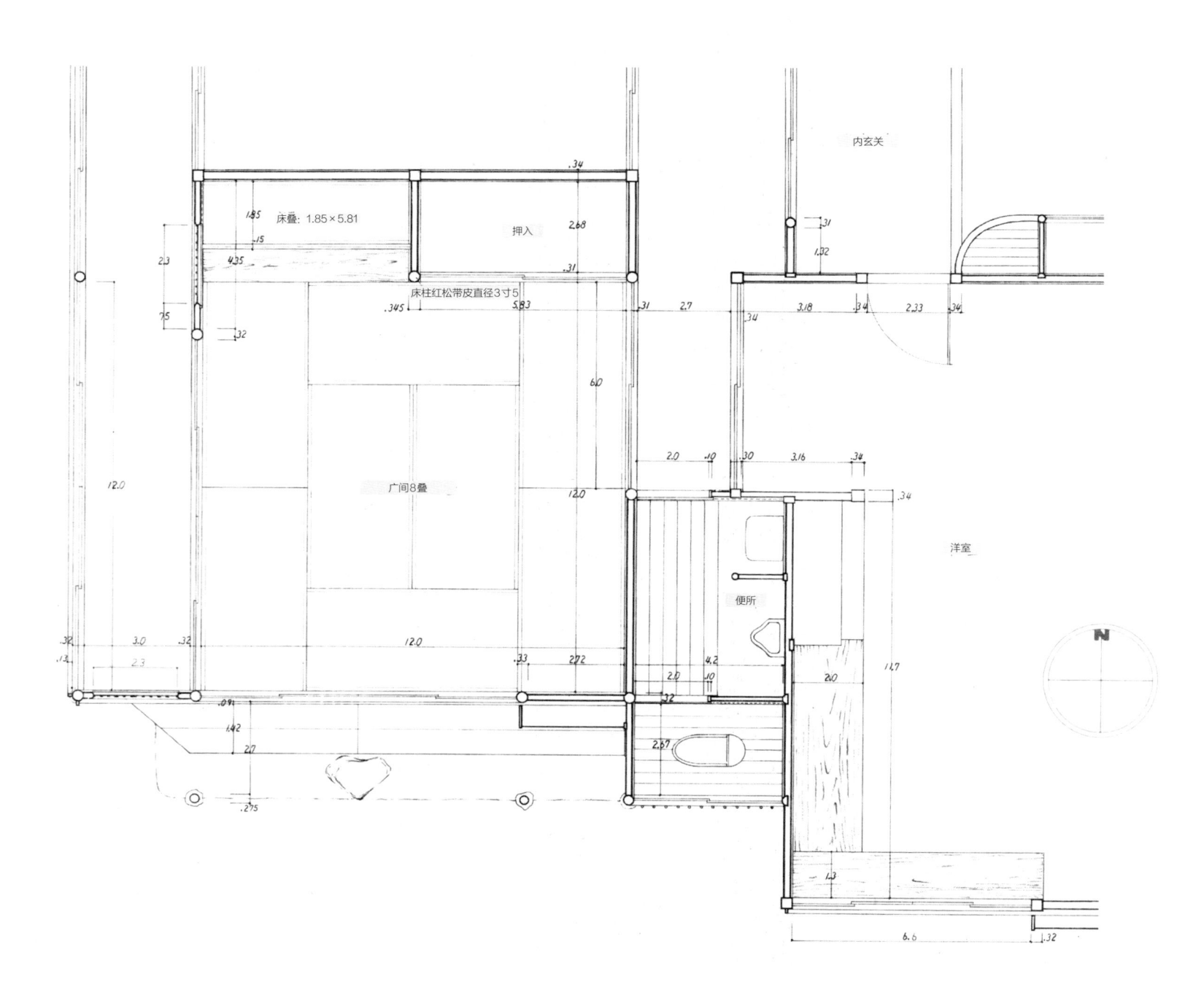

八叠之间平面详细图　比例尺1:50

东山庄　实测图

八叠之间　东侧

八叠之间　南侧

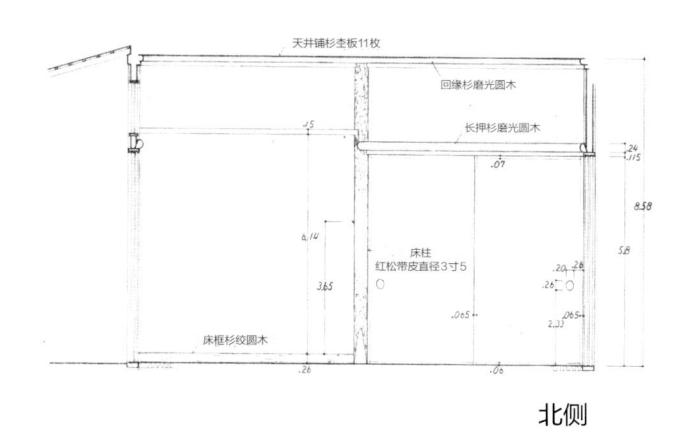

北侧

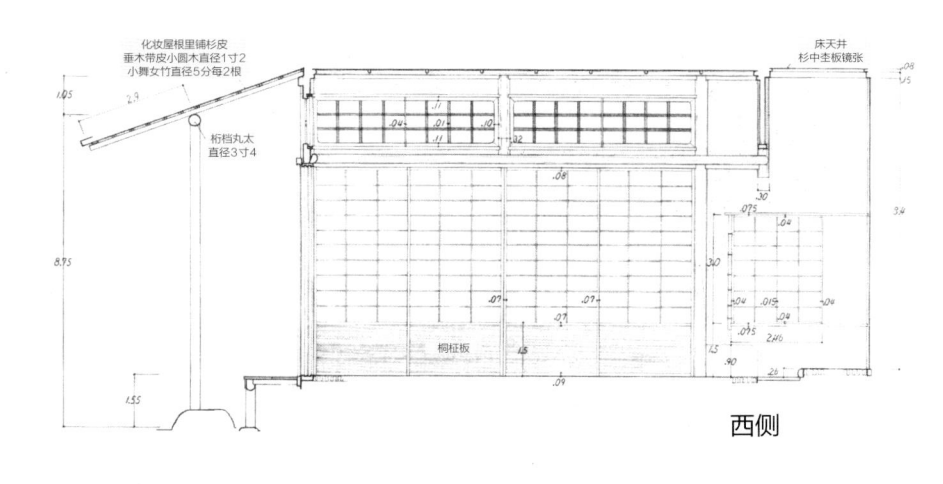

西侧

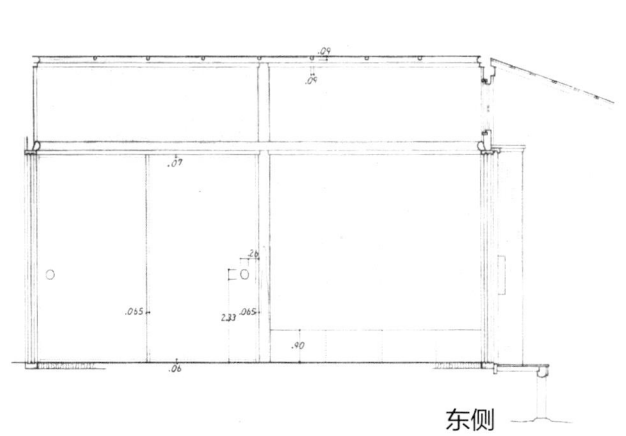

东侧

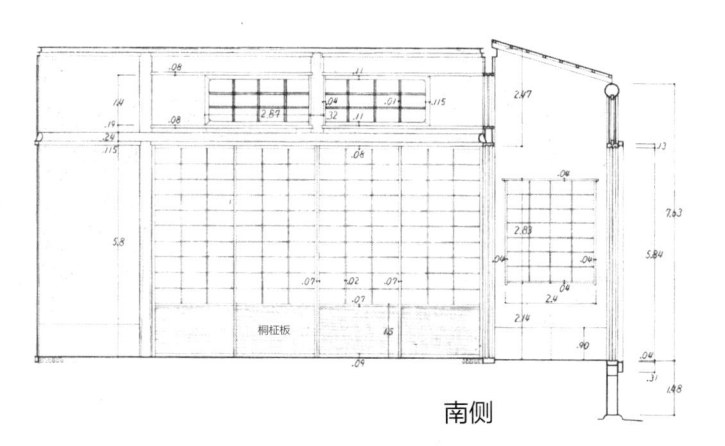

南侧

八叠之间展开图　比例尺1:50

东山庄　实测图

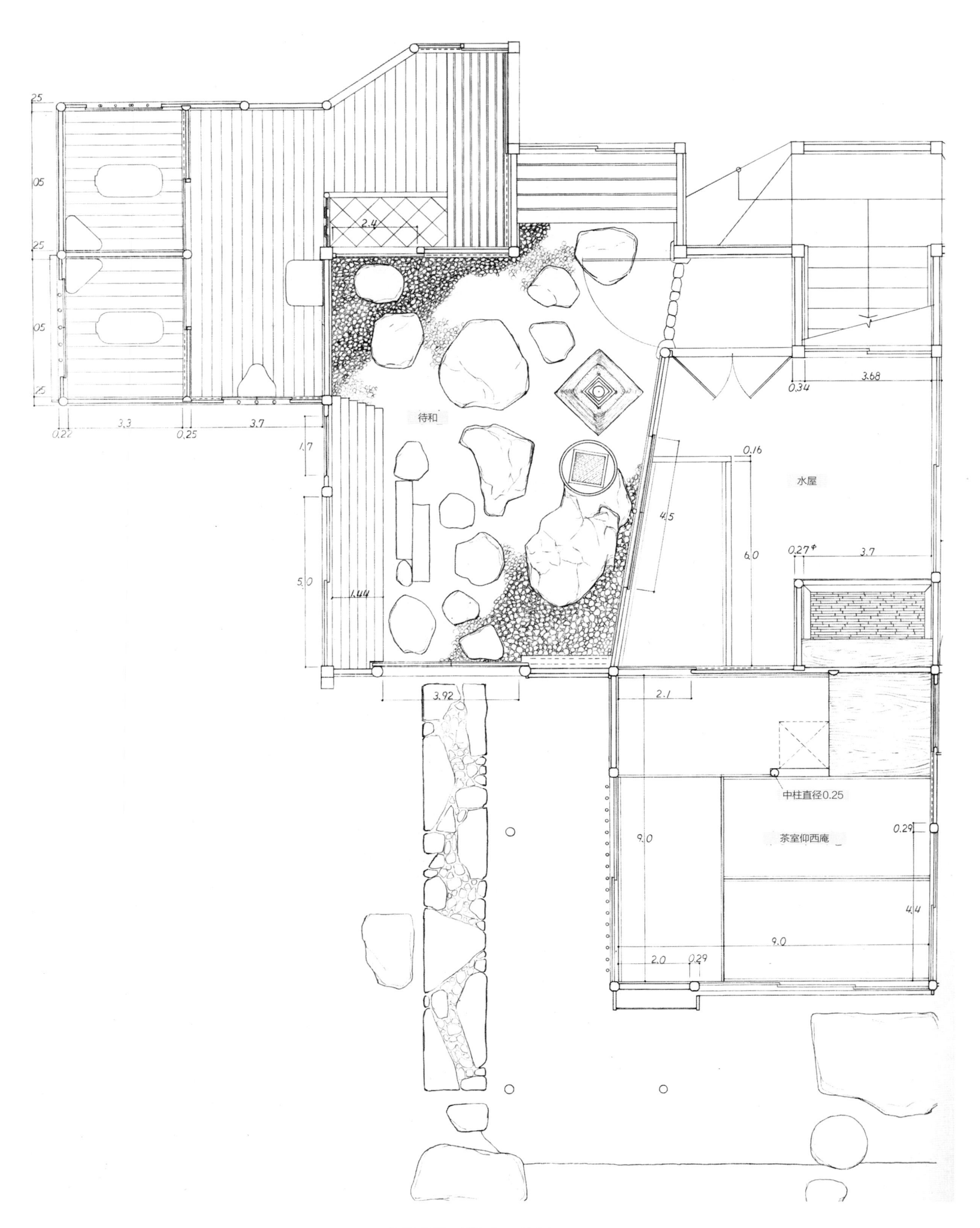

仰西庵平面详细图　比例尺1:30

东山庄　实测图

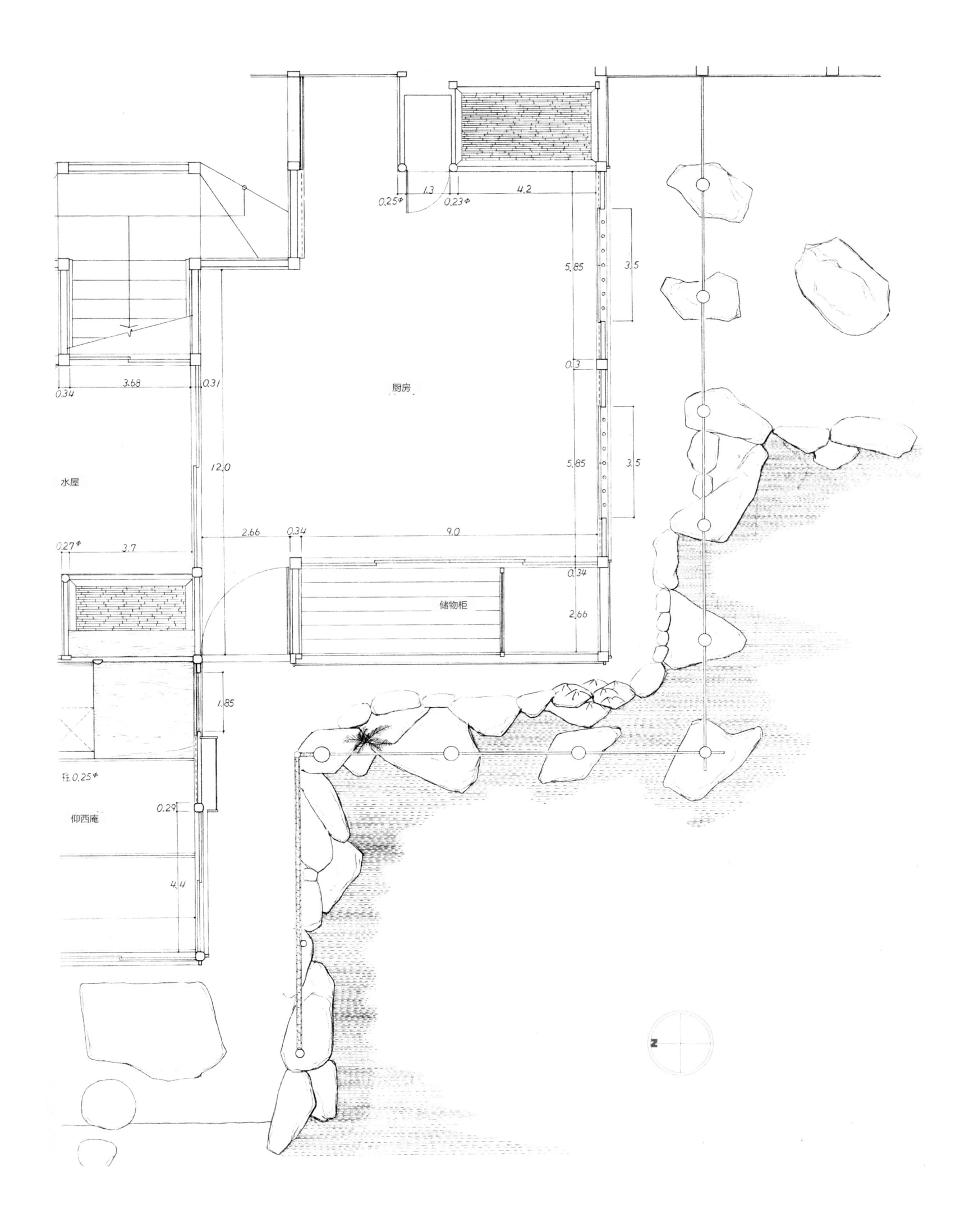

东山庄　实测图

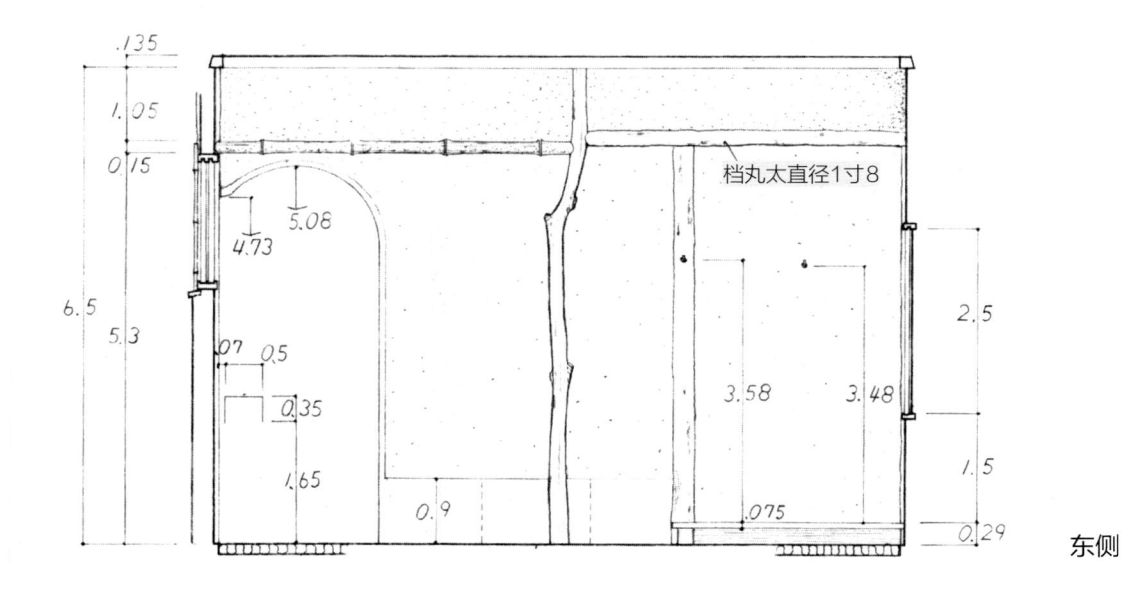

东侧

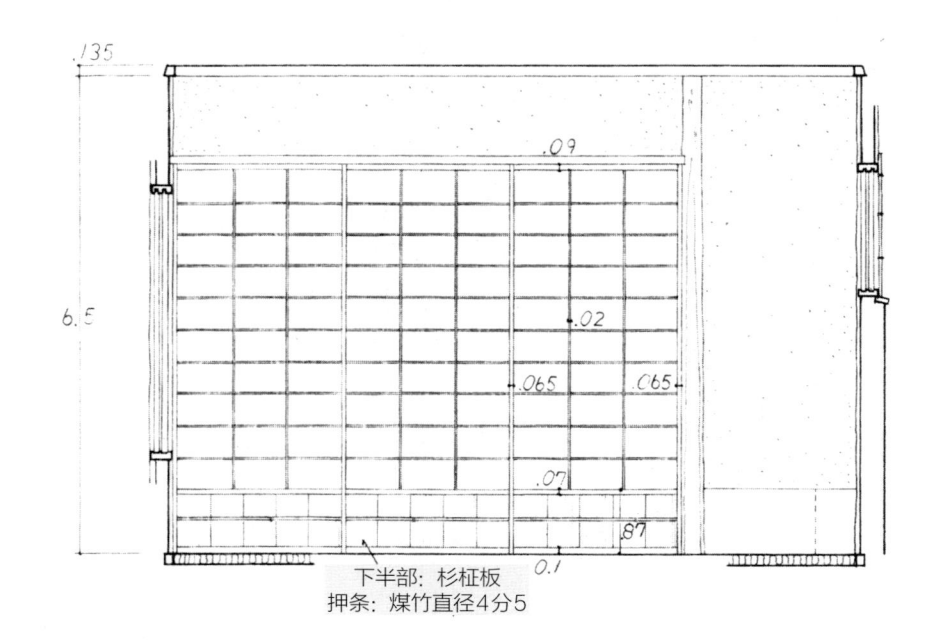

西侧

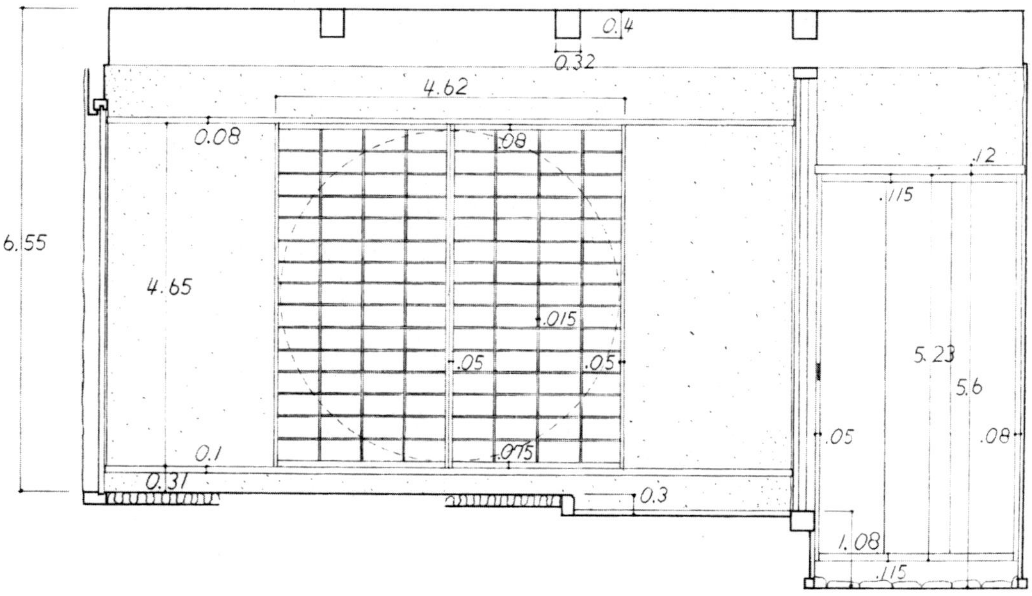

下半部：杉柾板
押条：煤竹直径4分5

档丸太直径1寸8

水屋北侧

东山庄　实测图

北侧

南侧

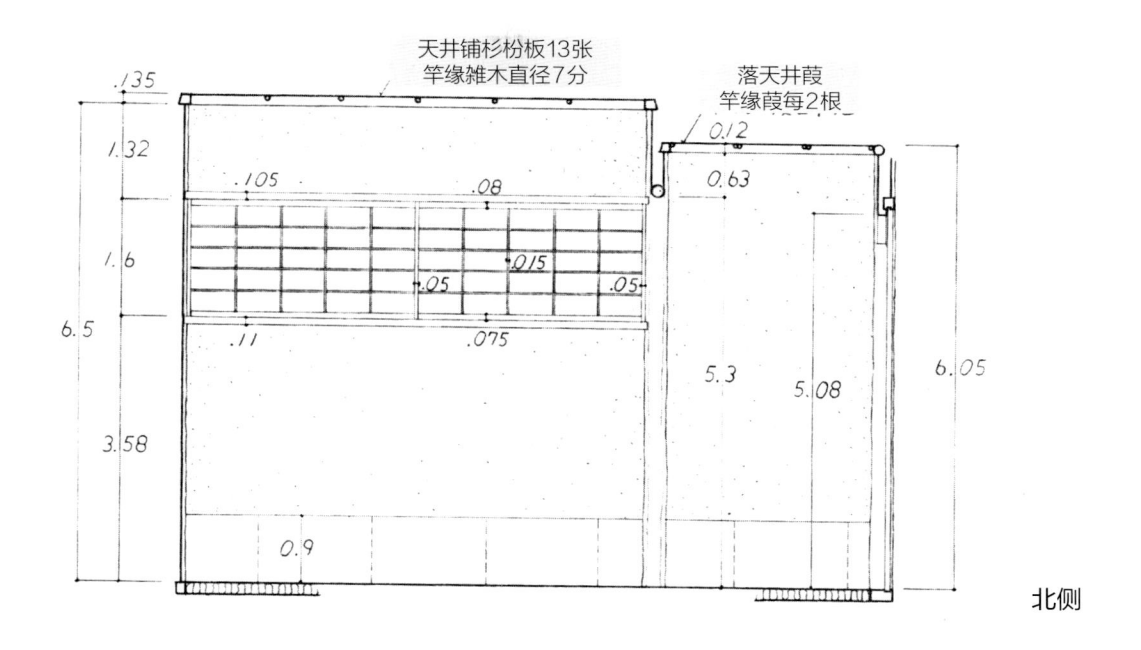

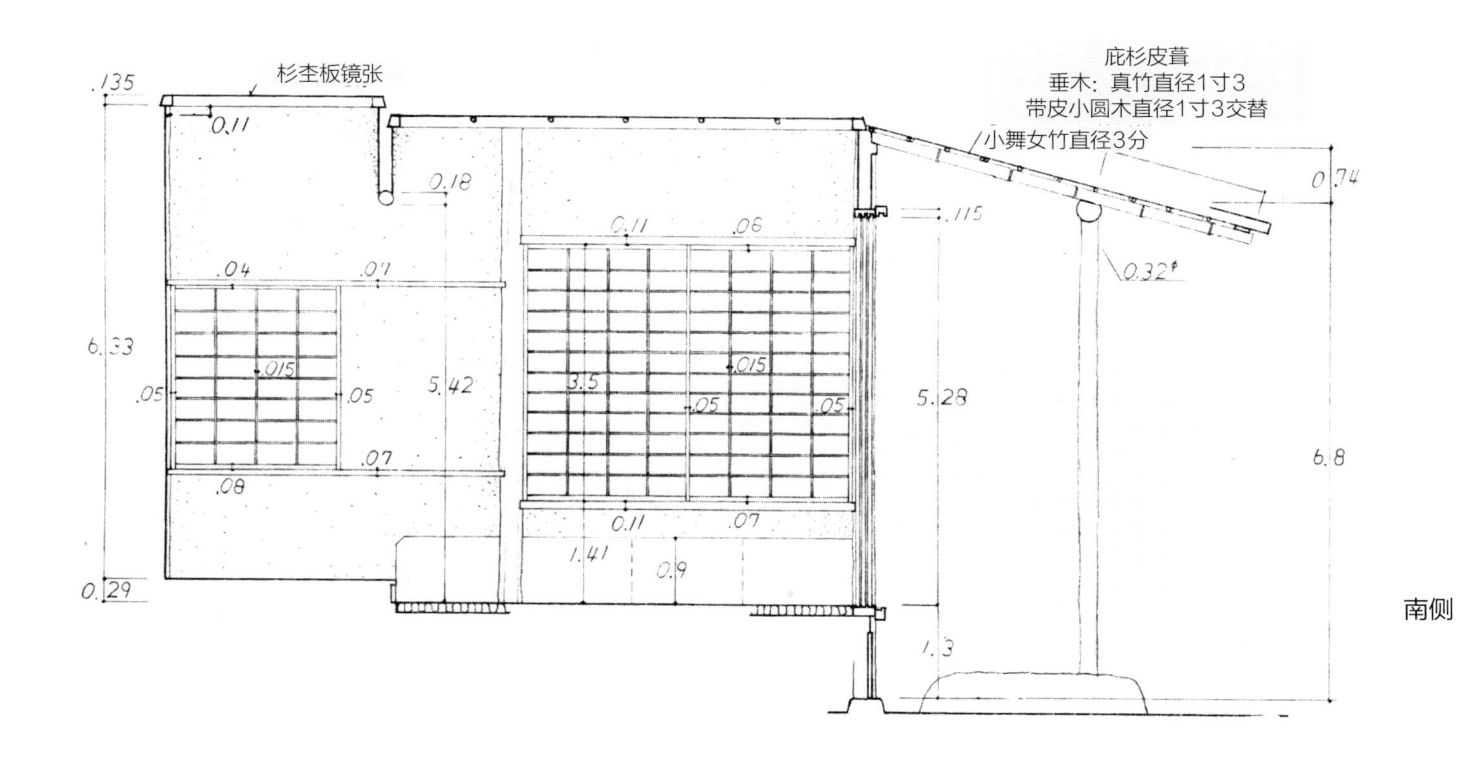

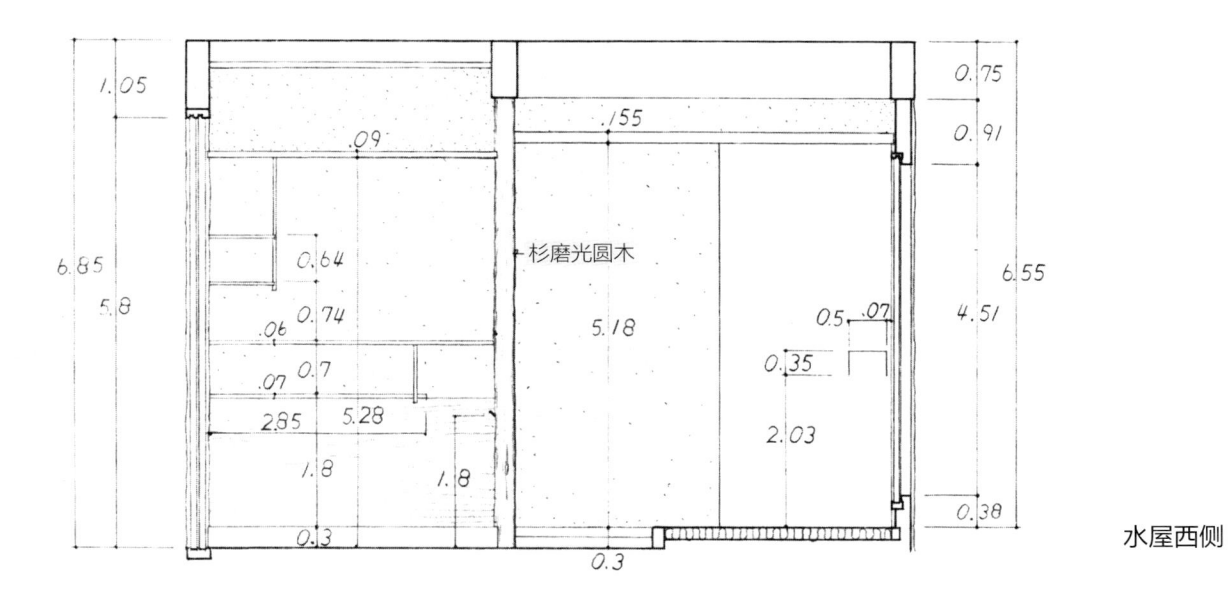

天井铺杉枌板13张
竿缘杂木直径7分

落天井荵
竿缘荵每2根

杉杢板镜张

庇杉皮葺
垂木：真竹直径1寸3
带皮小圆木直径1寸3交替
小舞女竹直径3分

杉磨光圆木

水屋西侧

仰西庵展开图　比例尺1:30

东山庄　实测图

二楼平面详细图　比例尺1:30

东山庄　实测图

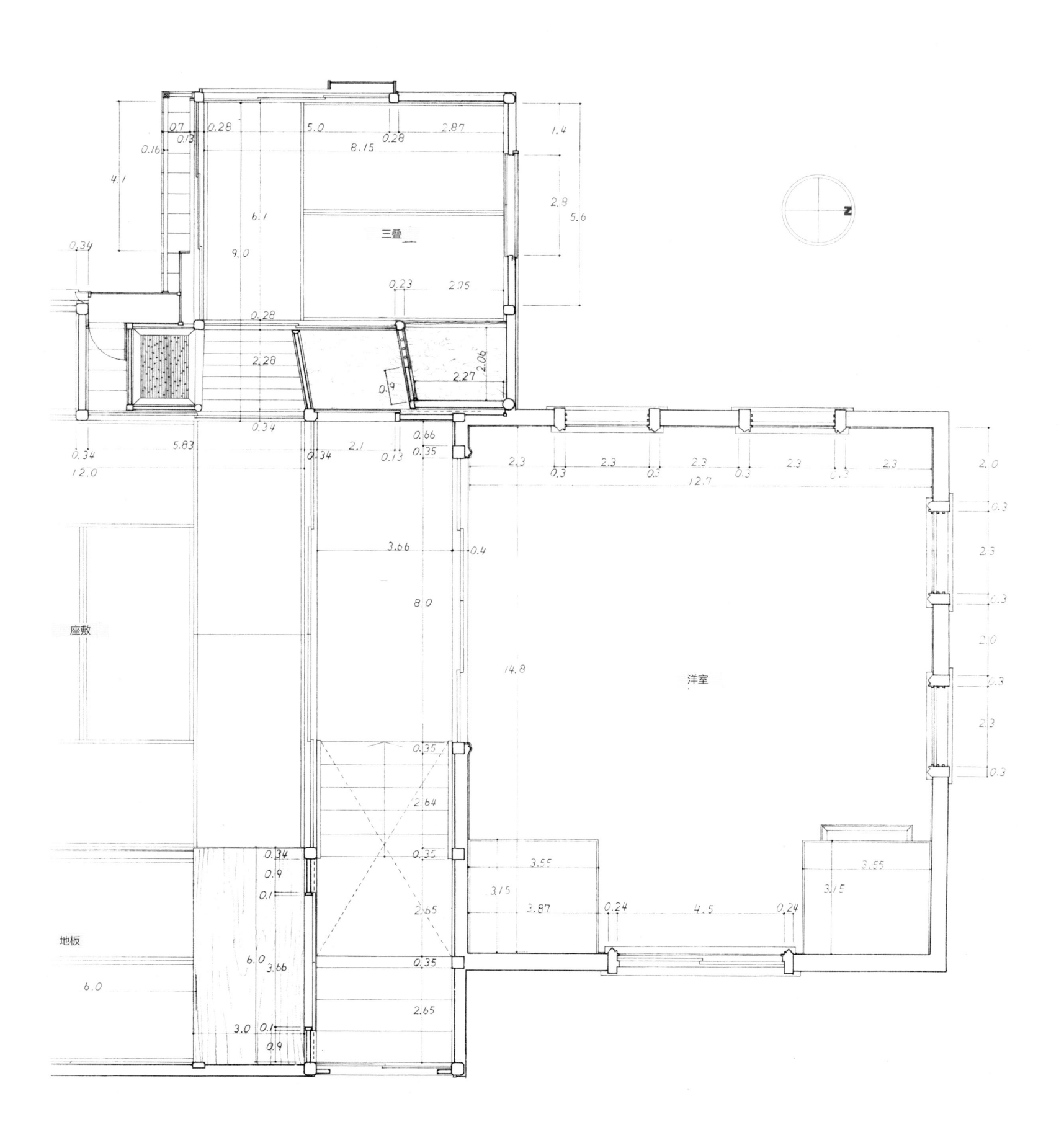

东山庄 实测图

仰西庵　茶道口 　　　　　待合

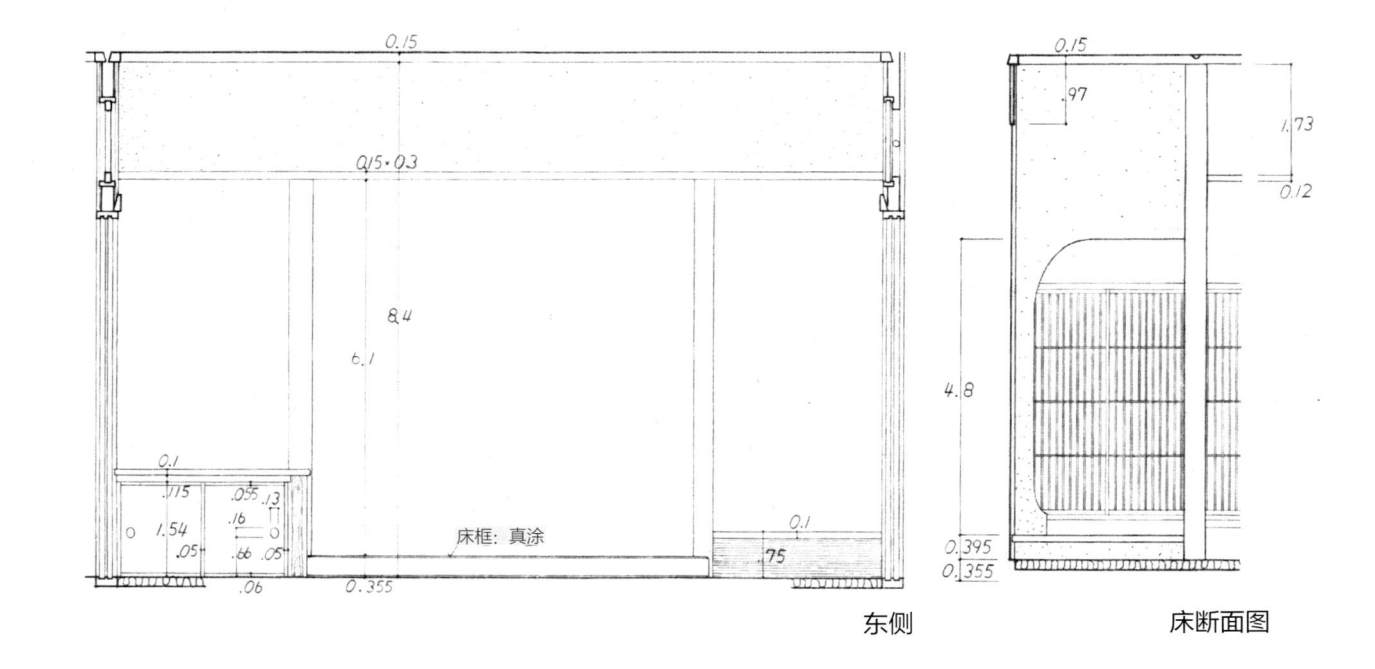

东侧　　　　　　　　　　　床断面图

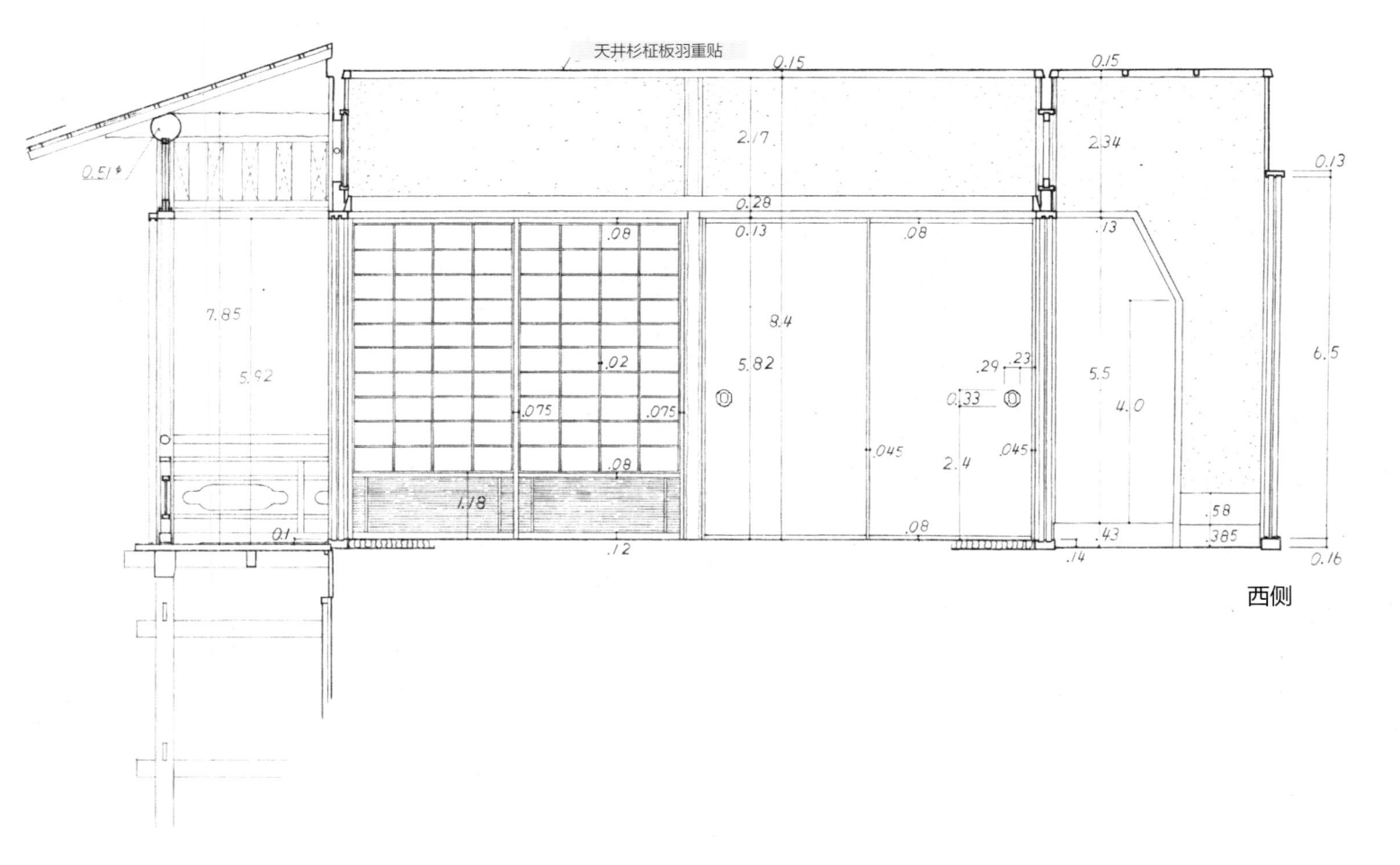

东山庄　实测图　　　　　　西侧

二楼茶室　缘勾栏　　　　二楼茶室　格窗

北侧

南侧

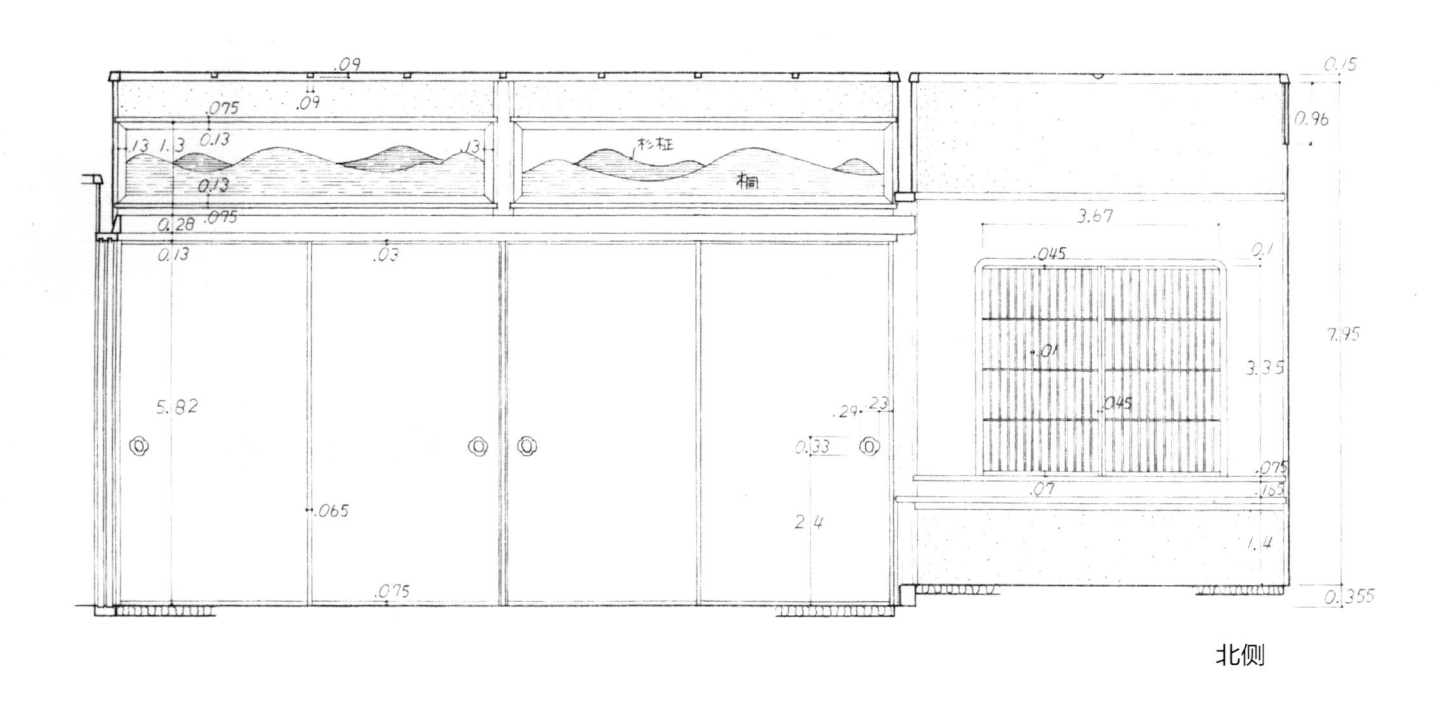

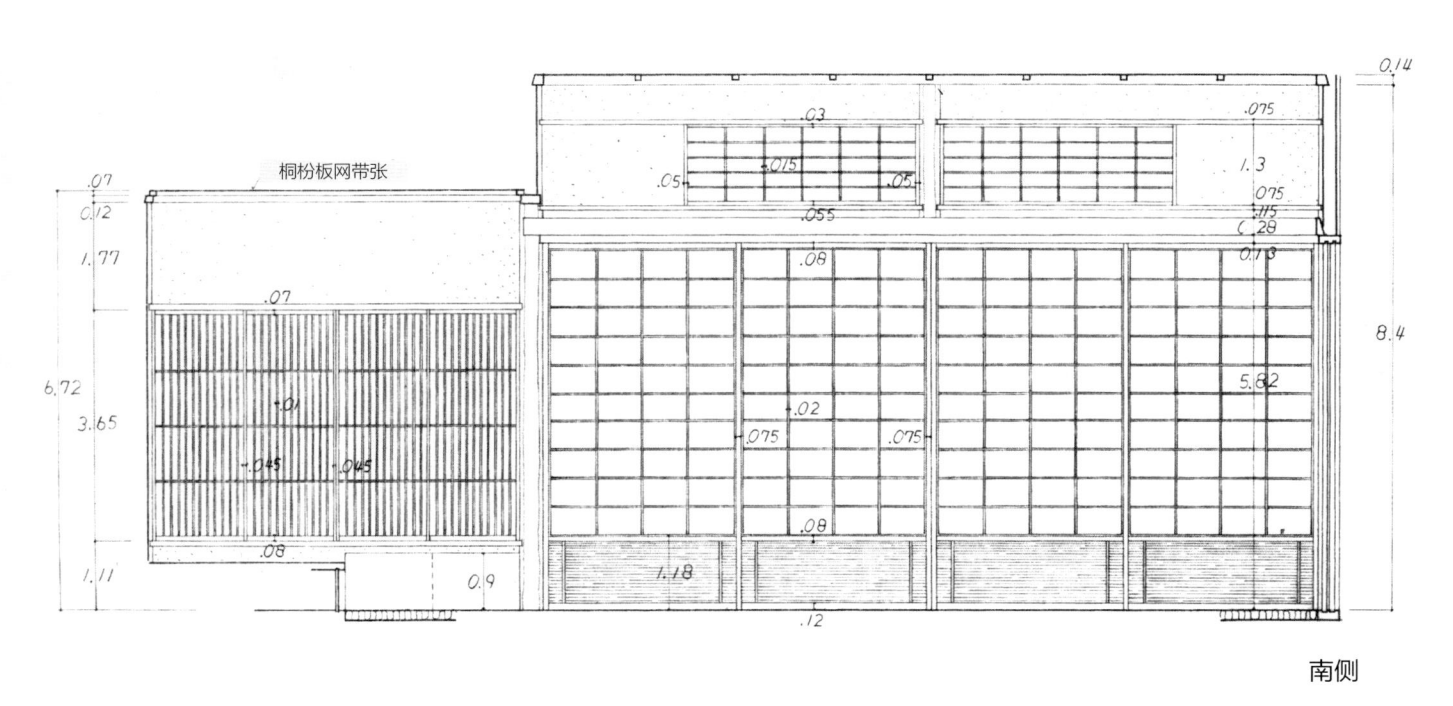

二楼茶室展开图　比例尺1:30

东山庄　实测图

井上邸

所有者	井上 胜
所有者	广岛县尾道市
玄关・茶室・围席设计	薮内绍智十代竹翠
建筑年	明治五年（1872年）
作庭年	明治五年（1872年）
设计・施工	不明

井上邸位于千光寺半山腰，占据了风景名胜之地，可以欣赏四季不同的风景。据说，此邸是建于江户时代的广阔庭院，但在明治五年（1872年）被分割经营。住所小而整洁，但庭院很大。因住所是以茶室为主体的结构，所以整体上体现的是茶人喜好的矜持的姿态。

在玄关、取次正面能看到两扇襖，襖的最里面就是被称为"围"的四叠半茶室。据传这是以薮内竹翠的偏好而建。茶室的红壳色墙壁也可看作是薮内家以偏好的竹心所体现的气节与风骨来传达须弥藏的智慧。床为踏入床，点前座上方为香蒲的落天井，客座一面是竹网代张，竿缘上交替分布着皮付丸太和竹子。

茶室东侧的缘通向六叠广间。在东侧的缘先低低放置着柔和的枣形手水钵，钵灯的灯笼像是藏在树丛中一样竖立着。正面能看到三尊石和五百罗汉组成的自然石组。苑路中途有罕见的石拱形中门。在像这样以中门为首的各种庭院设计手法中，无处不感受到薮内流的喜好。在院内东方的小高处竖立着近年来建造的茶室直庵，这是一个眺望尾道海峡的好地方。

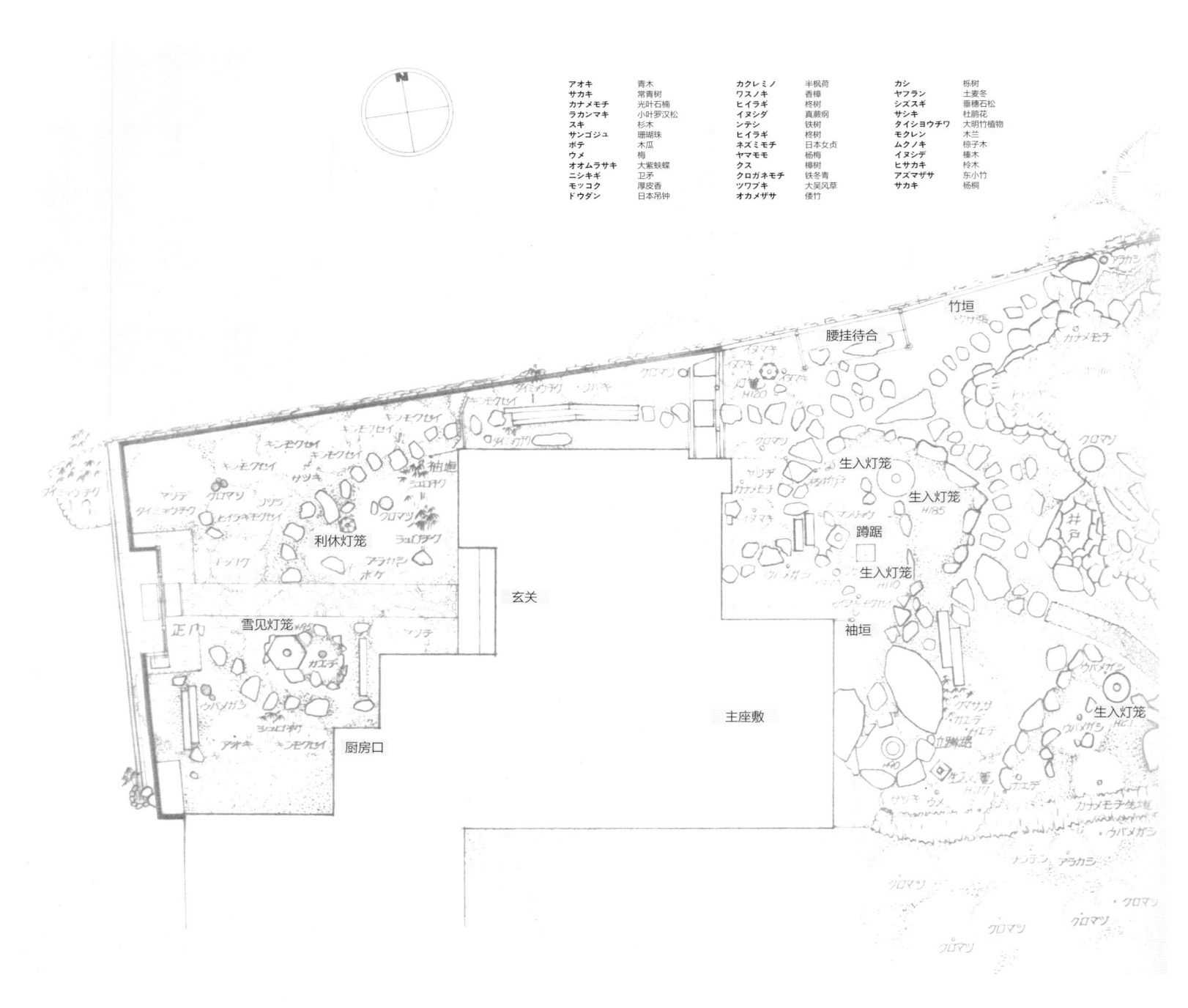

平面图　比例尺1:120

井上邸　实测图

四阿　　　　　　　　　围席蹲踞　　　　　　　　露地门

井上邸　实测图

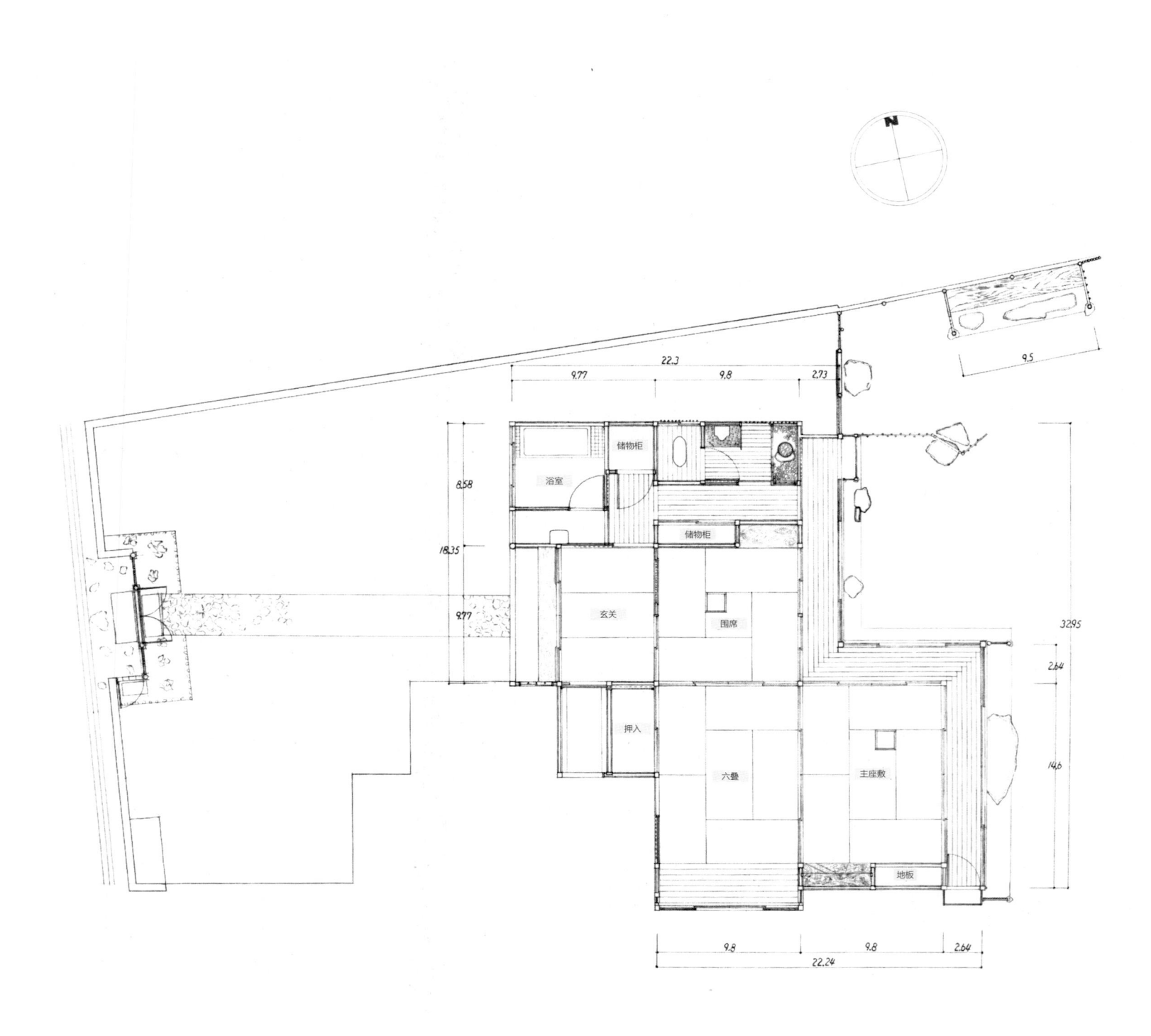

正门、玄关、围席、主座敷平面图　比例尺1:100

井上邸　实测图

正门 房檐内

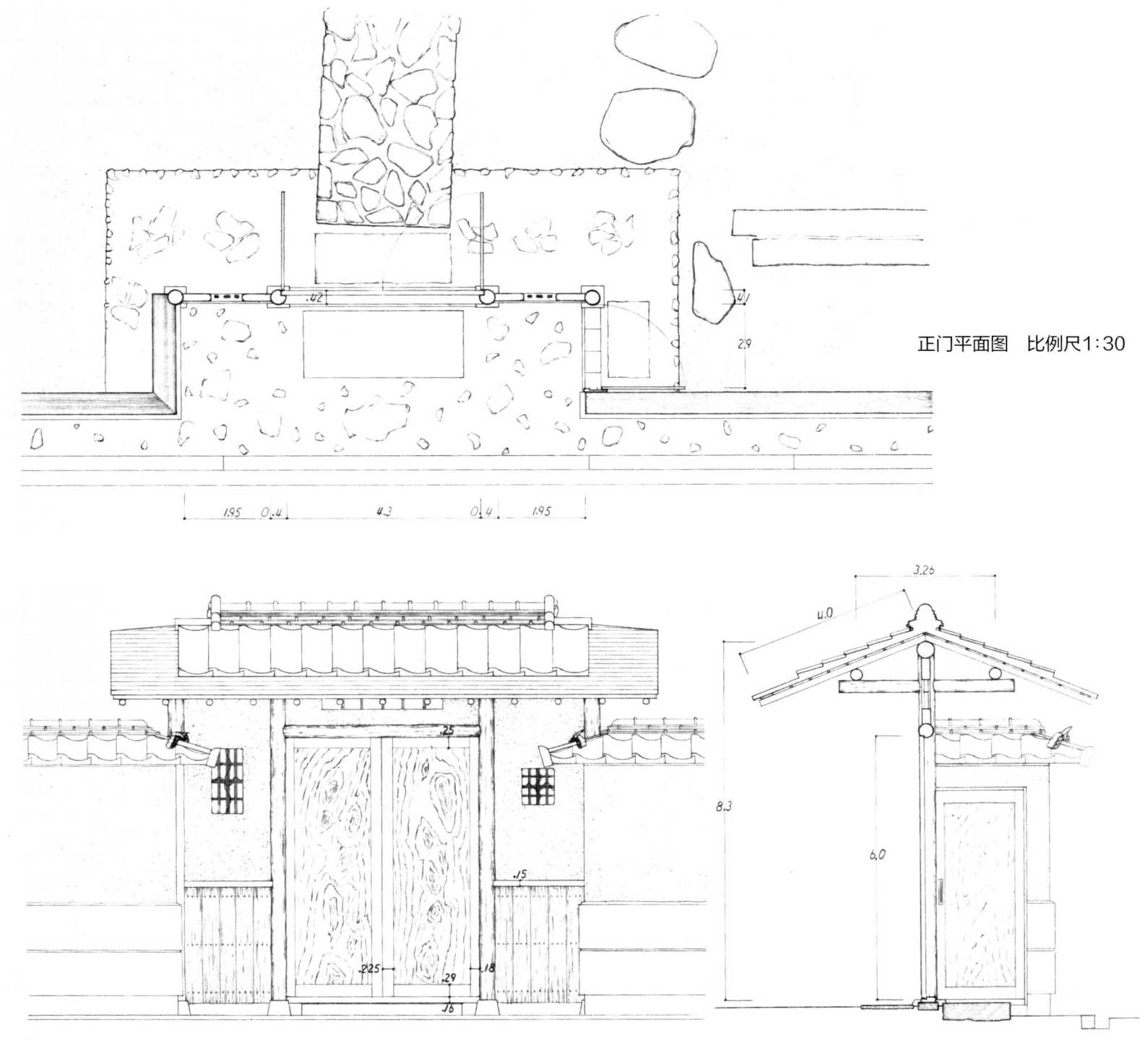

正门平面图　比例尺1∶30

正门正面图　比例尺1∶30

正门断面图　比例尺1∶30

井上邸　实测图

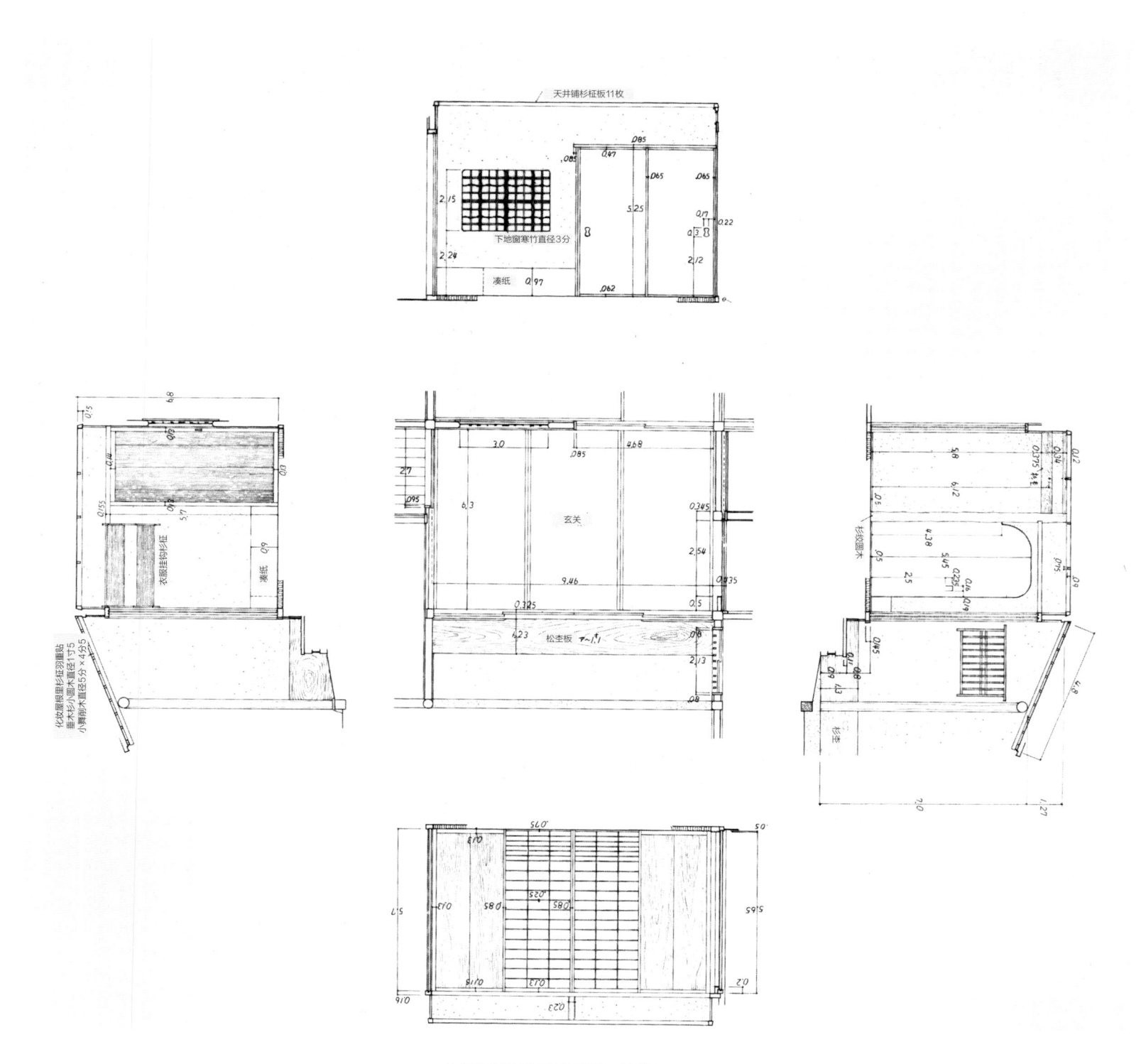

玄关平面图及展开图　比例尺1:50

井上邸　实测图

主座敷 床胁藤曲木

围席 客座和点前座的天井

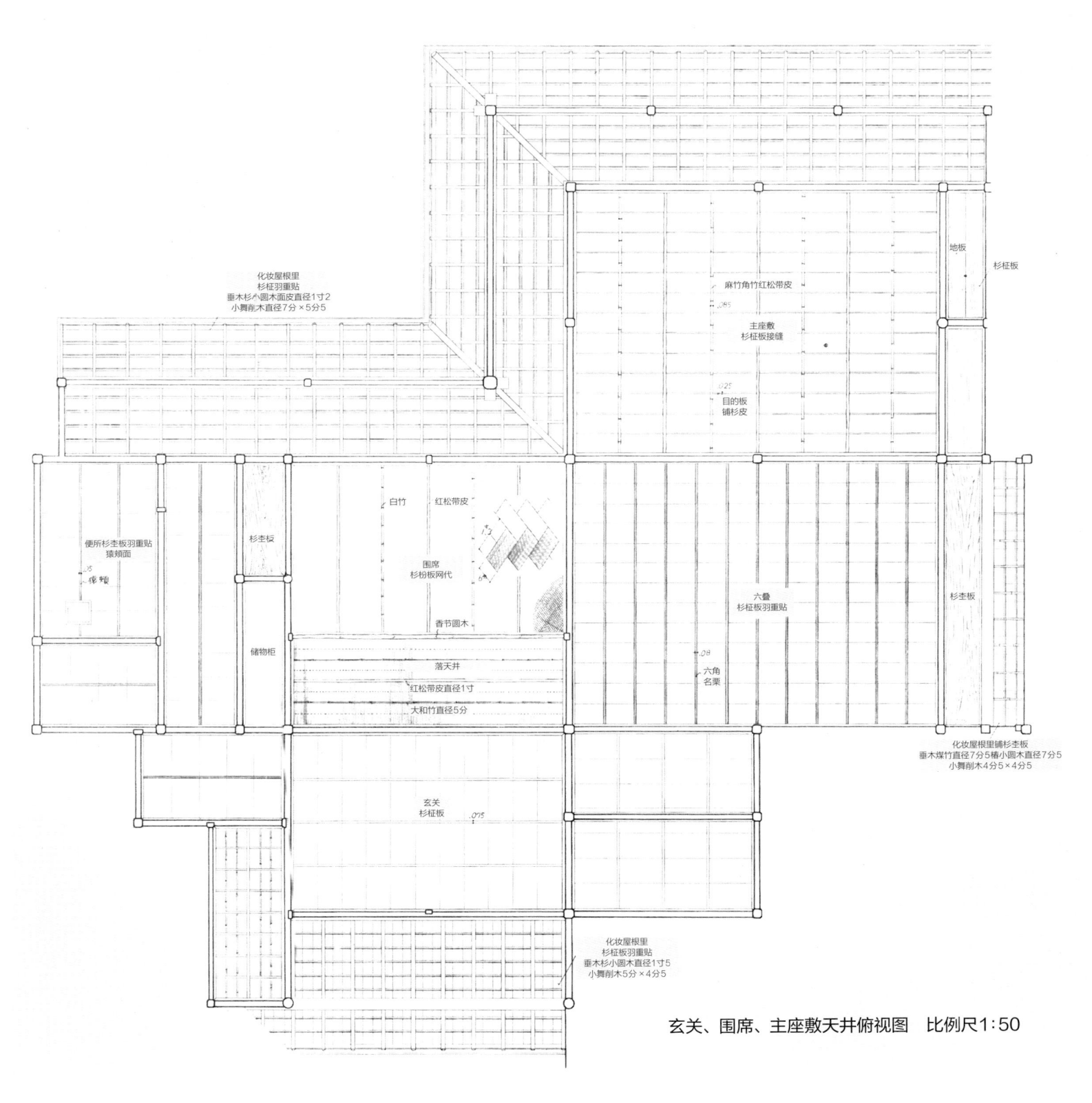

化妆屋根里
杉柾羽重贴
垂木杉小圆木面皮直径1寸2
小舞削木直径7分×5分5

麻竹角竹红松带皮

主座敷
杉柾板接缝

地板

杉柾板

目の板
铺杉皮

便所杉杢板羽重贴
猿颊面

杉杢板

白竹　红松带皮

围席
杉柎板网代

六叠
杉柾板羽重贴

杉杢板

储物柜

香节圆木

落天井
红松带皮直径1寸
大和竹直径5分

六角
名栗

化妆屋根里铺杉杢板
垂木煤竹直径7分5椿小圆木直径7分5
小舞削木4分5×4分5

玄关
杉柾板

化妆屋根里
杉柾板羽重贴
垂木杉小圆木直径1寸5
小舞削木5分×4分5

玄关、围席、主座敷天井俯视图　比例尺1:50

井上邸　实测图

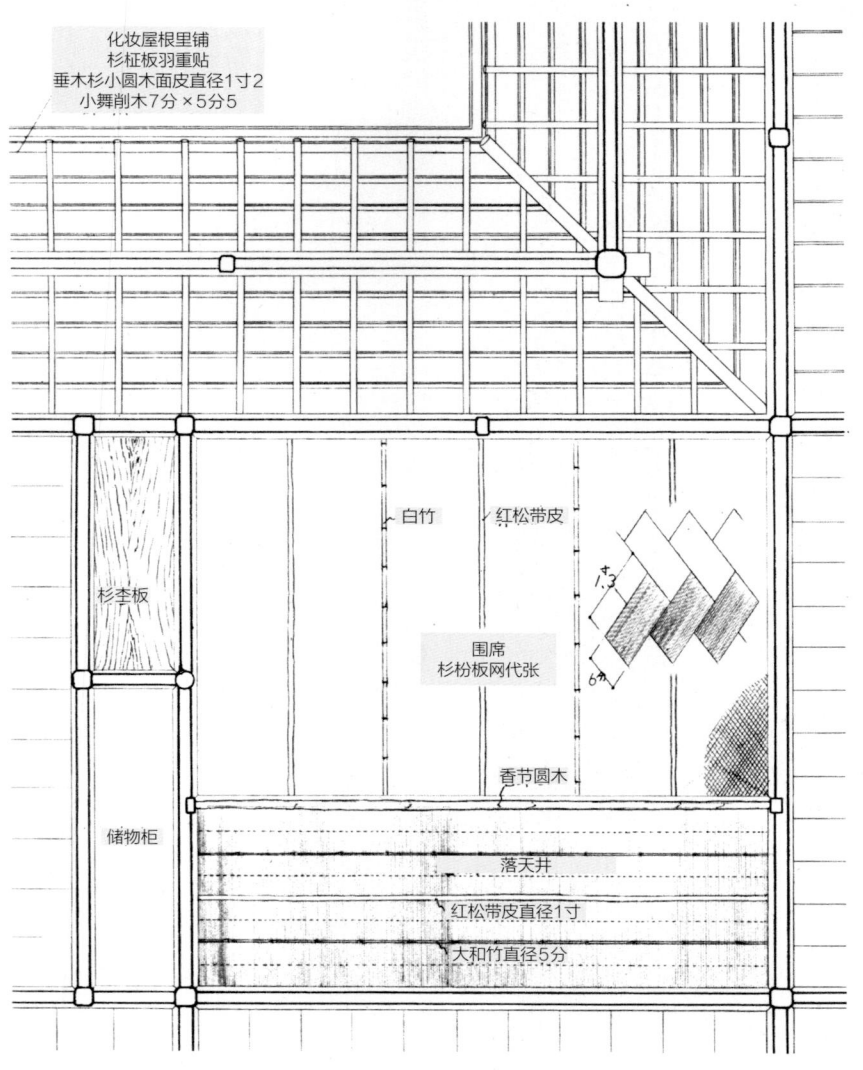

围席天井俯视图　比例尺1:30

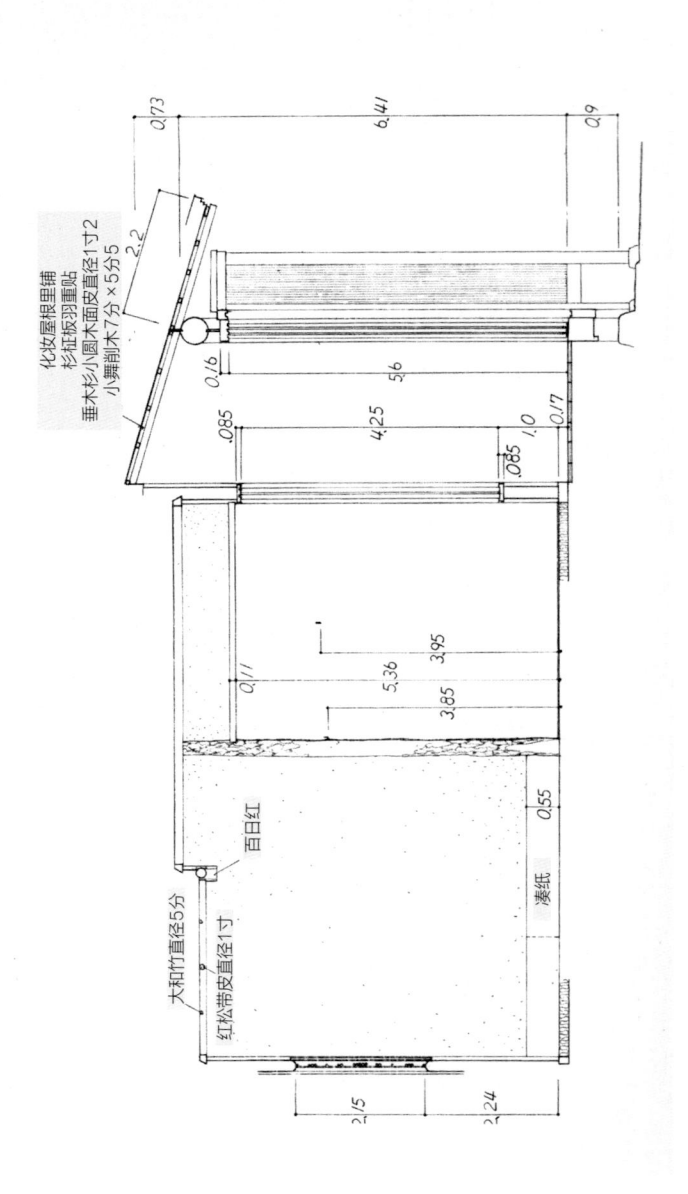

围席平面图及展开图　比例尺1:30

井上邸　实测图

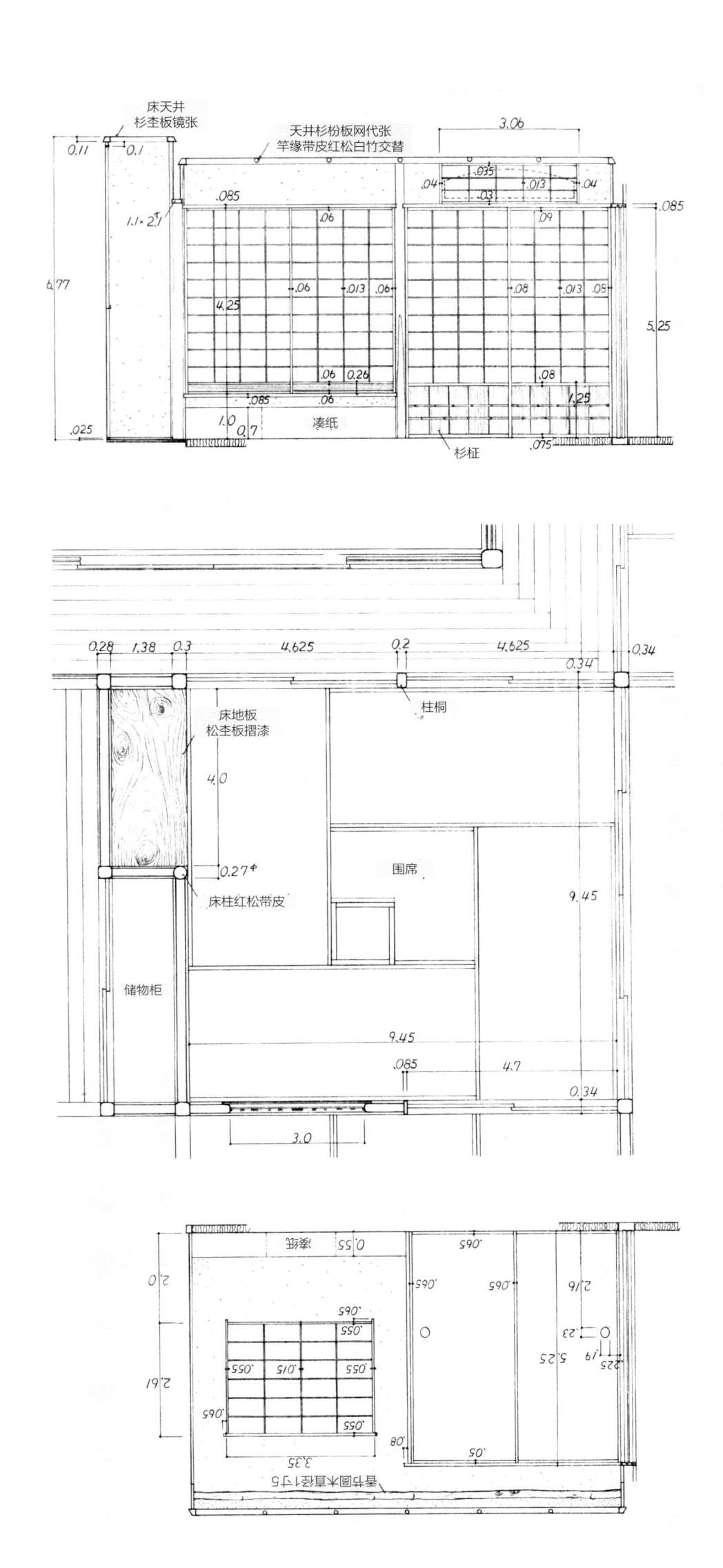

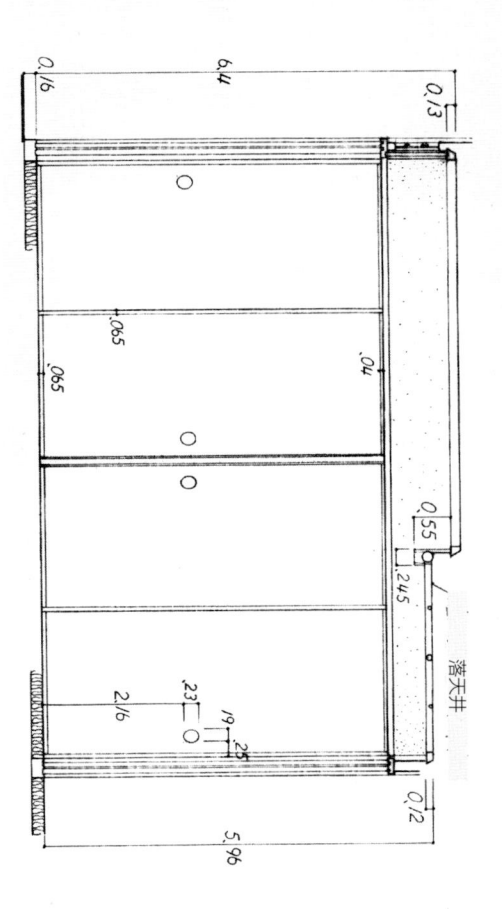

井上邸　实测图

主座敷平面图及展开图　比例尺1：30

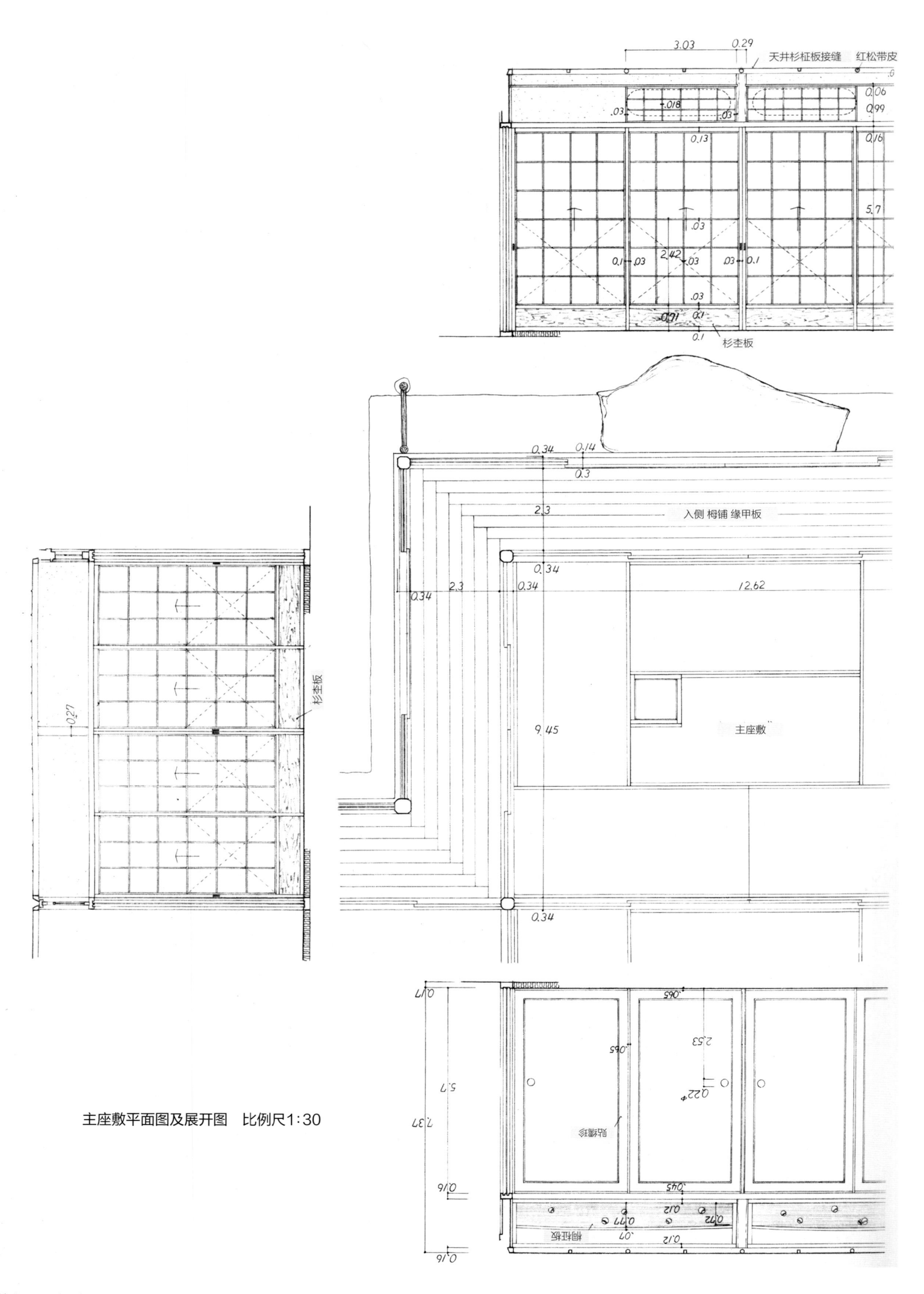

井上邸　实测图

井上邸　実测图

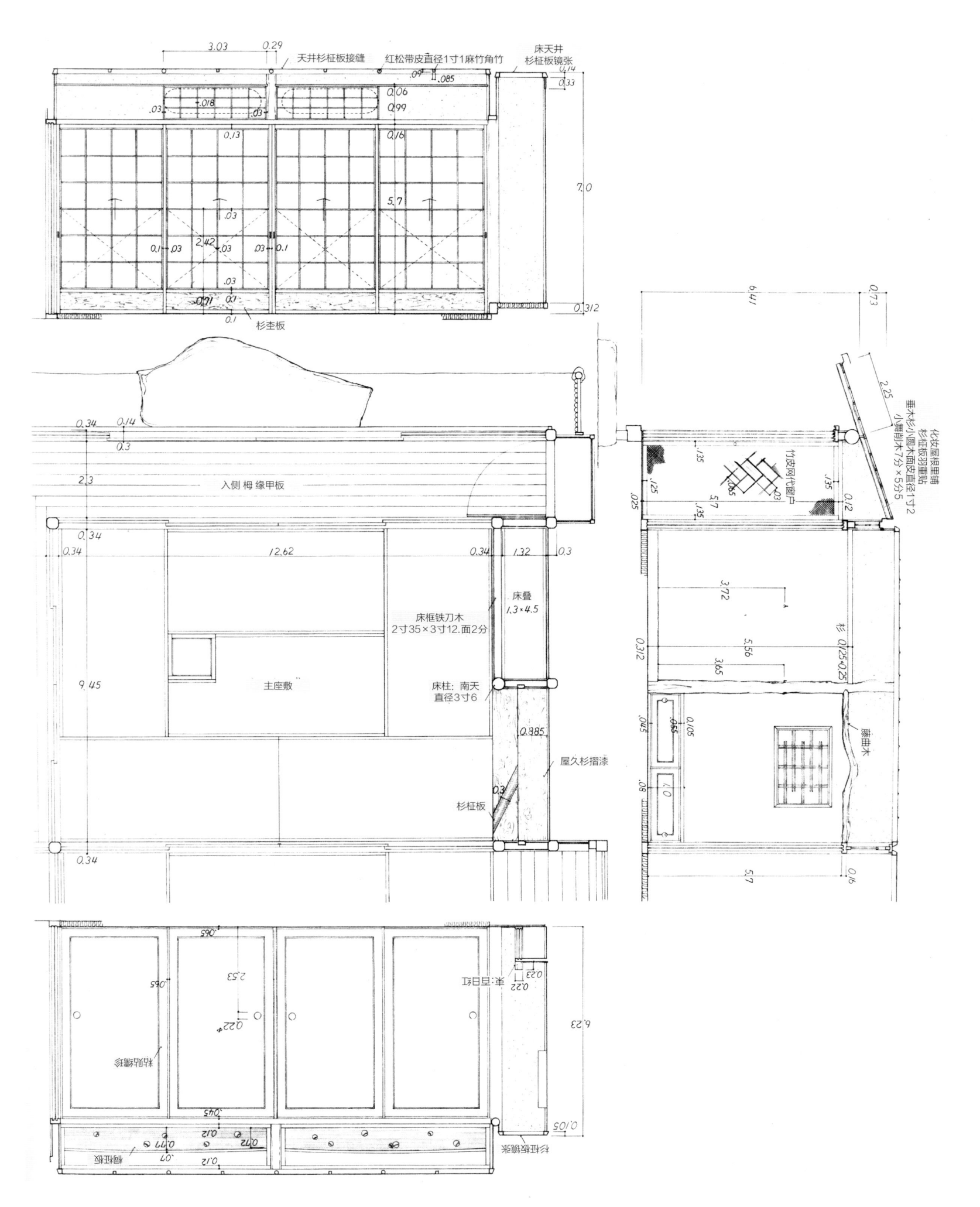

末吉邸

所有者　末吉重次郎
所在地　长崎县长崎市
建筑年　明治初期
作庭年　明治中期
设计·施工　不明

这是座残留在长崎的珍贵町屋，其巧妙地将茶室和露地融为一体，这也是一个非常值得关注的实例，其外观类似京都风。

一进正门入口，左边的房间是玄关兼寄付，西面是茶室。在寄付与门口的格子之间有一条狭窄的过道，这是露地，直通起居室前面的坪庭。那里设有蹲踞、雪隐和腰挂，巧妙地利用了方寸之地。由起居室下至此庭院入席。

茶室是四叠的枡床，点前座上方为落天井，与客座之间设有小壁。地炉为向切式。南面是三扇障子，面向坪庭开有躙口。风炉一端的窗户饰有粗大的煤竹，整体散发出明朗的氛围。床柱的斫目也为此情此景增添了一抹亮色。据说这间茶室是按平户的松浦家三十七代松浦心月的偏好而建，是由别处移建而成。平户旧松浦邸的闲云亭也是松浦心月的偏好。两者的共同点是在障子的腰部都使用了节板。

在面对坪庭的起居室内设置了地袋床，床胁中放入木板，隔开丸炉。这是日常沏茶的设备。

座敷为八叠，西面设有床和棚，广缘一侧带有平书院。平书院的栏间为桐板，上面透着优雅的桐文。床柱的表面稍高，到处都保留着质朴的技法。

アオキ	青木
サカキ	常青树
カナメモチ	光叶石楠
ラカンマキ	小叶罗汉松
スギ	杉木
サンゴジュ	珊瑚珠
ボケ	木瓜
ウメ	梅
オオムラサキ	大紫蛱蝶
ニシキギ	卫矛
モッコク	厚皮香
ドウダン	日本吊钟
カクレミノ	半枫荷
ワスノキ	香樟
ヒイラギ	柊树
イヌシダ	真蕨桐
ソテシ	铁树
ヒイラギ	柊树
ネズミモチ	日本女贞
ヤマモモ	杨梅
クス	樟树
クロガネモチ	铁冬青
ツワブキ	大吴风草
オカメザサ	倭竹
カシ	栎树
ヤブラン	土麦冬
シズスギ	垂穗石松
サツキ	杜鹃花
タイショウチワ	大明竹植物
モクレン	木兰
ムクノキ	棕子木
イヌシデ	榛木
ヒサカキ	柃木
アズマザサ	东小竹
サカキ	杨桐

庭院、露地平面图　比例尺1：50

末吉邸　实测图

从座敷看庭院　　　　　露地

アオキ	青木
サカキ	常青树
カナメモチ	光叶石楠
ラカンマキ	小叶罗汉松
スギ	杉木
サンゴジュ	珊瑚珠
ボケ	木瓜
ウメ	梅
オオムラサキ	大紫蛱蝶
ニシキギ	卫矛
モッコク	厚皮香
ドウダン	日本吊钟
カクレミノ	半枫荷
ワスノキ	香樟
ヒイラギ	柊树
イヌシダ	真蕨纲
ンテシ	铁树
ヒイラギ	柊树
ネズミモチ	日本女贞
ヤマモモ	杨梅
クス	樟树
クロガネモチ	铁冬青
ツワブキ	大吴风草
オカメザサ	倭竹
カシ	栎树
ヤブラン	土麦冬
シズスギ	垂穗石松
サシキ	杜鹃花
タイショウチワ	大明竹植物
モクレン	木兰
ムクノキ	椋子木
イヌシデ	榛木
ヒサカキ	柃木
アズマザサ	东小竹
サカキ	杨桐

茶室前庭平面图　比例尺1:50

末吉邸　实测图

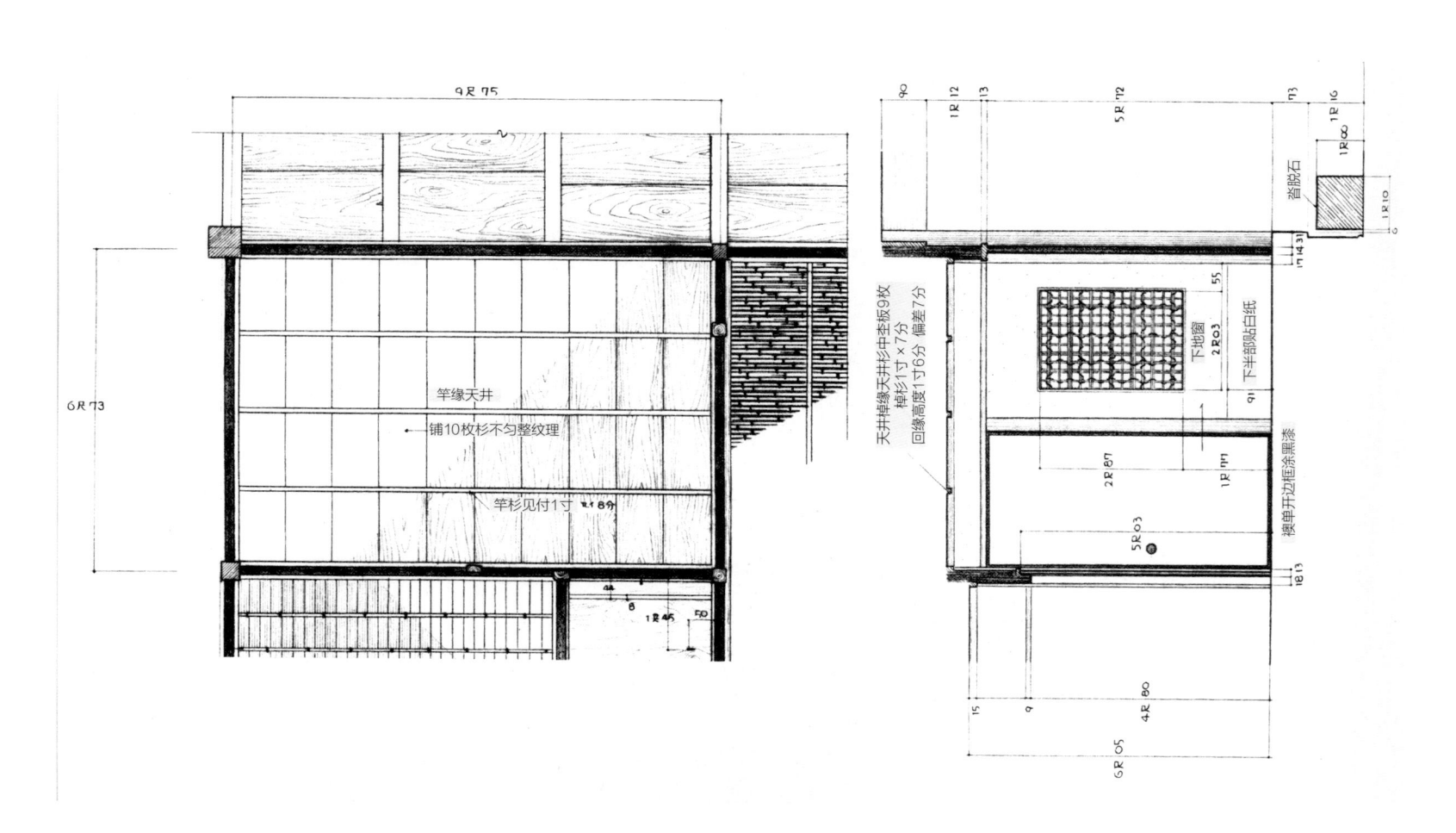

寄付天井俯视图　比例尺1:30

寄付平面图及展开图　比例尺1:30

末吉邸　实测图

末吉邸　実測图

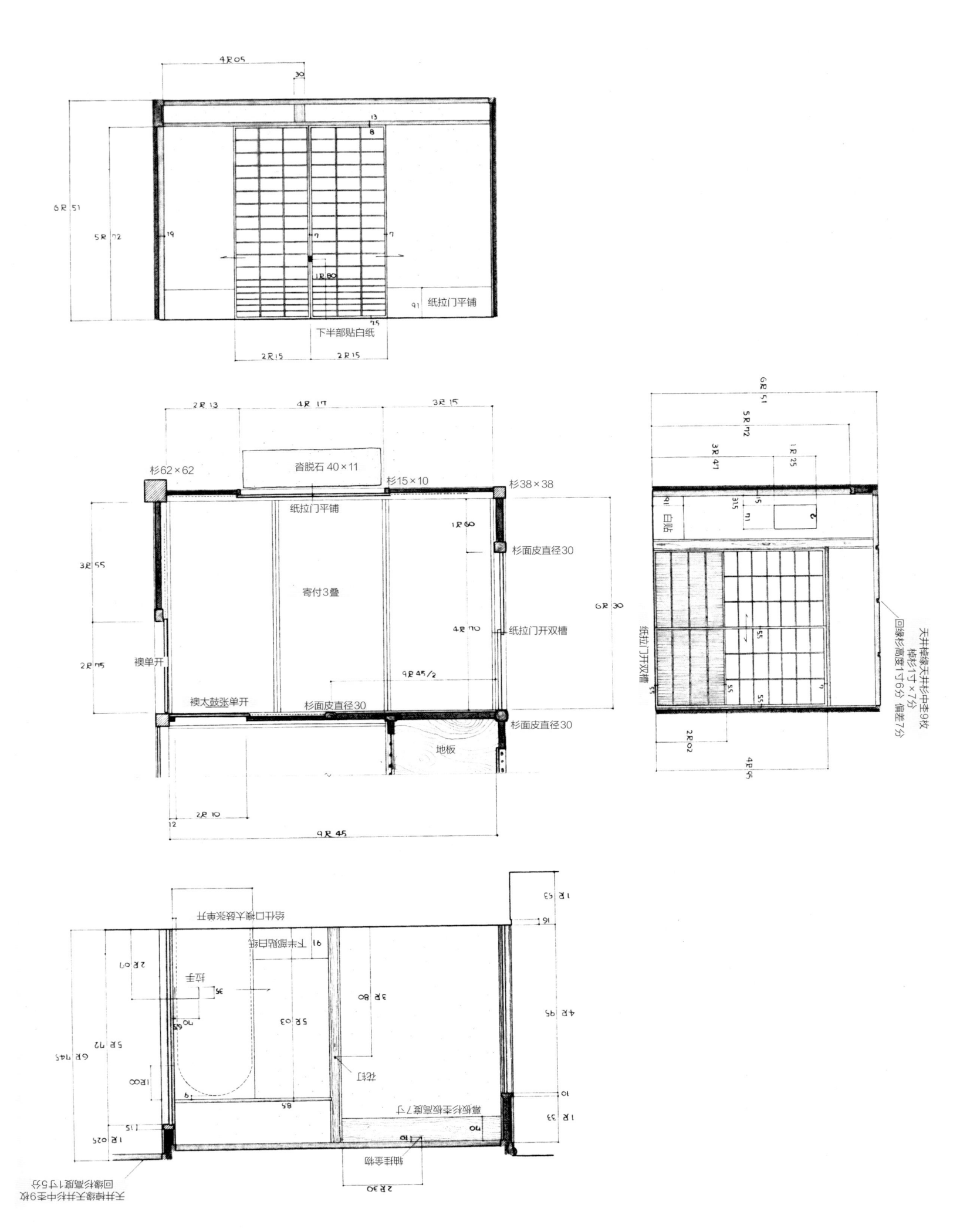

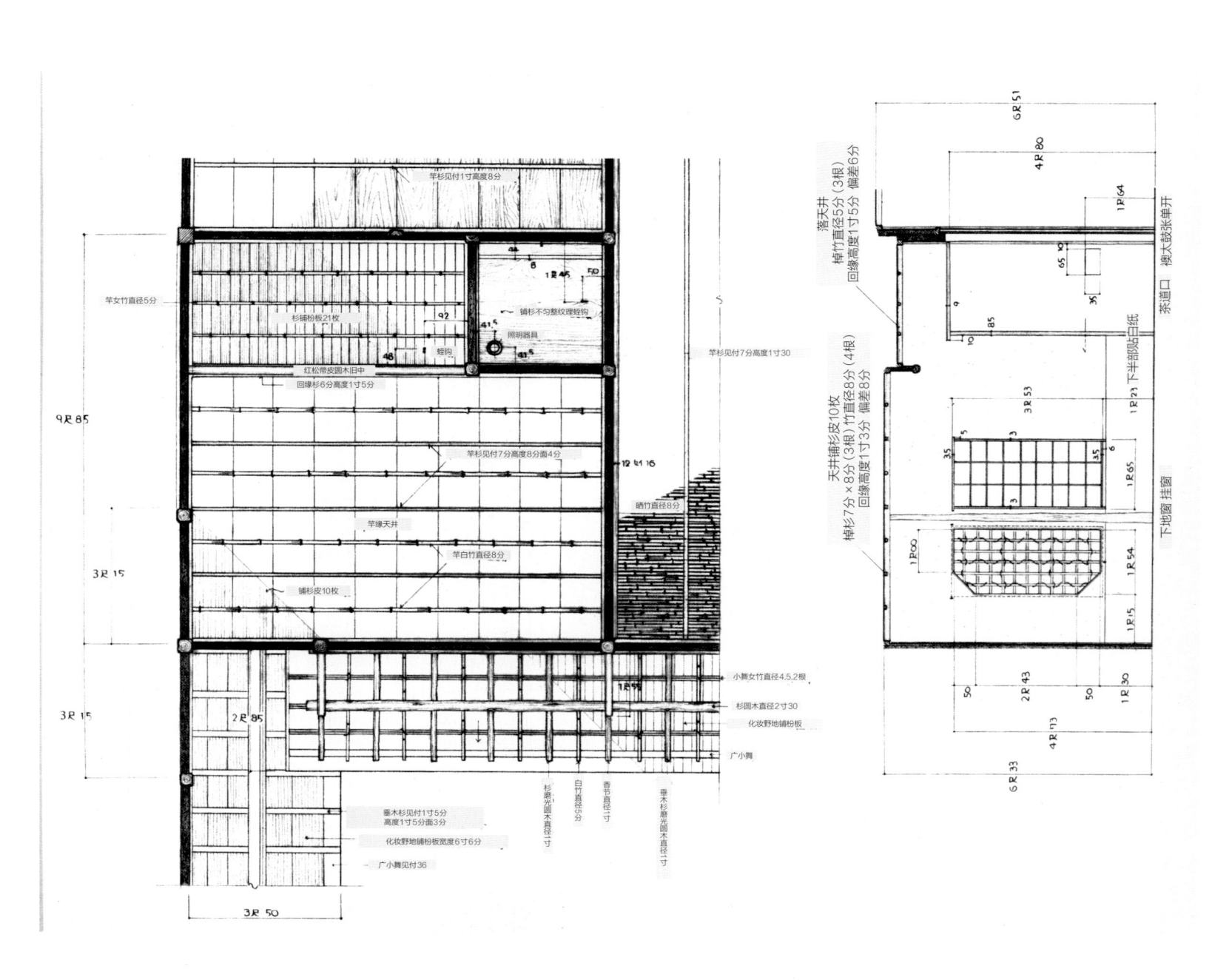

清心庵天井俯视图　比例尺1:30

清心庵平面图及展开图　比例尺1:30

末吉邸　实测图

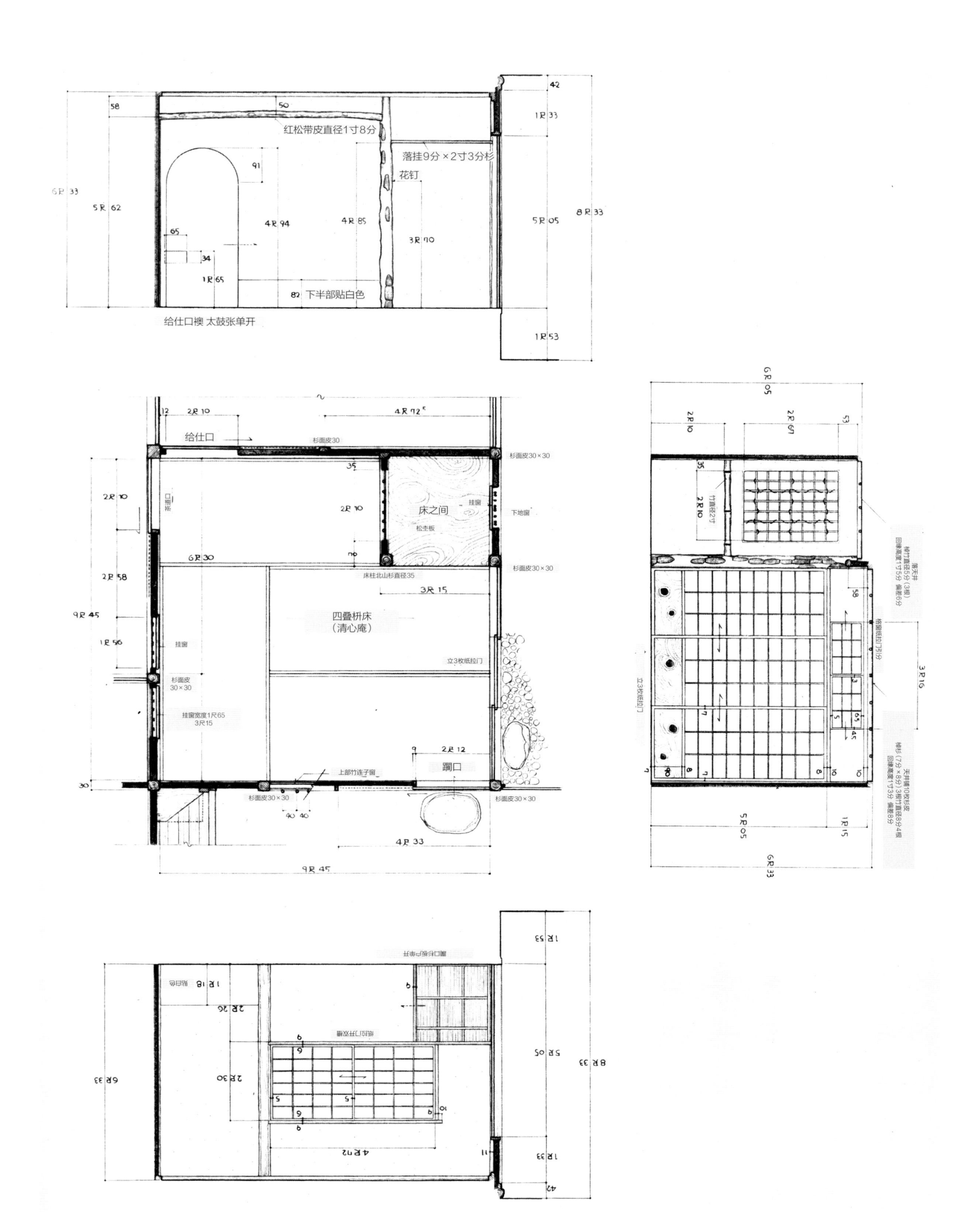

末吉邸 实测图

清心庵　床柱上部

清心庵　蹲口附近

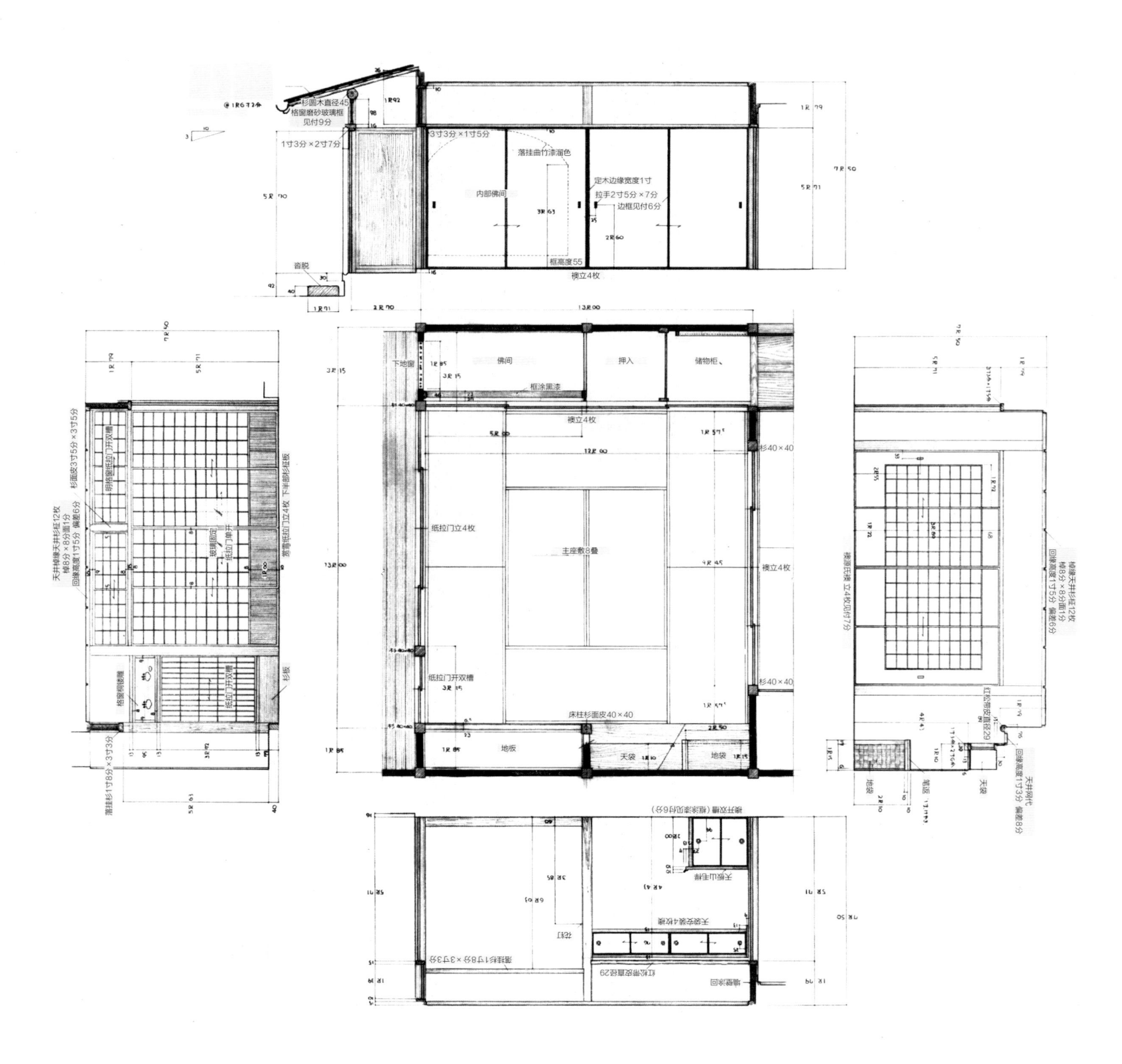

茶室平面图、展开图　比例尺1:50

末吉邸　实测图

茶室　地柜 　　　　　　　　　茶室平书院　栏间

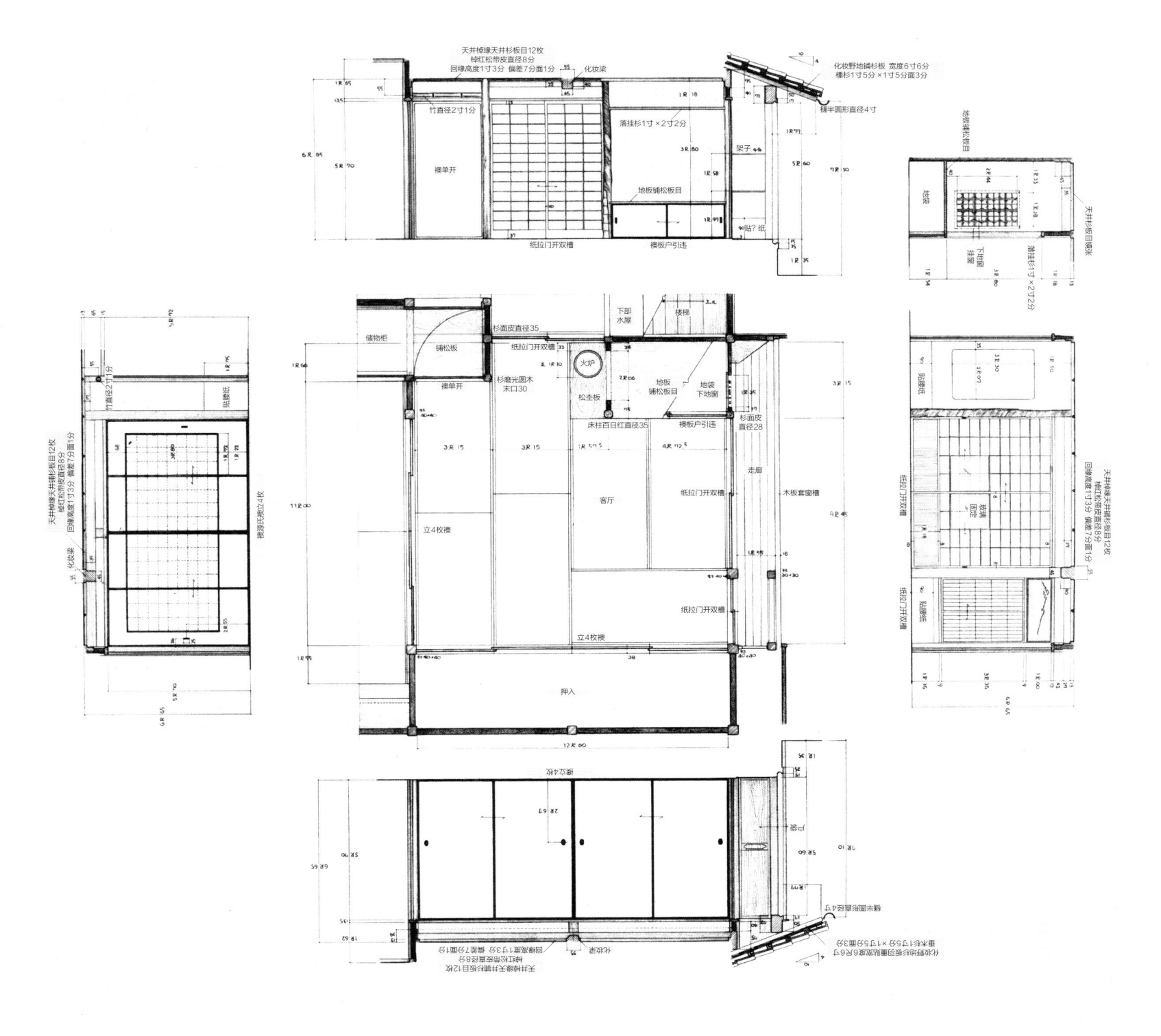

起居室平面图及展开图　比例尺1:50

末吉邸　实测图

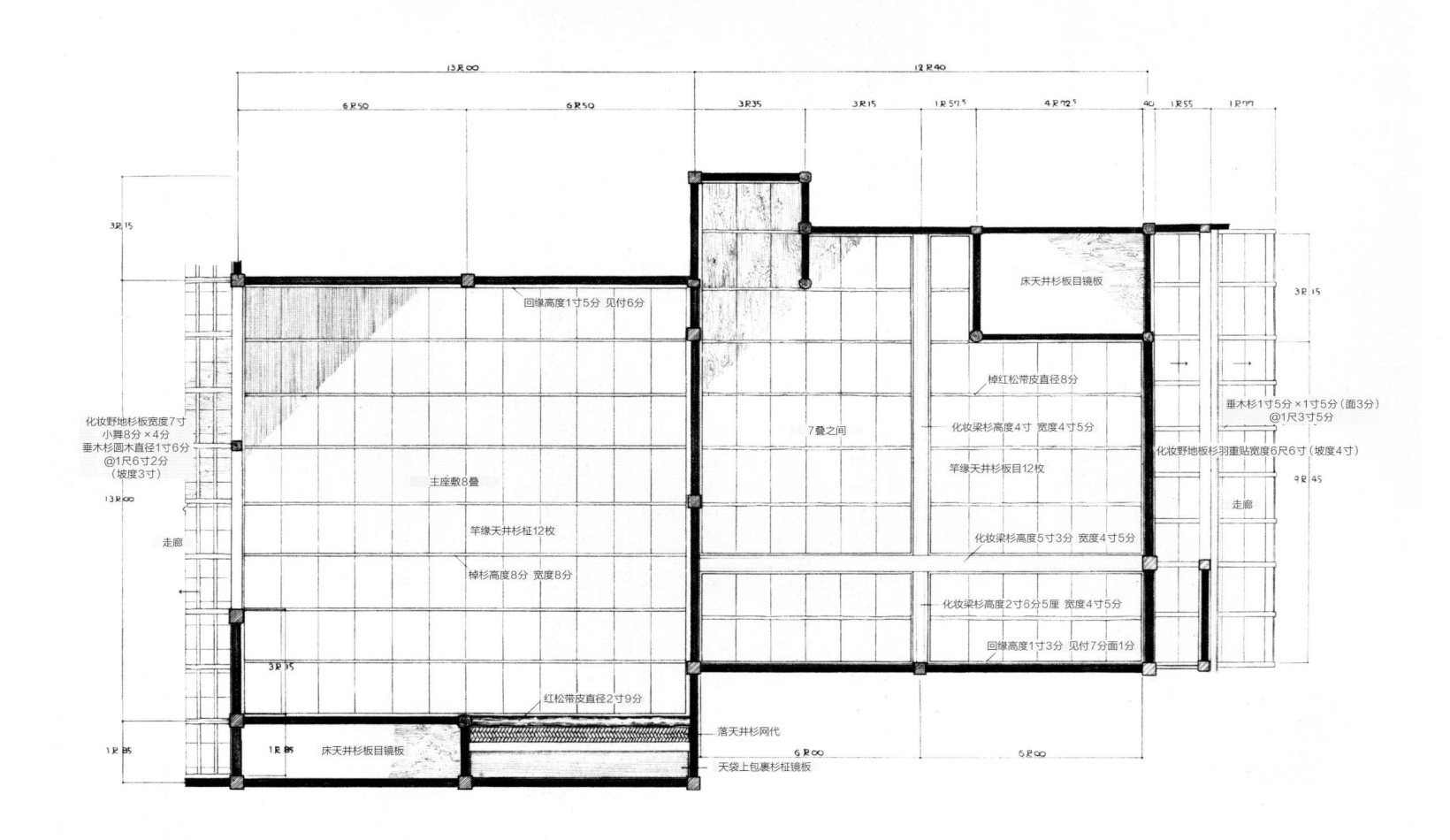

房间、起居室天井俯视图　比例尺1:50

末吉邸　实测图

庭院仰视图 　　　　　　　　　　　寄付　下地窗 　　　　　　　　　寄付东南角

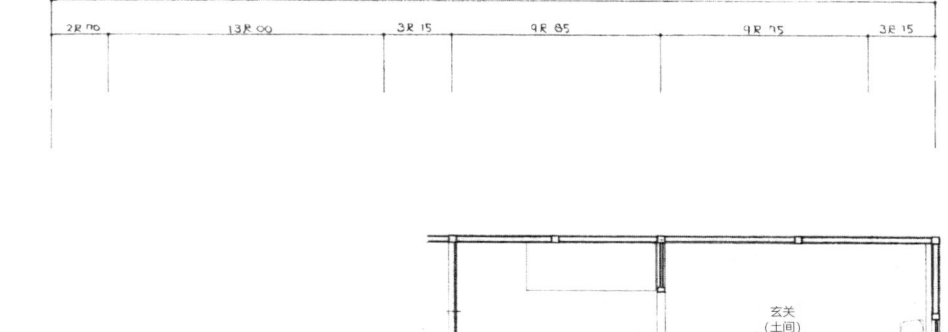

平面图　比例尺1∶100

末吉邸　实测图

S氏邸

玄关外观

上＝玄关内部　下＝玄关入口
右页图＝廊下

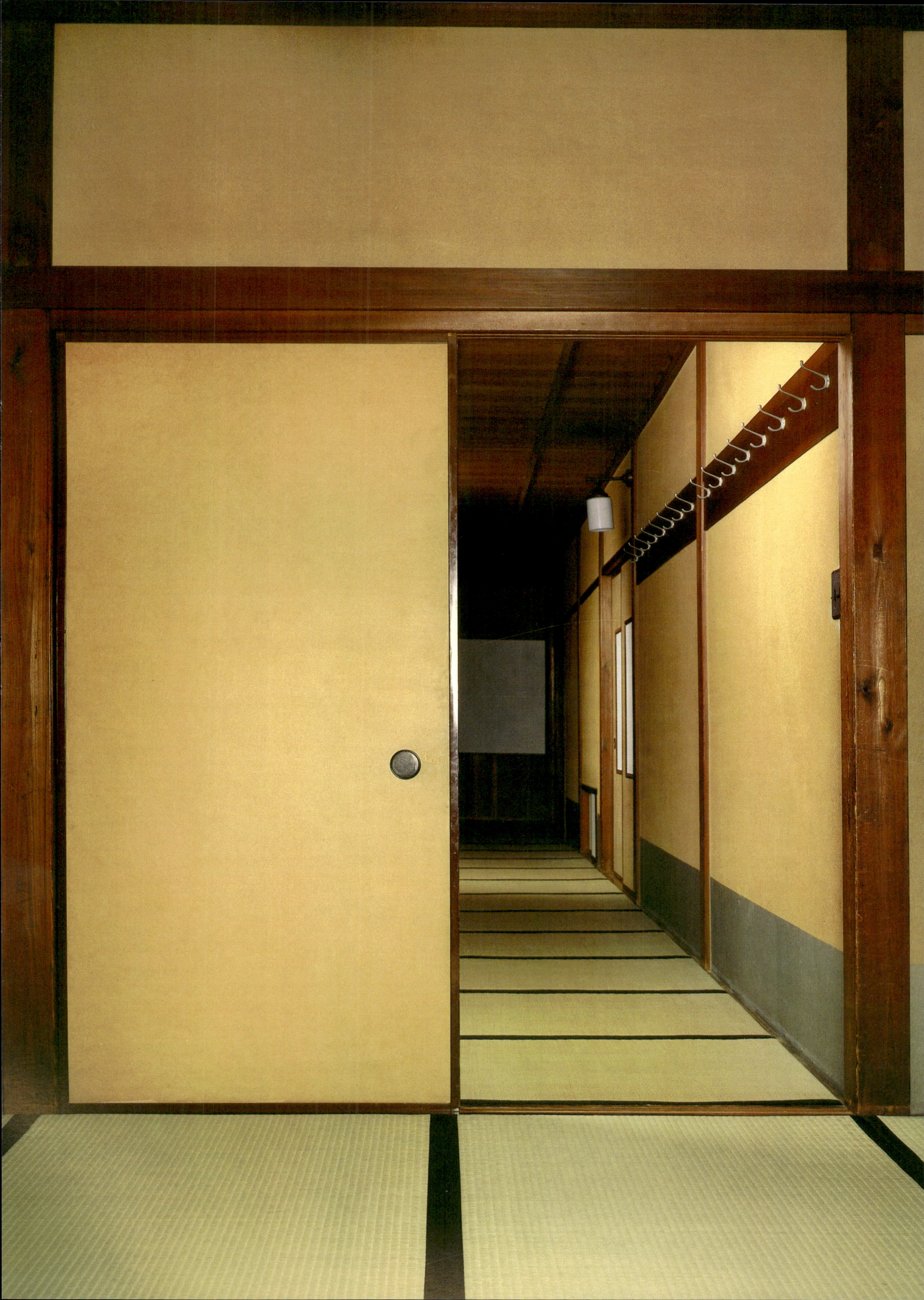

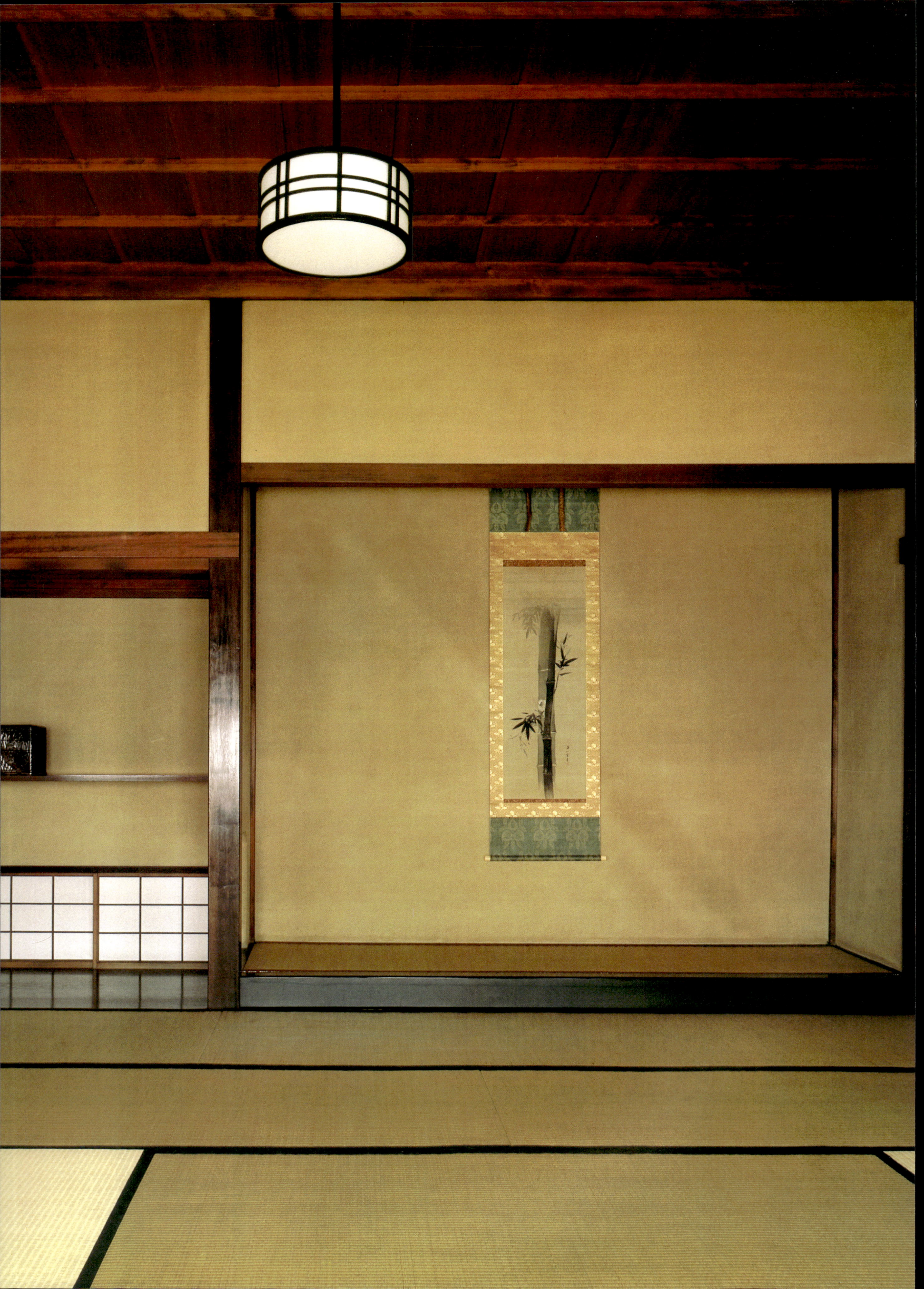

上＝一指庵水屋　下＝佛龕和土间庇
左页图＝床之间

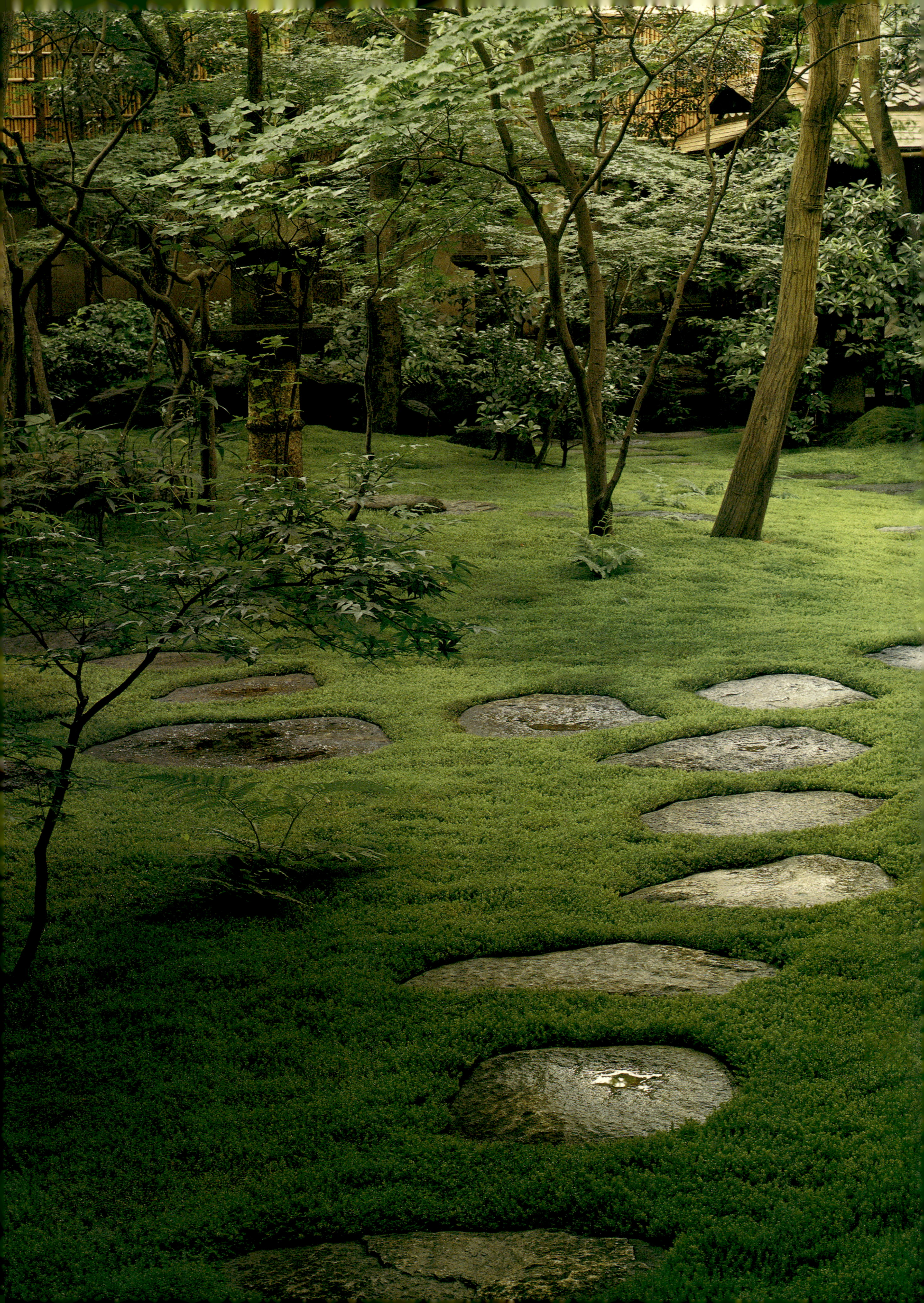

苔庵

上＝一指庵床之间　下＝外观

上＝一指庵点前座　下＝蹲踞

日本建筑集成　　综合作例集　总述篇

上＝苔庵露地　下＝腰挂和躏口
右＝外观

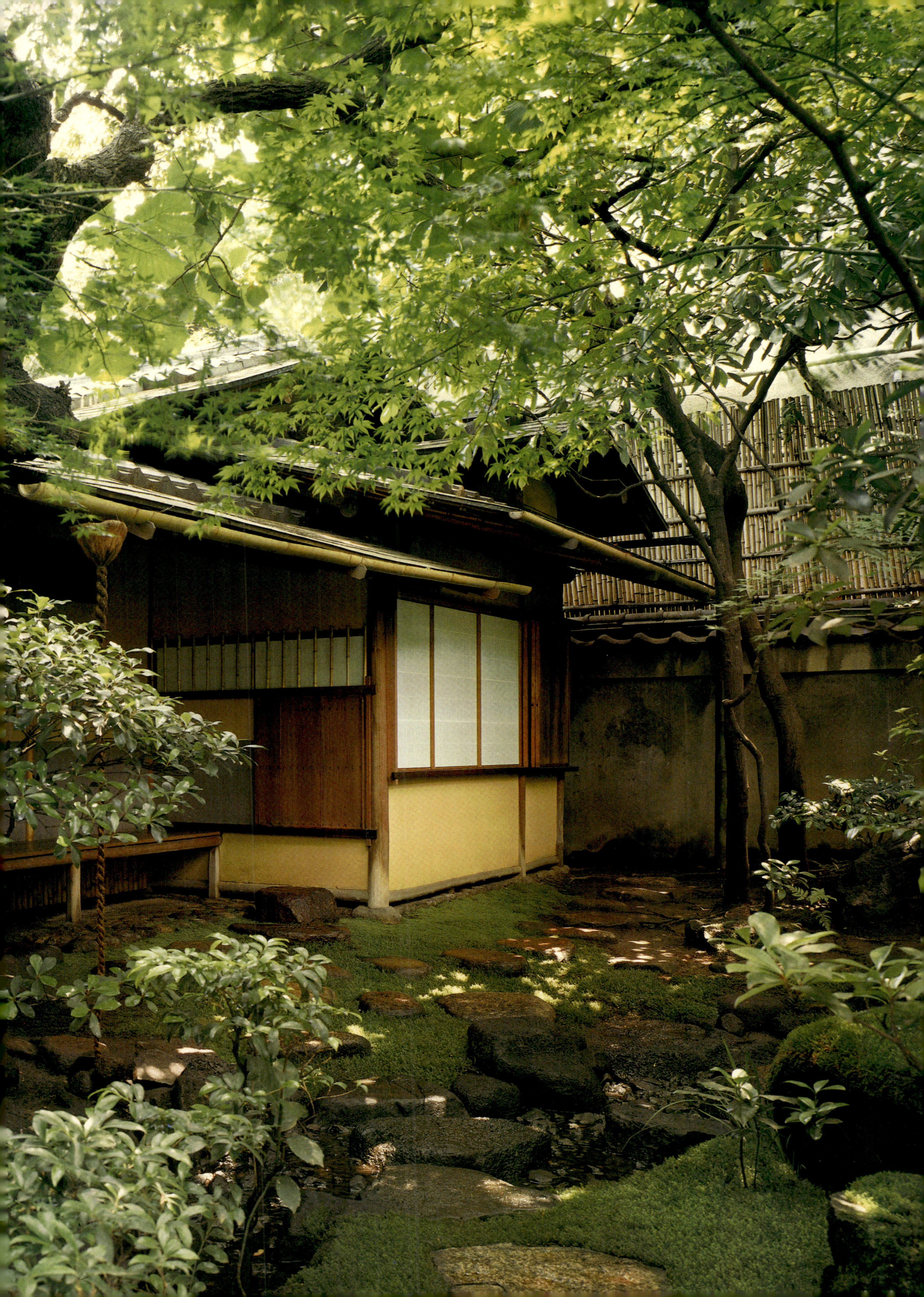

苔庵　床之间

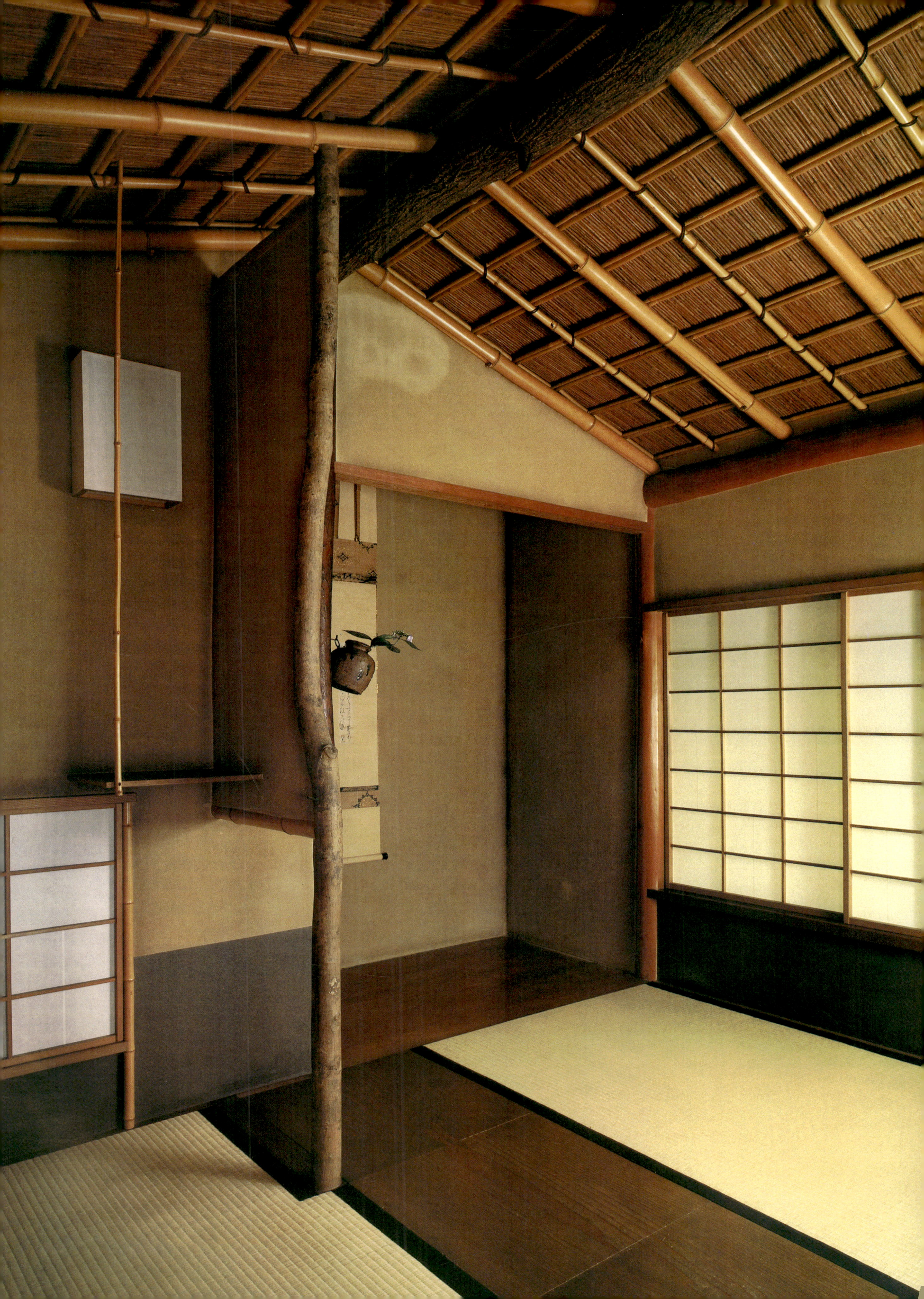

上＝苔庵点前座　下＝水屋

吉田邸
大门口

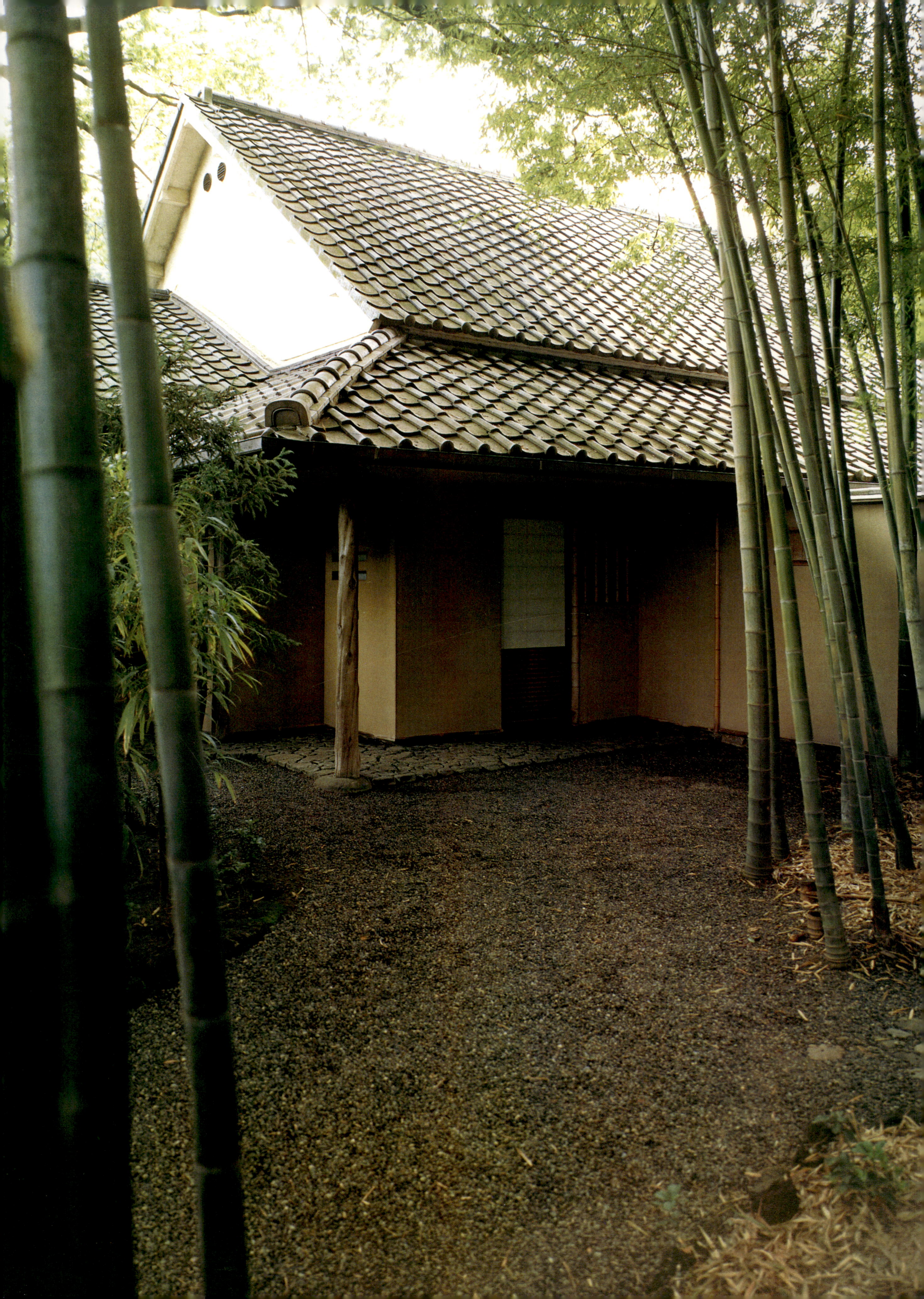

左页图=玄关外观　上=玄关前的竹林

茶室

茶室

书斋

上、下＝从庭院看主屋

坂倉邸
正门

萩原や

左页图＝玄关内部
上＝座敷外露地

龙眠庵　床之间

龙眠庵 点前座

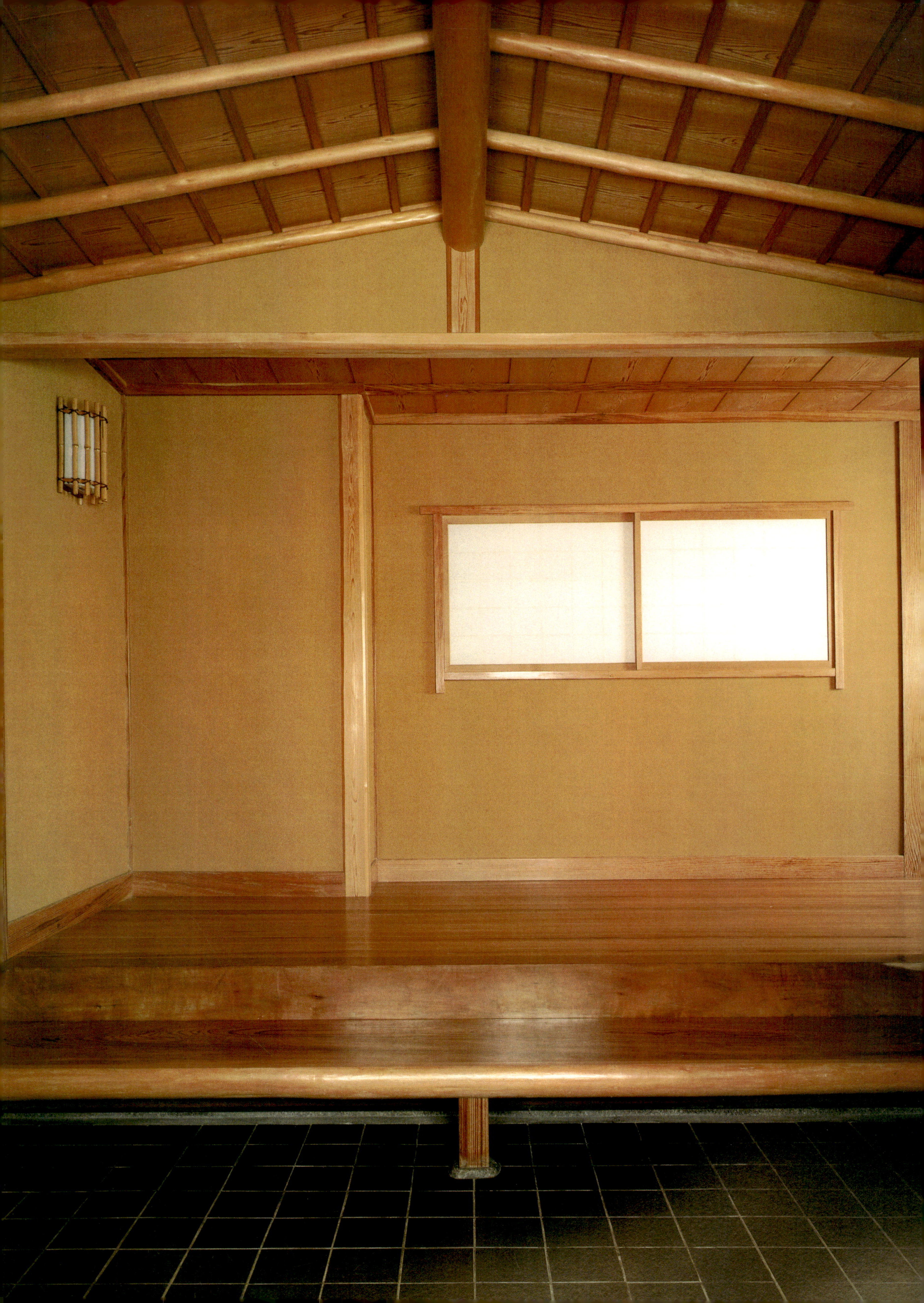

田原邸

左页图＝玄关内部　上＝入口处

上＝主室床之间　下＝主室

上＝次之间床之间　下＝次之间

惜栎庄

上、下=全景
右页图=门口处石阶

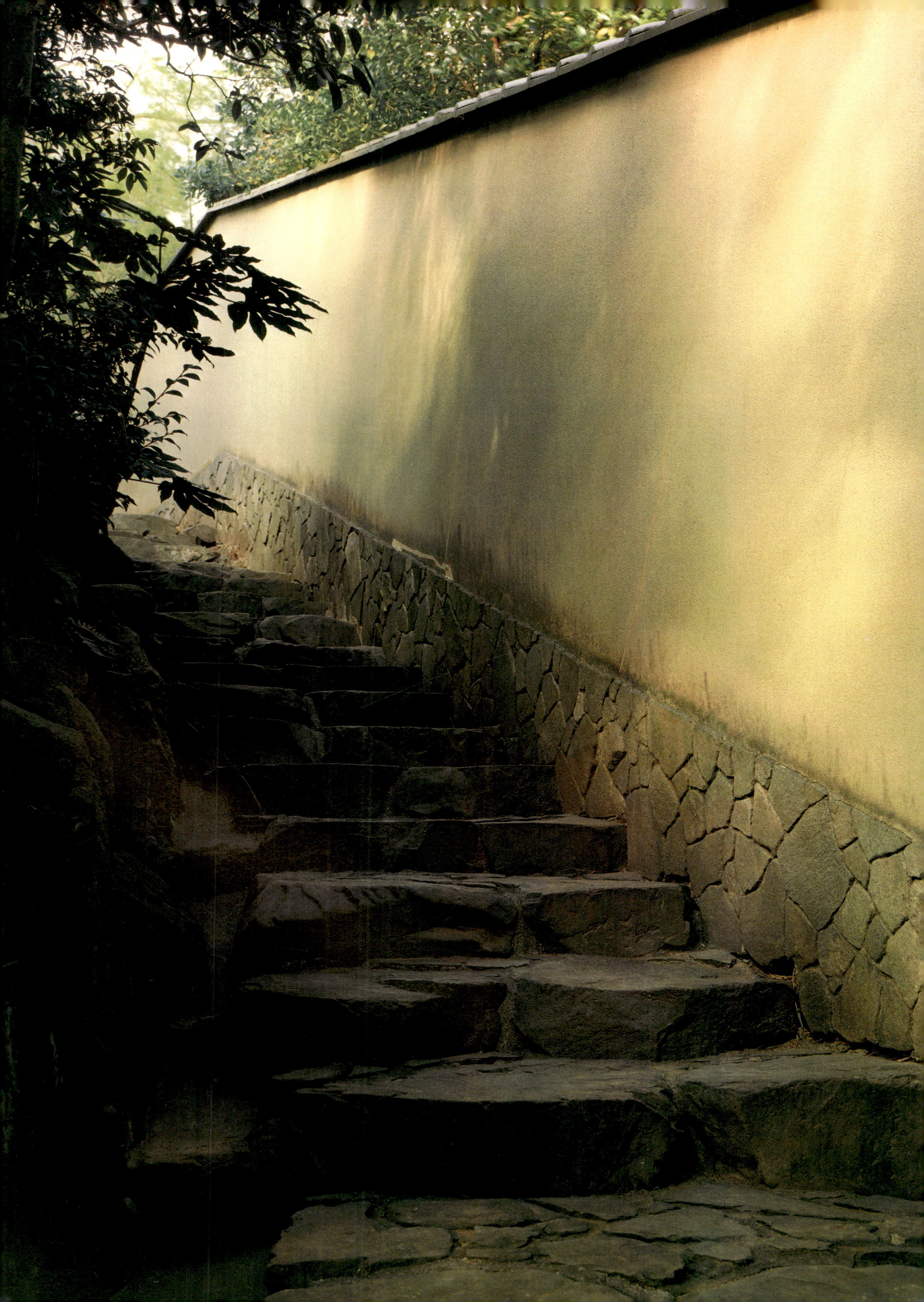

上＝玄关外观　右页图＝玄关内部

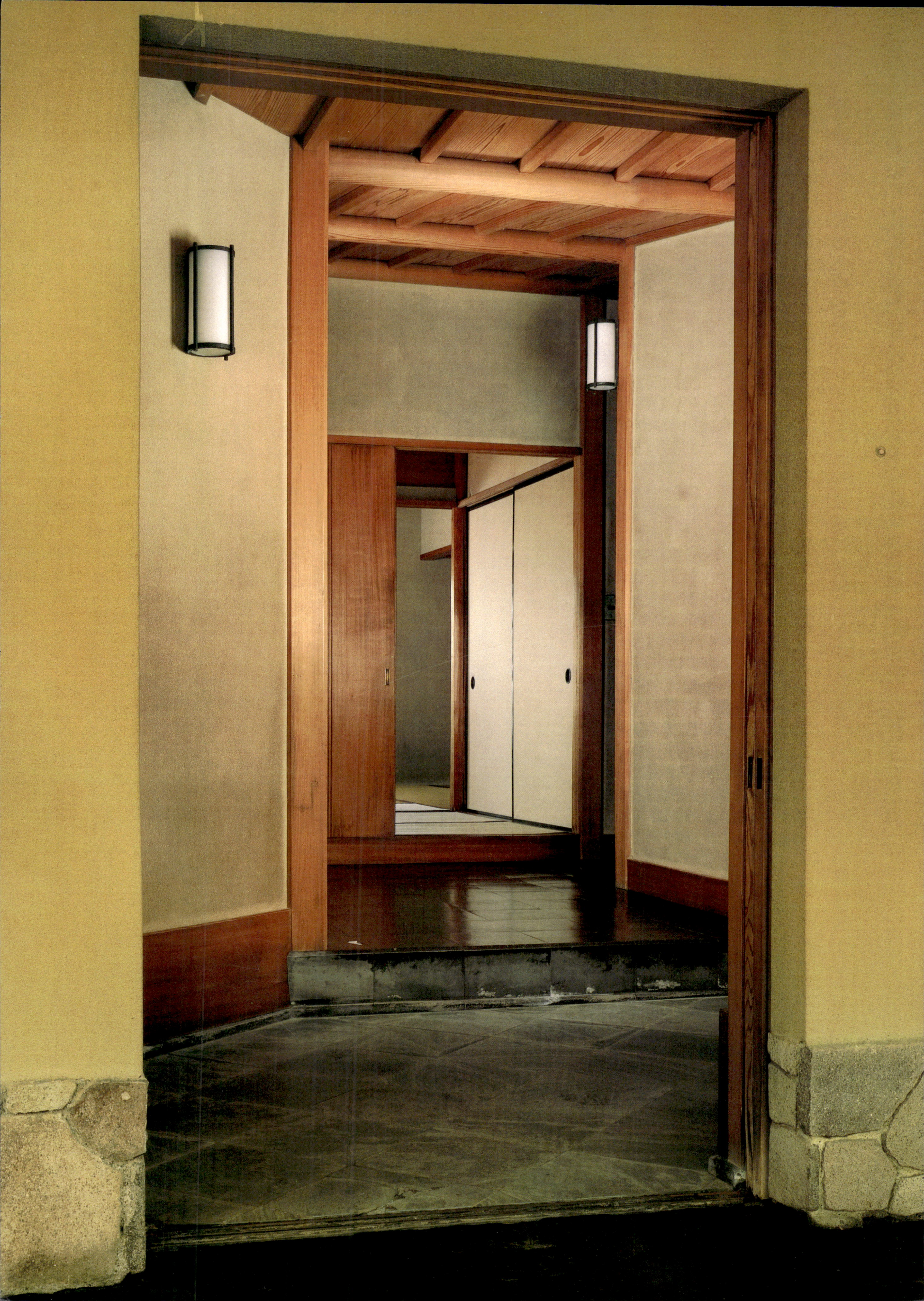

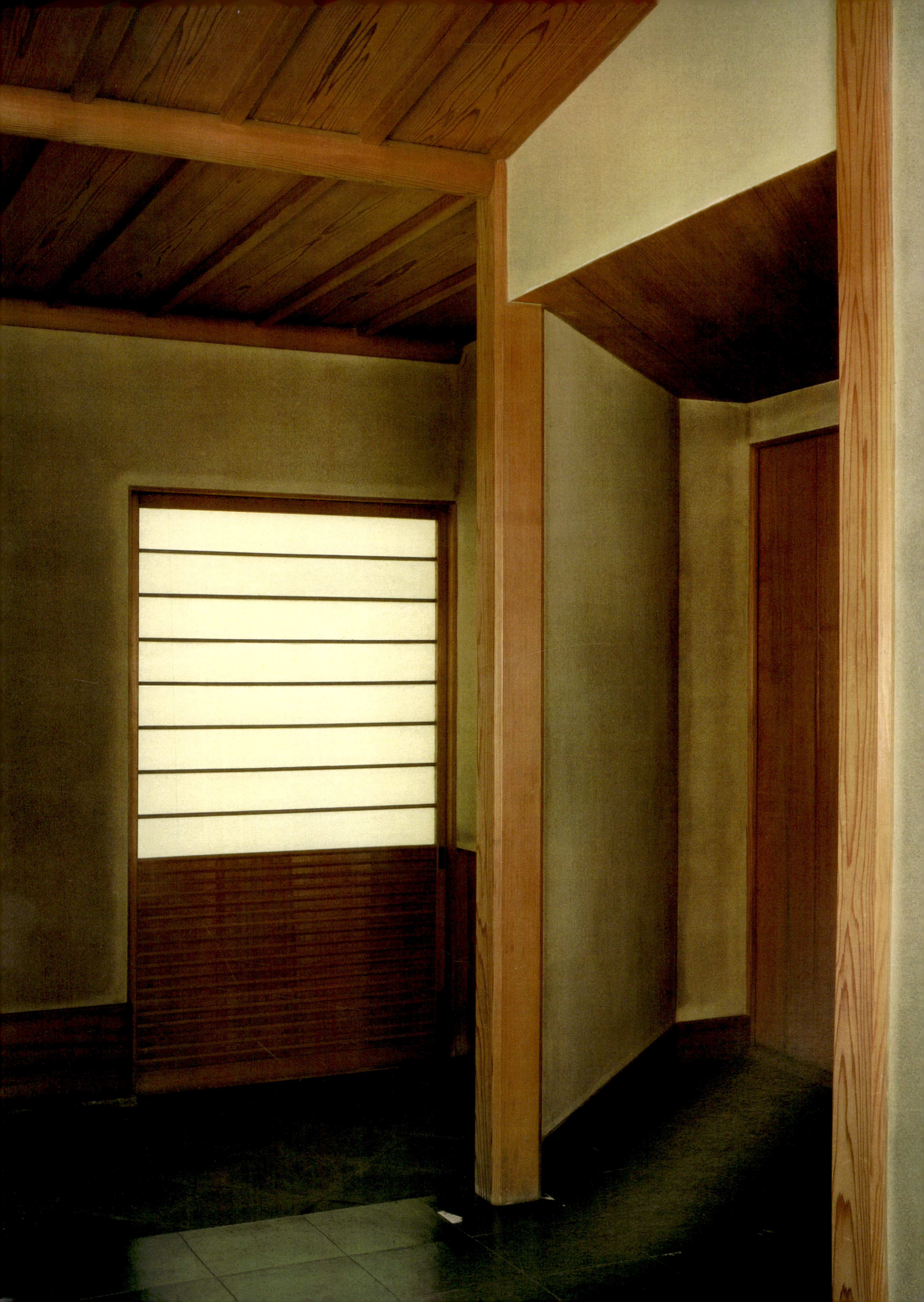

左页图＝玄关一侧
上＝南侧外观

床之间

座敷外庭院

上＝起居室　下＝起居室外景色
右页图＝土庇

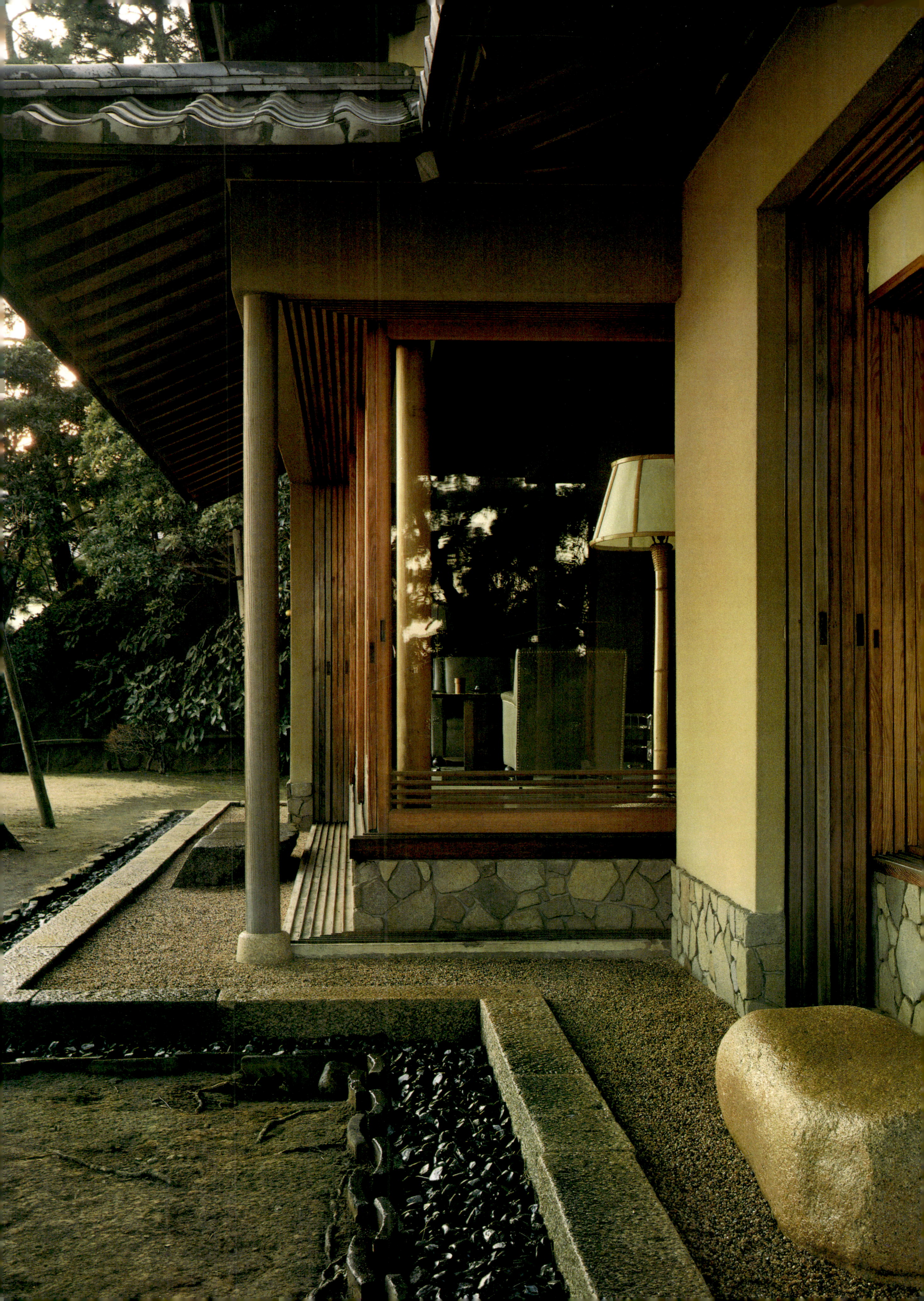

浴室

设计图详解（三）

S氏邸

所在地	东京都文京区
主座茶室	
建筑年	明治二十年（1887年）
设计	古市公威
玄关佛龛	一指庵
建筑年	昭和初期
设计指导	濑三昌世
施工	石川工务店
苔庵	
建筑年	昭和三十四年（1959年）
设计·施工	田中泰阿弥　爱苔会
设计·施工	濑川昌世　濑川功

历经三代的风雅形成了这间茶室。玄关是背靠主座屋顶的入母屋造，有着细腻稳重的外观。在瓦布敷的土间正面，切石低矮的沓脱石、松板的式台以及腰障子构成的入口外观也体现出了沉稳的风格。角落里的钓灯笼也是比较罕见的照明方案。

从玄关最先经过的是客厅，客厅带有角柱长押付，床是寄木张。如此配置也是因为考虑到可作为能乐舞台使用。从这里往里走，隔着鞘之间有个十二叠半的书院（主座敷）。栂（日本铁杉）的角柱上有长押付，天井回缘为重缘，床胁设有一重通棚。平书院的栏间在桐板上刻有乱桐的透雕。

从书院钵前的缘经过潜可通向佛龛六叠的土间。通向佛间六席的泥土间。据说面皮普请是石川木匠之作，由此开始内部是昭和初期（上一代）的增建，设计和技法都很出众。

茶室一指庵在佛龛东面，隔着次之间与水屋相连。一指庵由三叠台目·床和点前座排列构成，东面开有躙口。南面的贵人口外，竖立着初期的织部灯笼的内露地美景横跨眼前。

覆盖着青苔的庭院的东南角是茶室苦庵。蹲藏在水流中的自然石手水钵，还有从腰挂引至躙口的飞石。躙口上的连子窗，其打开方法非常罕见。内部是二叠中板台目切，中央是放置了栋木的总屋根里，在这奔放的结构中注入的是家主和爱苔会风流人物们的创意。

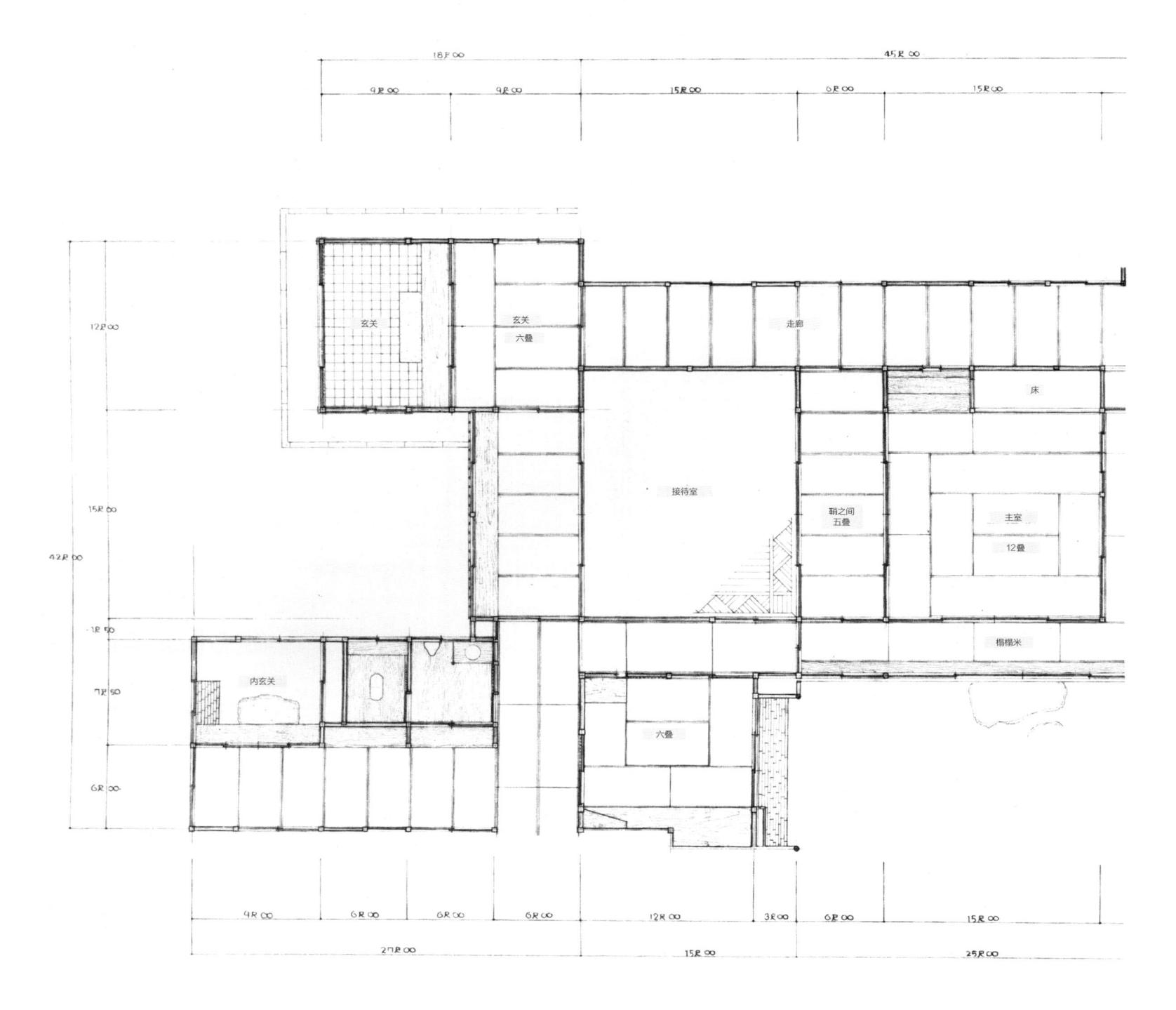

平面图　比例尺1:100

S氏邸　实测图

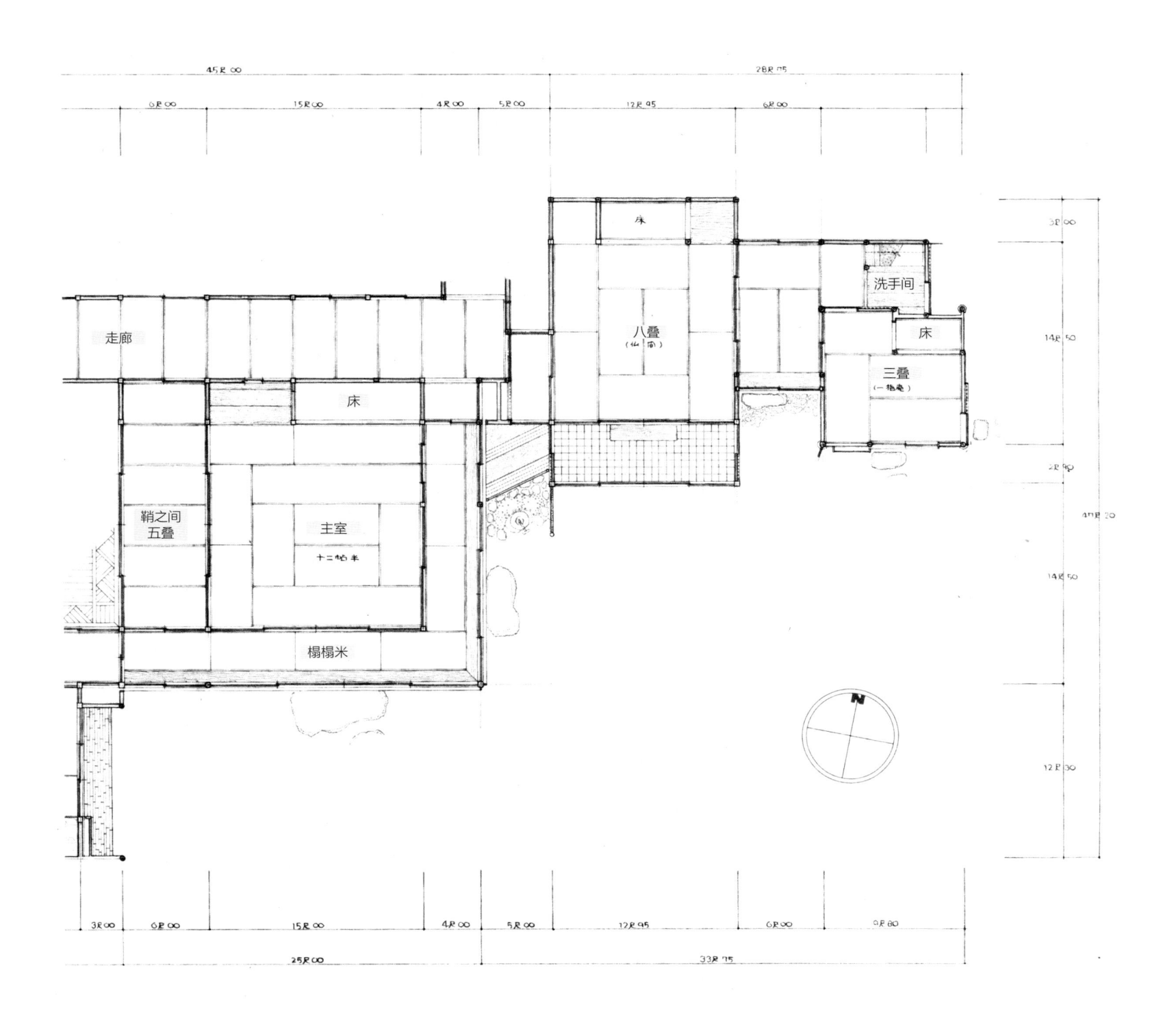

全景

S氏邸　实测图

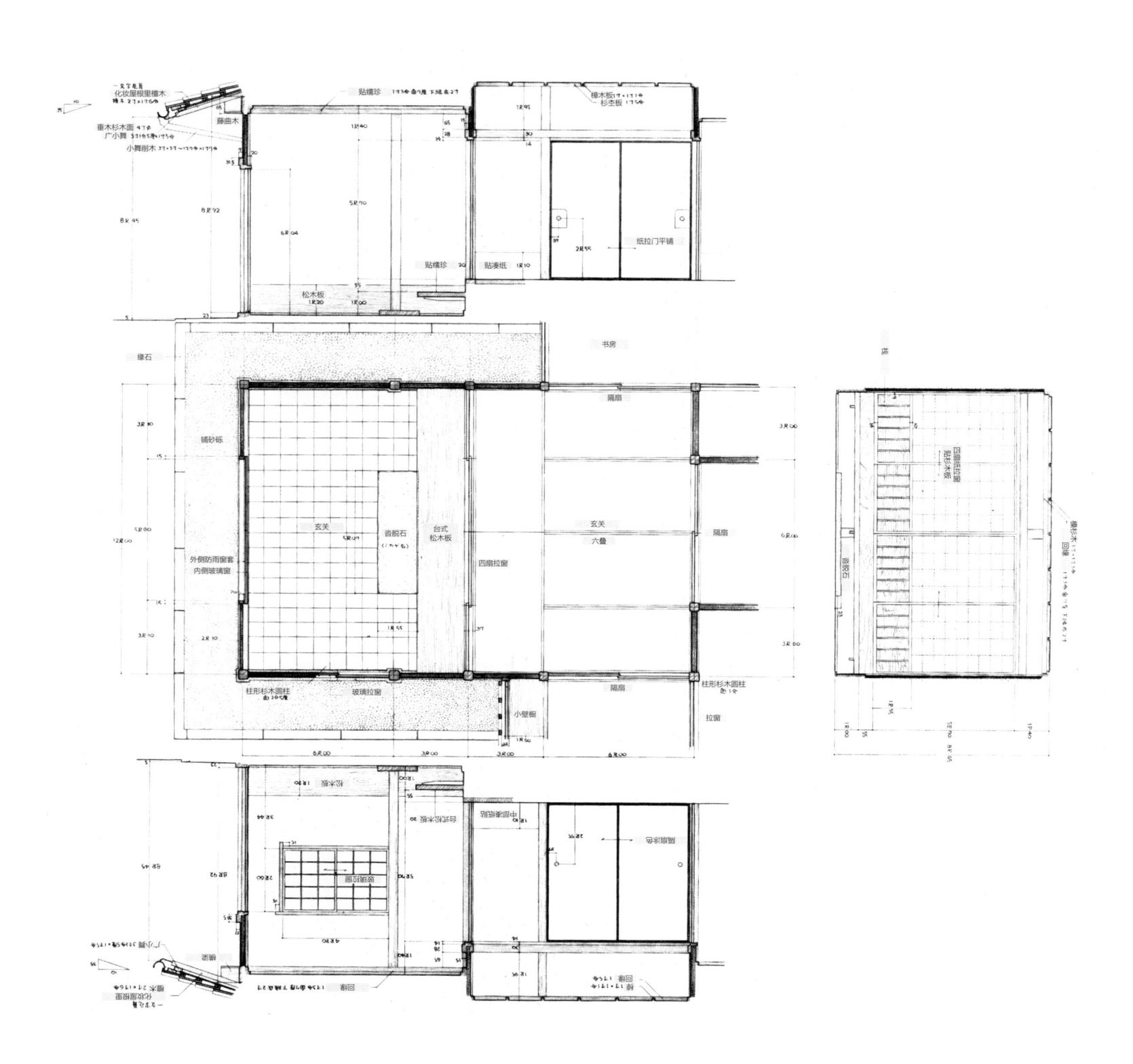

玄关平面图及展开图　比例尺1∶50

S氏邸　实测图

玄关　钓灯笼的照明器具 　　　　　　　玄关　楼梯口

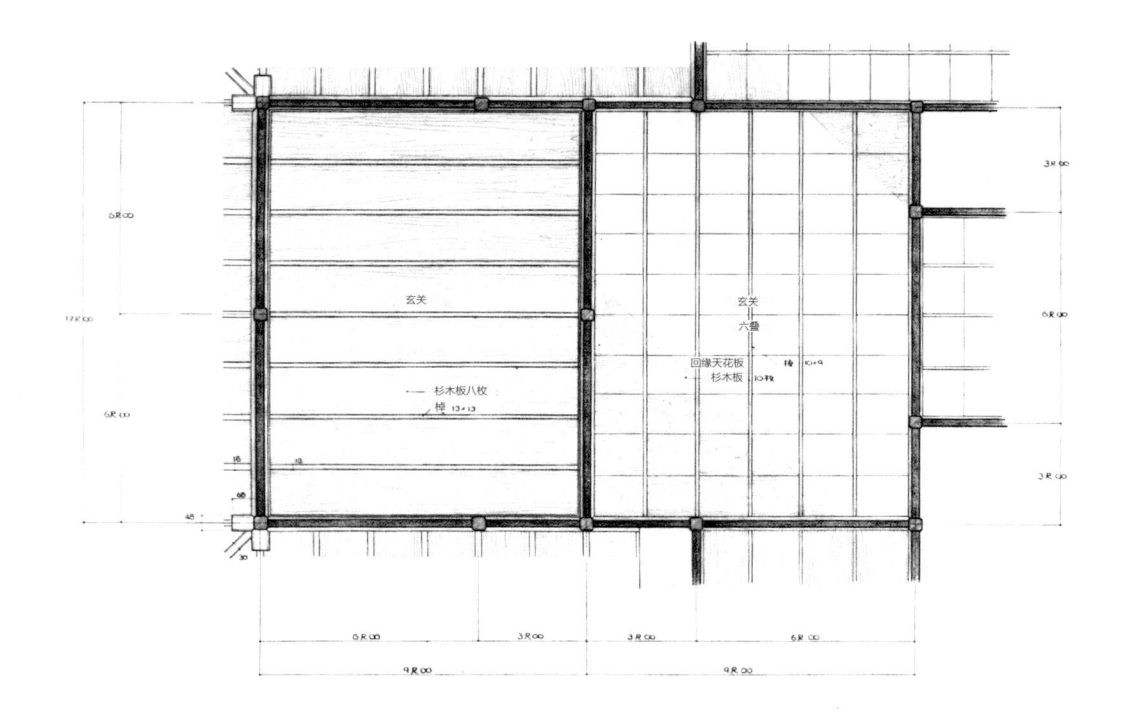

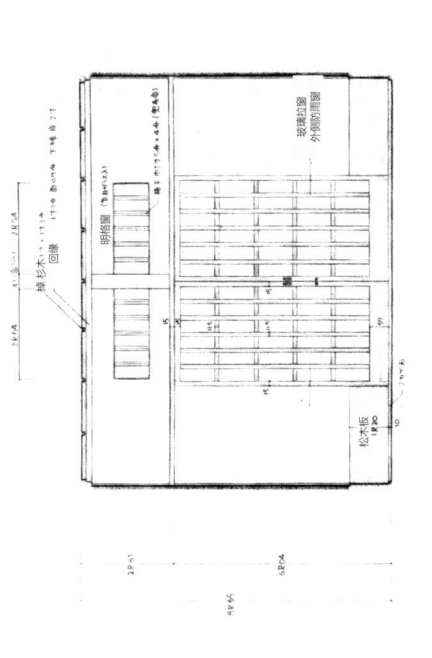

玄关天井俯视图　比例尺1:50

S氏邸　实测图

一指庵　蹲口附近

S氏邸　实测图

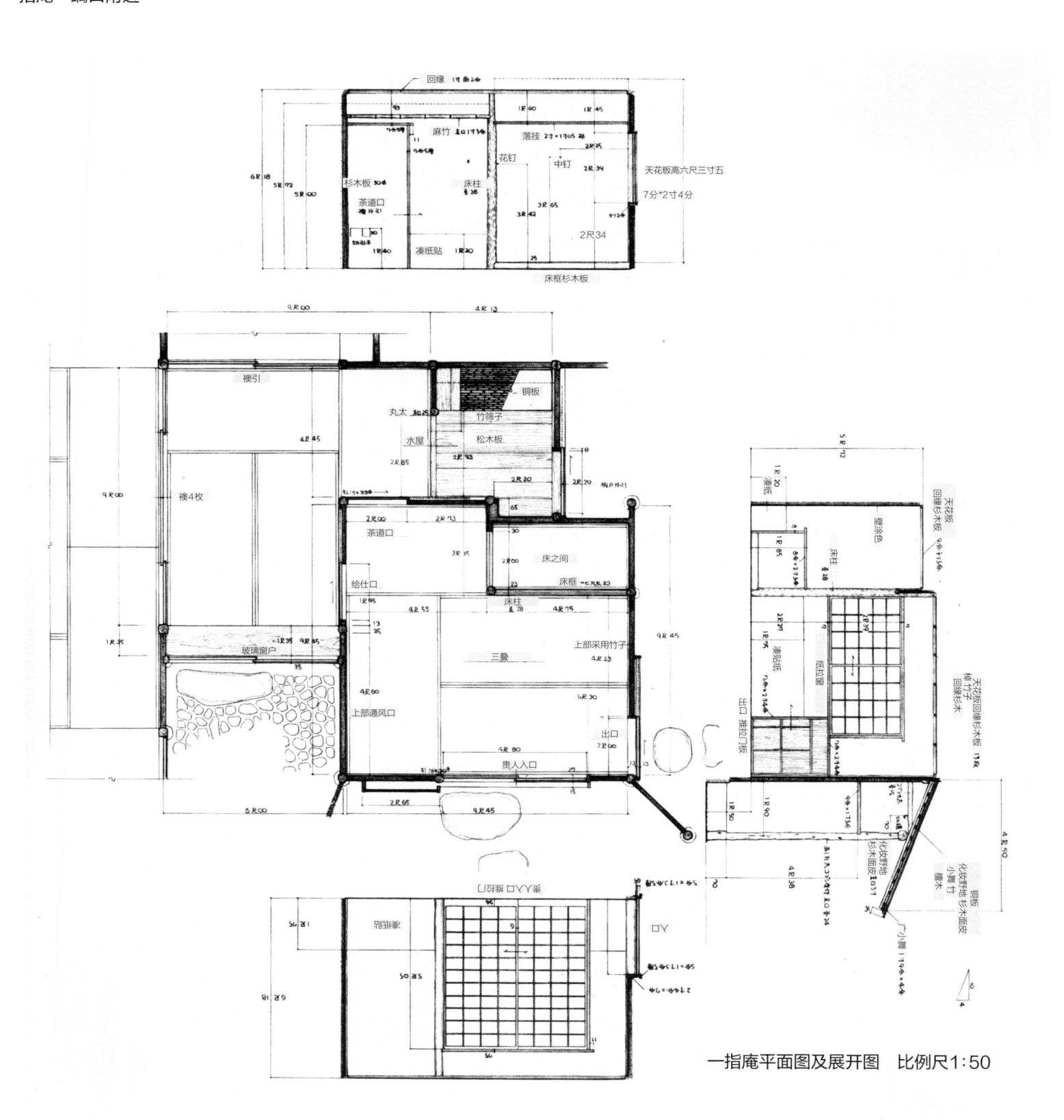

一指庵平面图及展开图　比例尺1:50

一指庵　床柱上部

一指庵　给仕口一侧

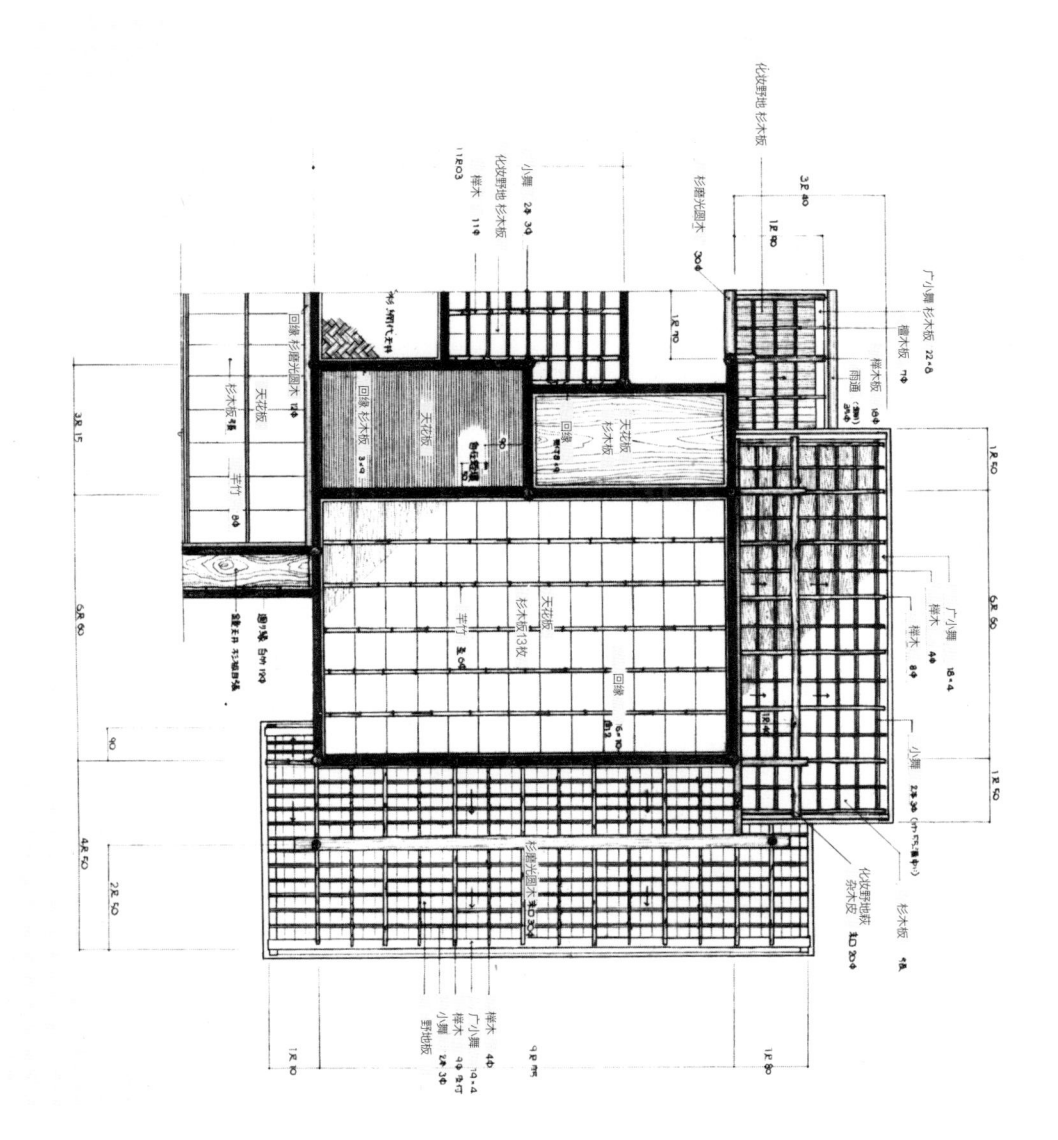

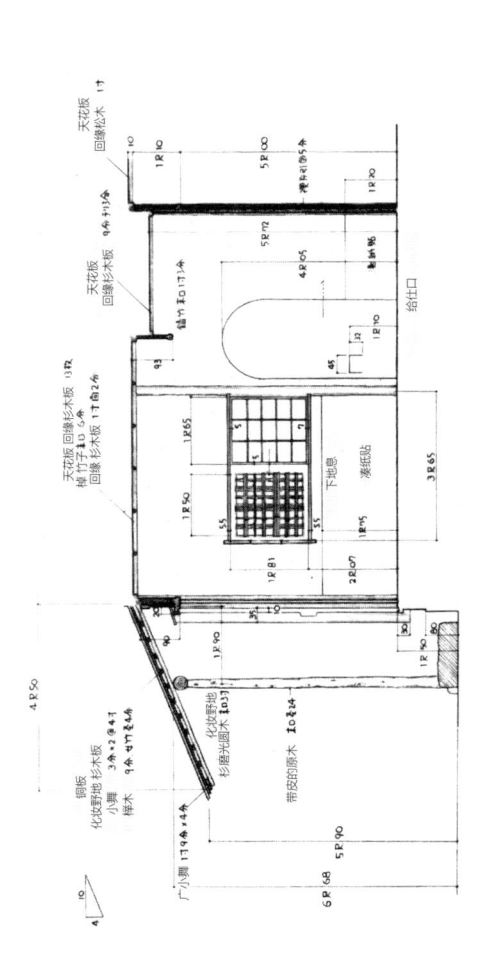

一指庵天井俯视图　比例尺1∶50

S氏邸　实测图

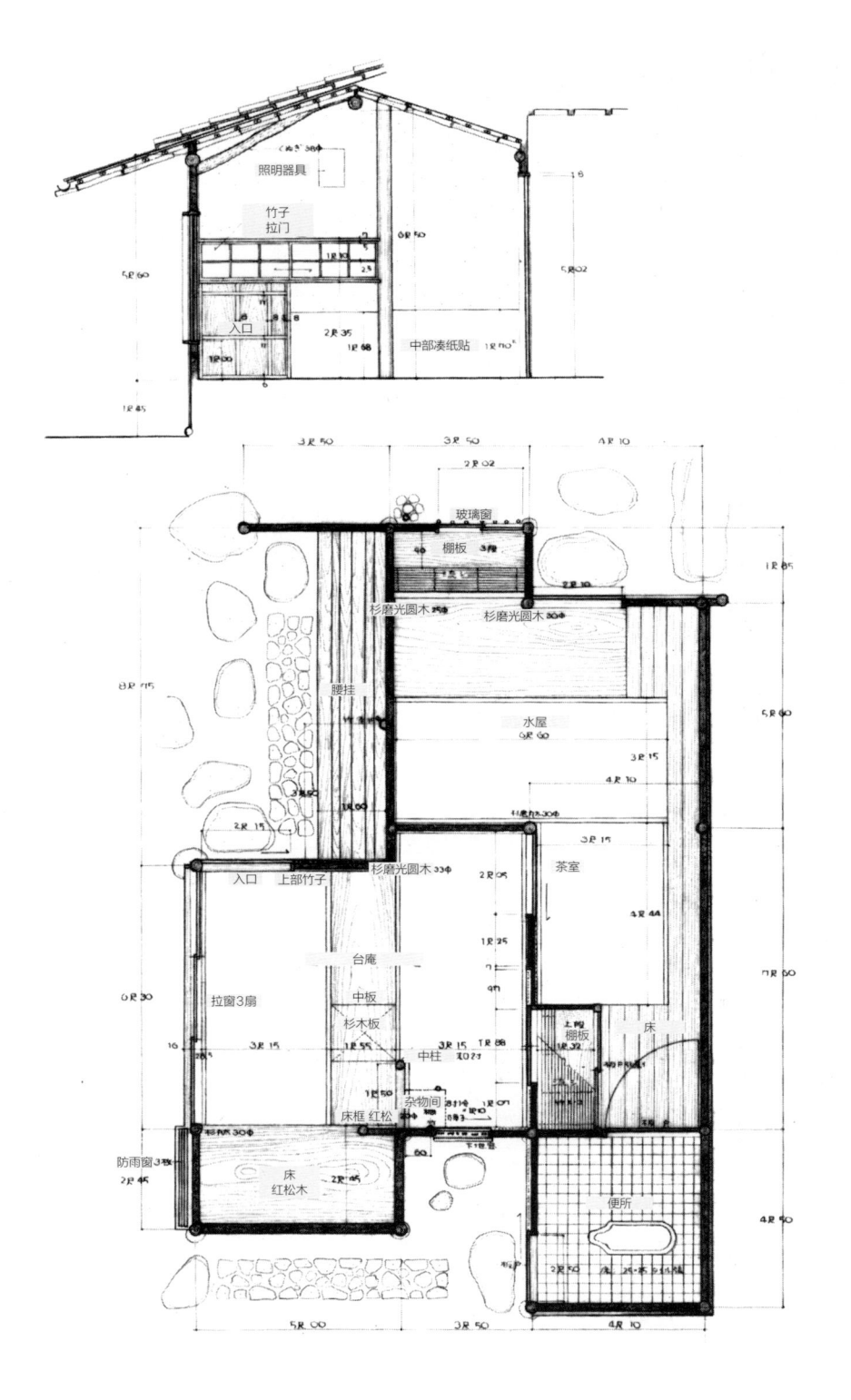

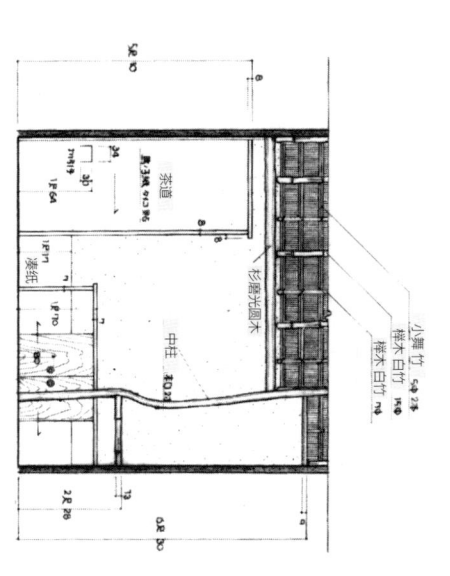

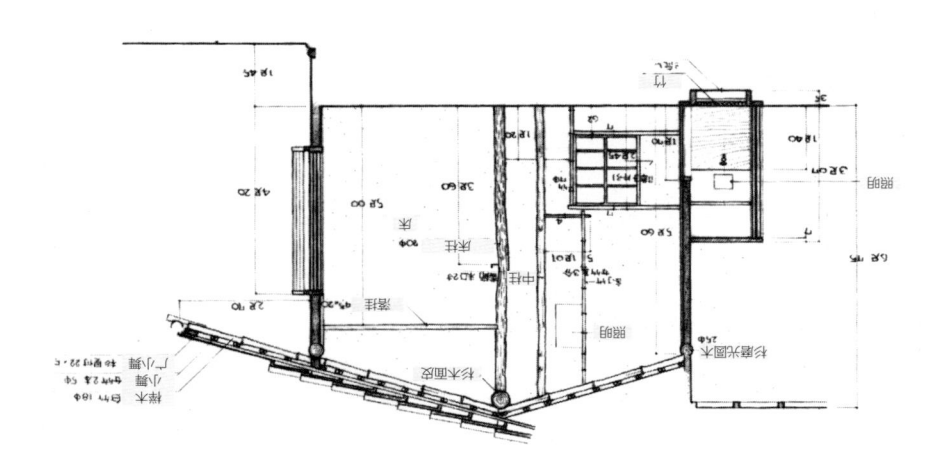

苔庵平面图、展开图　比例尺1:50

S氏邸　实测图

苔庵 水屋天井仰视图

苔庵 蹲口上部

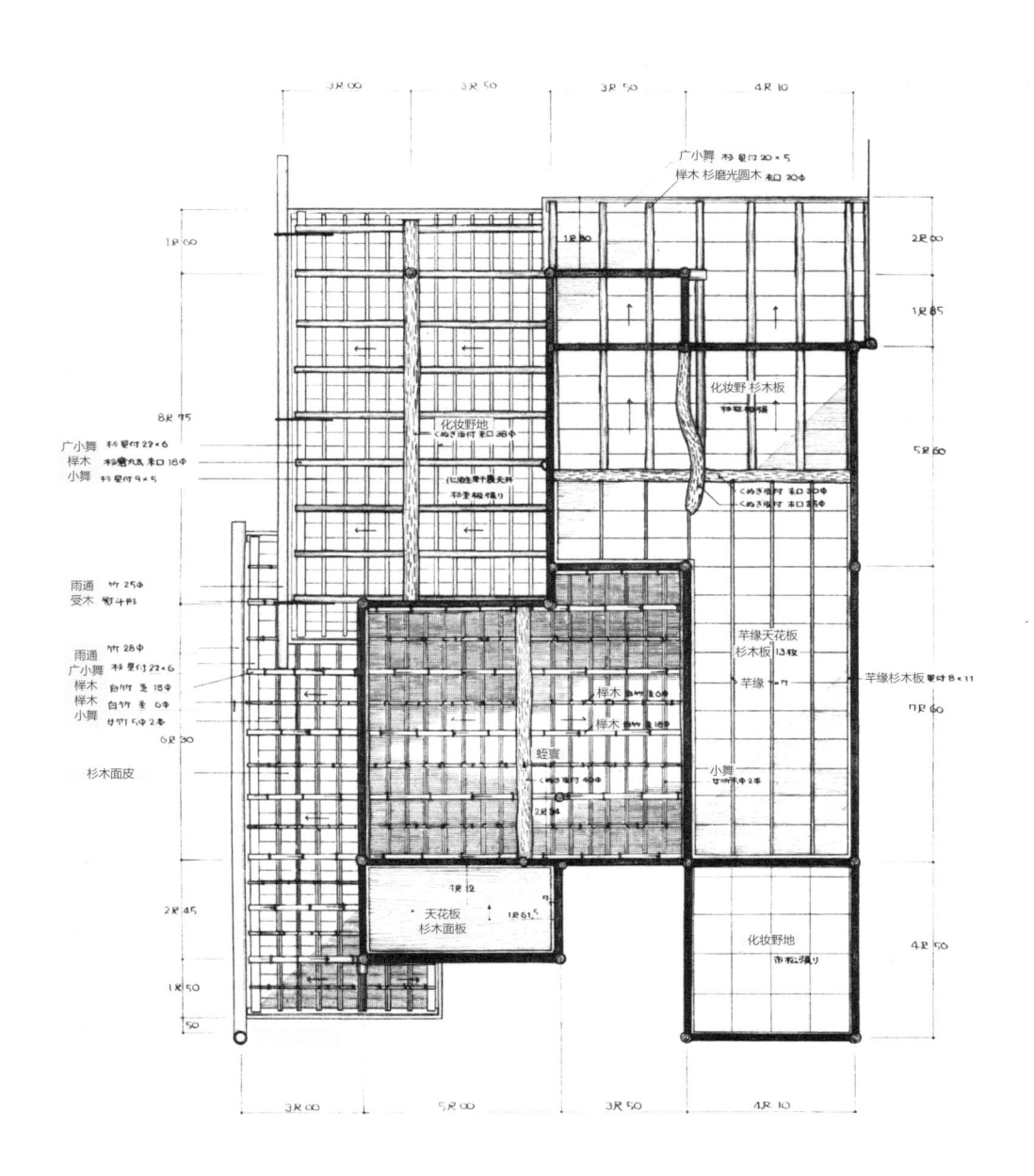

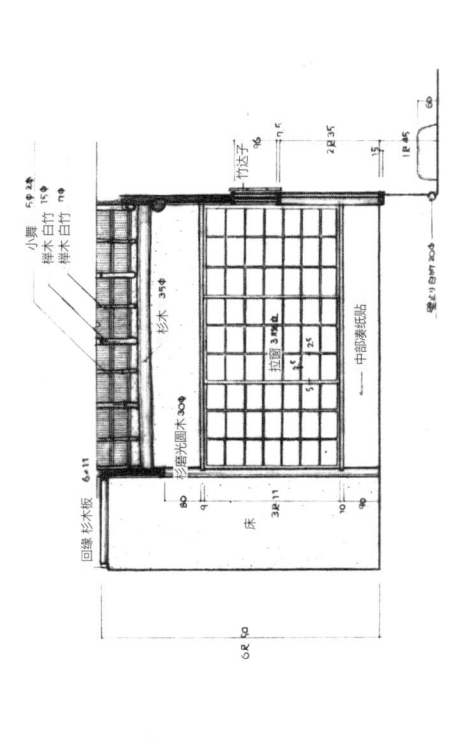

苔庵天井俯视图 比例尺1:50

S氏邸 实测图

从庭院眺望主屋

从佛龛通过潜看主座敷

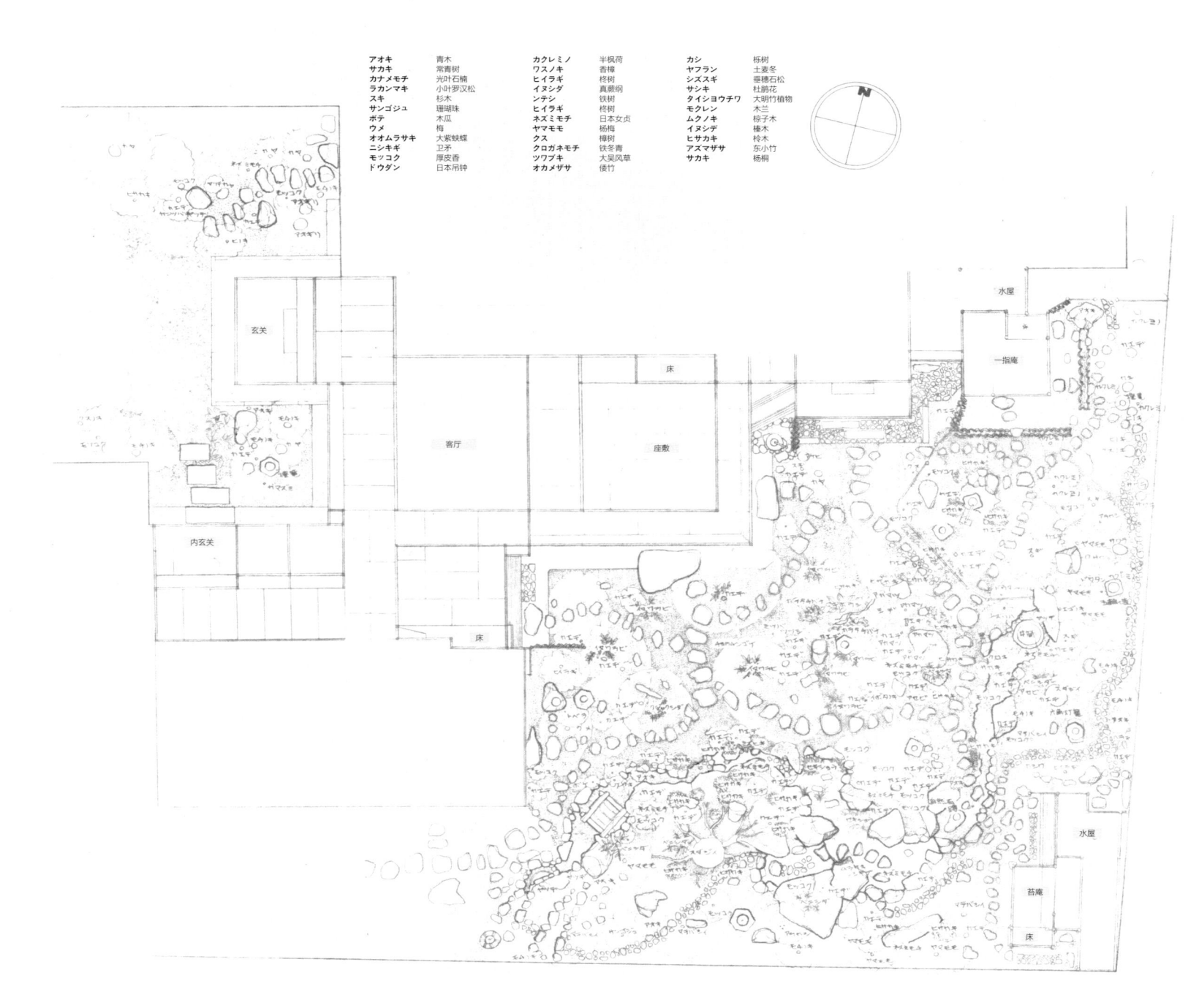

アオキ	青木	カクレミノ	半枫荷	カシ	栎树
サカキ	常青树	ワスノキ	香桦	ヤブラン	土麦冬
カナメモチ	光叶石楠	ヒイラギ	柊树	シズスギ	垂穗石松
ラカンマキ	小叶罗汉松	イヌシダ	真麗桐	サンシキ	杜鹃花
スキ	杉木	ンテシ	铁树	タイショウチワ	大明竹植物
サンゴジュ	珊瑚珠	ヒイラギ	柊树	モクレン	木兰
ボテ	木瓜	ネズミモチ	日本女贞	ムクノキ	椋子木
ウメ	梅	ヤマモモ	杨梅	イヌシデ	榛木
オオムラサキ	大紫蛱蝶	クス	樟树	ヒサカキ	柃木
ニシキギ	卫矛	クロガネモチ	铁冬青	アズマザサ	东小竹
モッコク	厚皮香	ツワブキ	大吴风草	サカキ	杨桐
ドウダン	日本吊钟	オカメザサ	倭竹		

前庭、露地平面图　比例尺 1:150

S 氏邸　实测图

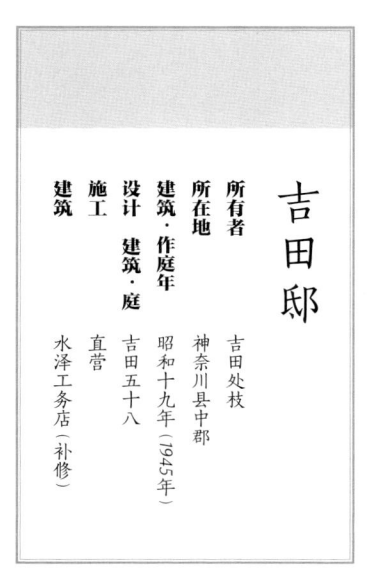

这是现代数寄屋的巨匠吉田五十八的自家宅邸。关于吉田五十八的作品风格已经在系列其他卷的北村邸的解说中提及。

在战争中建造的自家宅邸虽然规模不大，但成熟的作品风格却在日本蔓延。建有高腰的大门的玄关外观也是北村邸的共通点。在客座敷、书斋、茶室中，庭院和屋内连为一体向外开放的结构，也是吉田式数寄屋的固定手法。

北村邸座敷（设计·吉田五十八）

吉田邸

所有者　吉田处枝
所在地　神奈川县中郡
建筑·作庭年　昭和十九年（1945年）
设计　建筑·庭　吉田五十八
施工　建筑　宜营
　　　　　　　水泽工务店（补修）

配置图

吉田邸　实测图

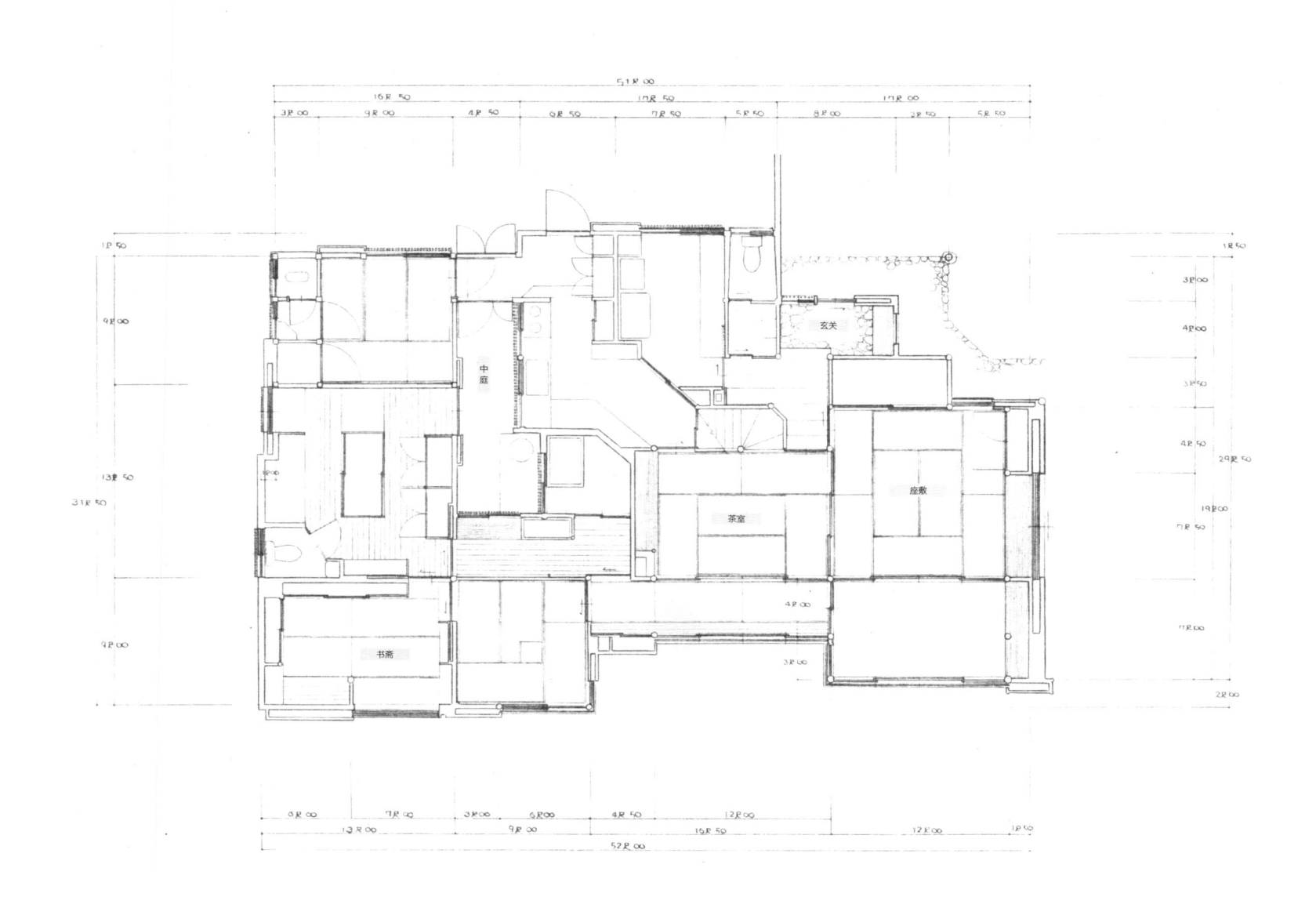

平面图　比例尺1:50

吉田邸　实测图

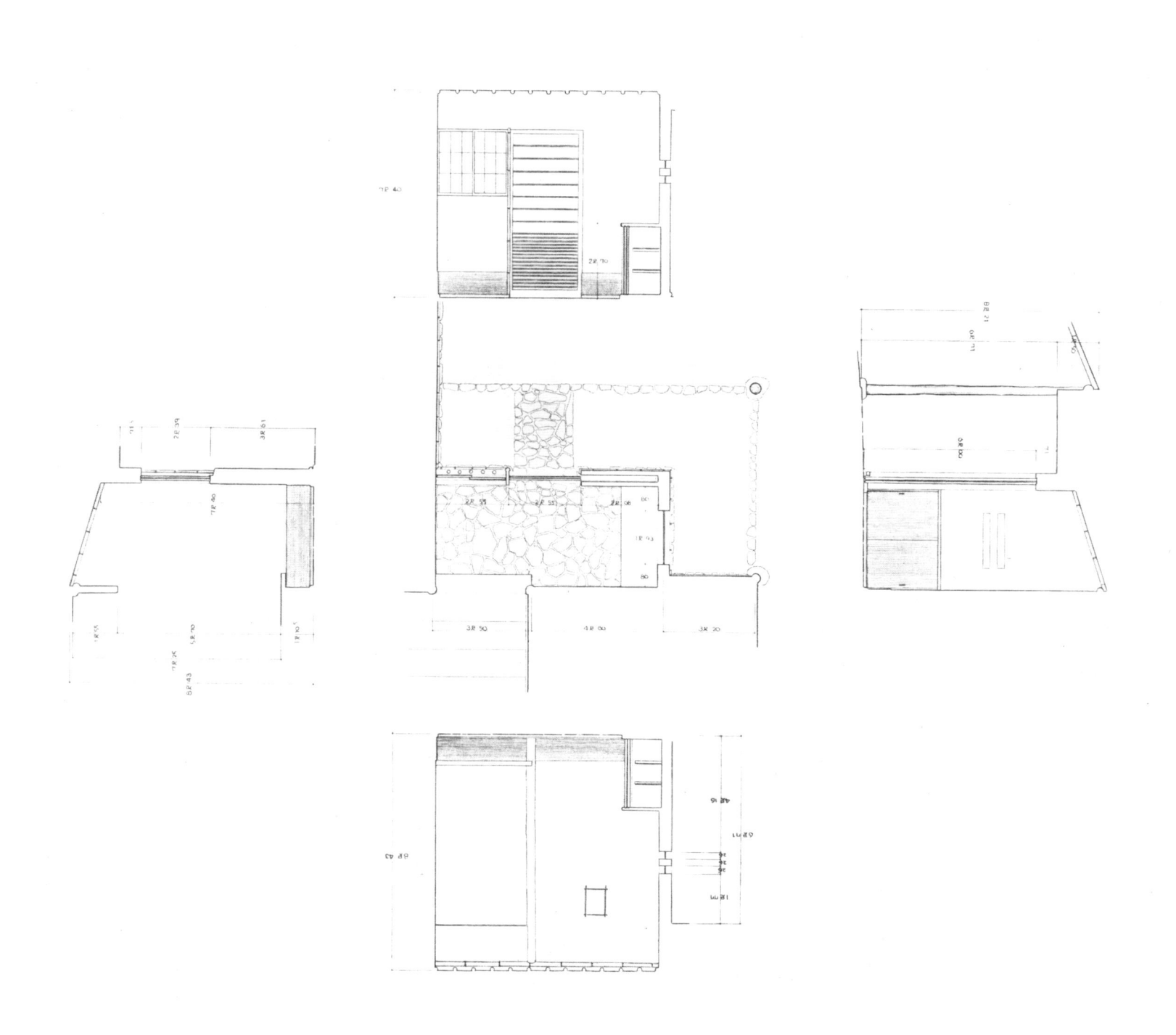

玄关平面图、展开图　比例尺1:50

吉田邸　实测图

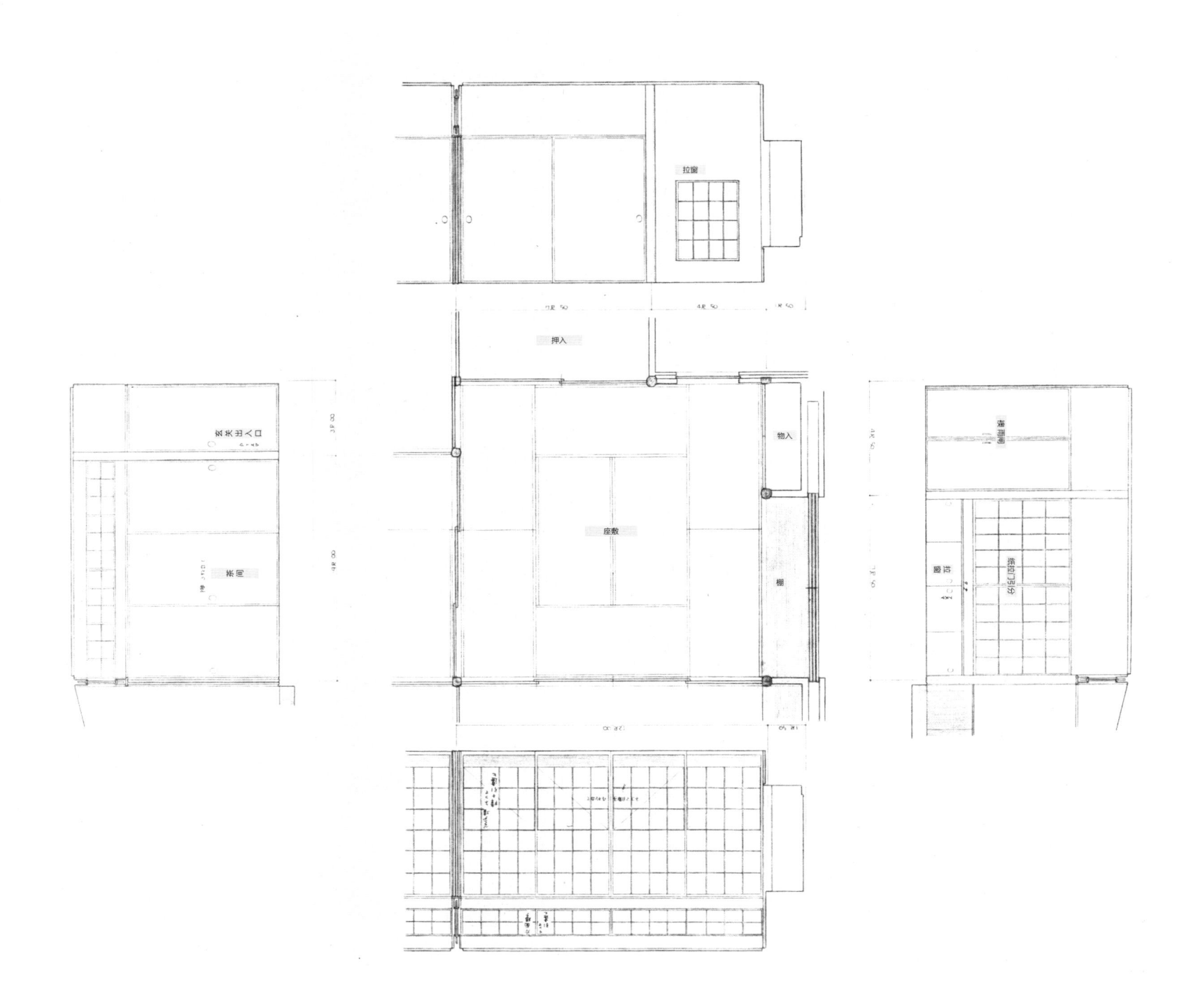

座敷平面图、展开图　比例尺1∶50

吉田邸　实测图

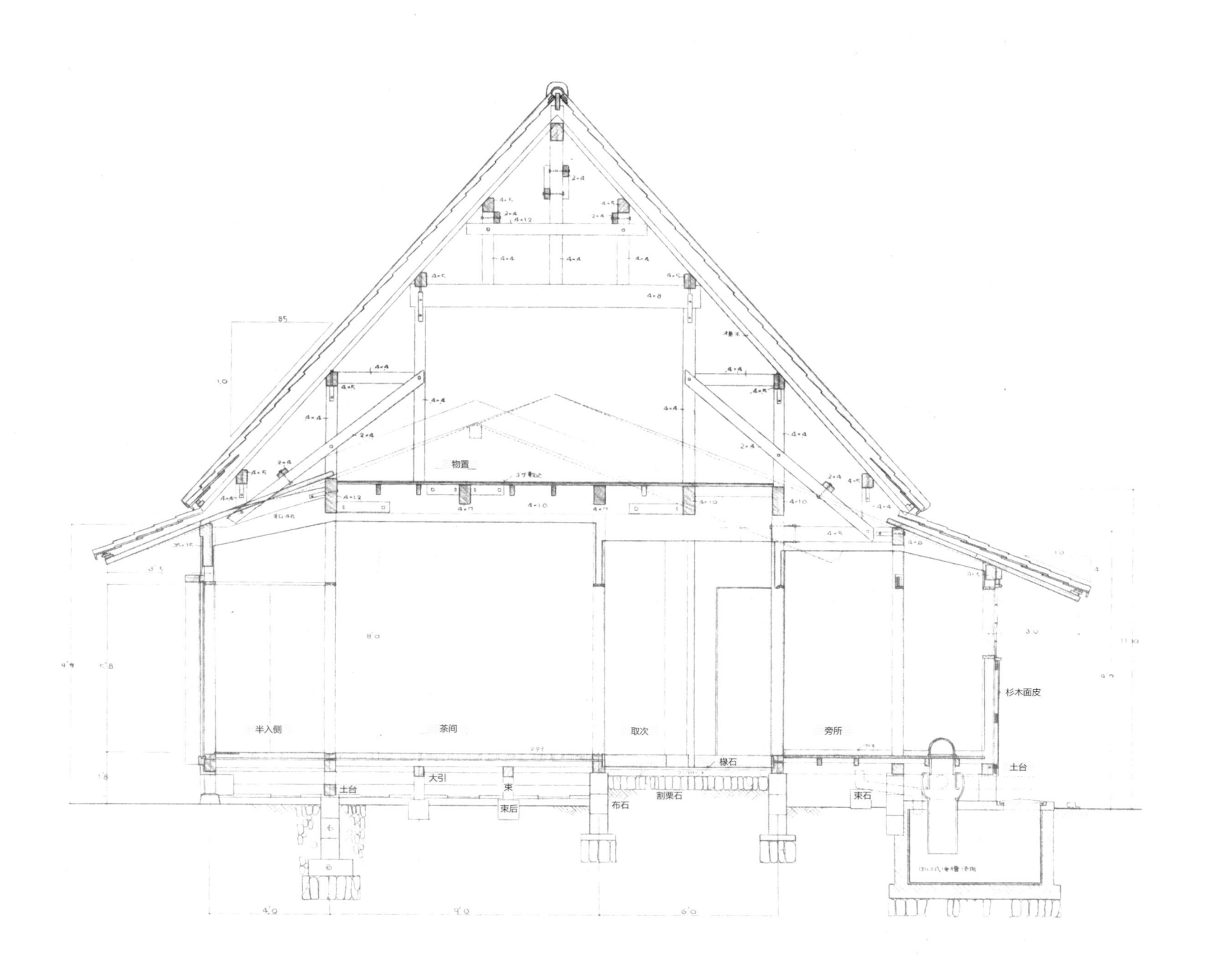

矩计图　比例尺1:50

吉田邸　实测图

北侧

西侧

东侧

南侧

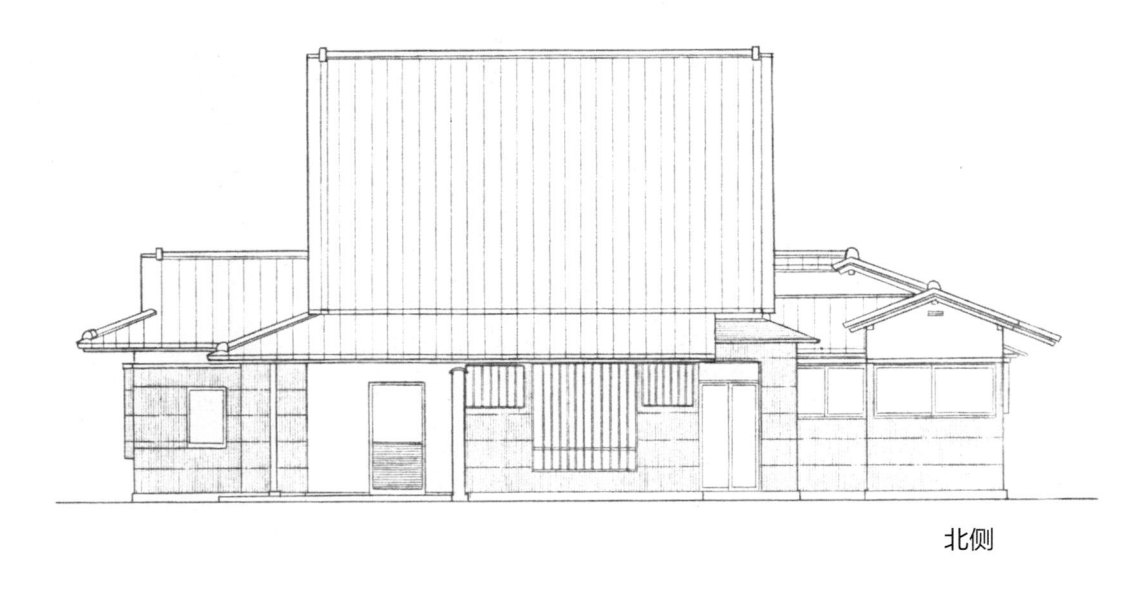

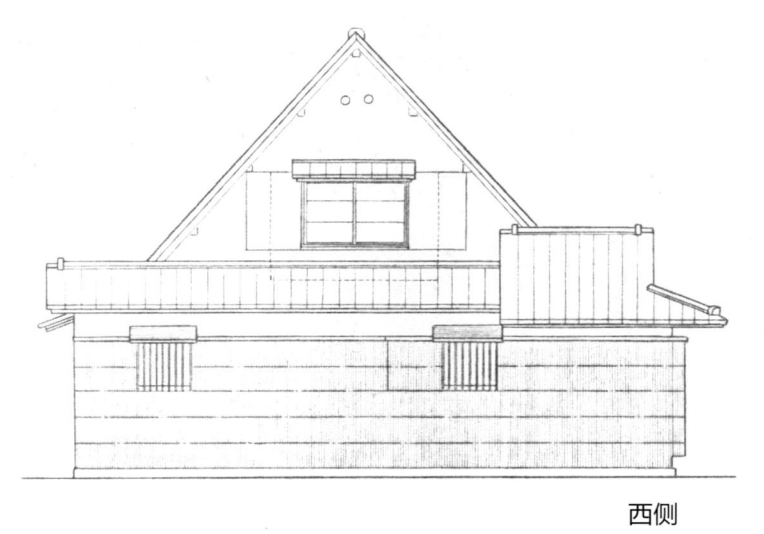

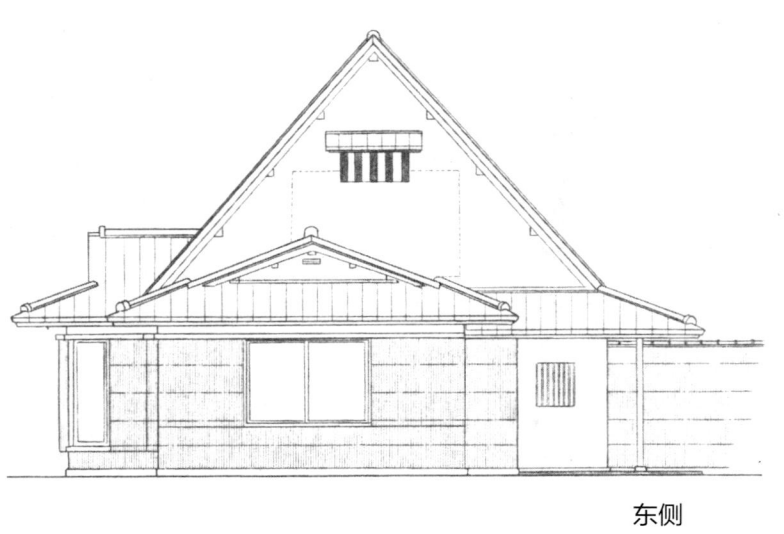

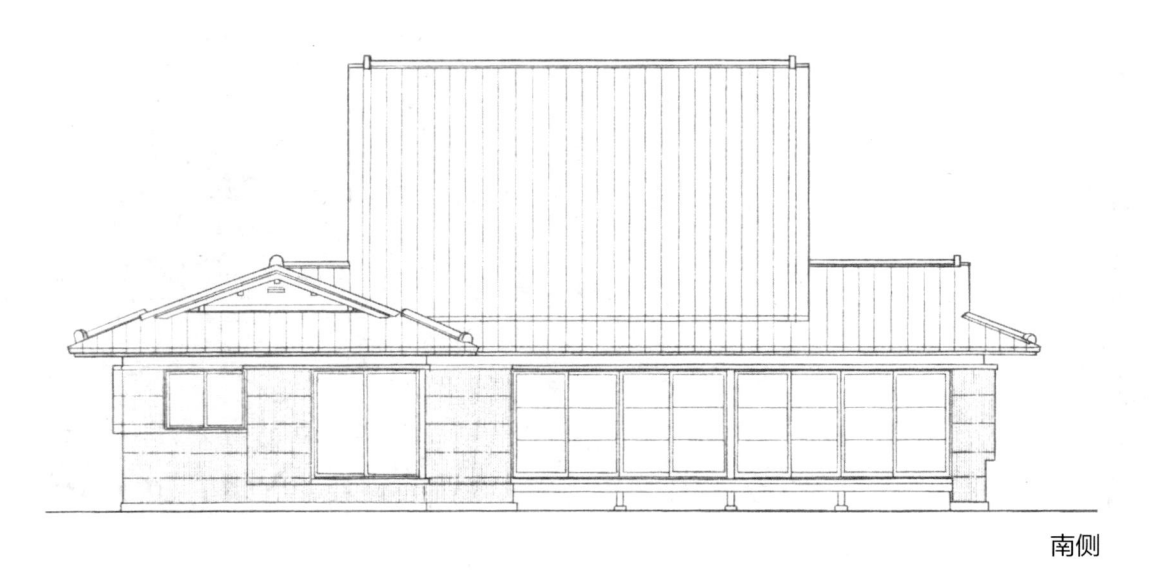

吉田邸外观图　比例尺1:100

吉田邸　实测图

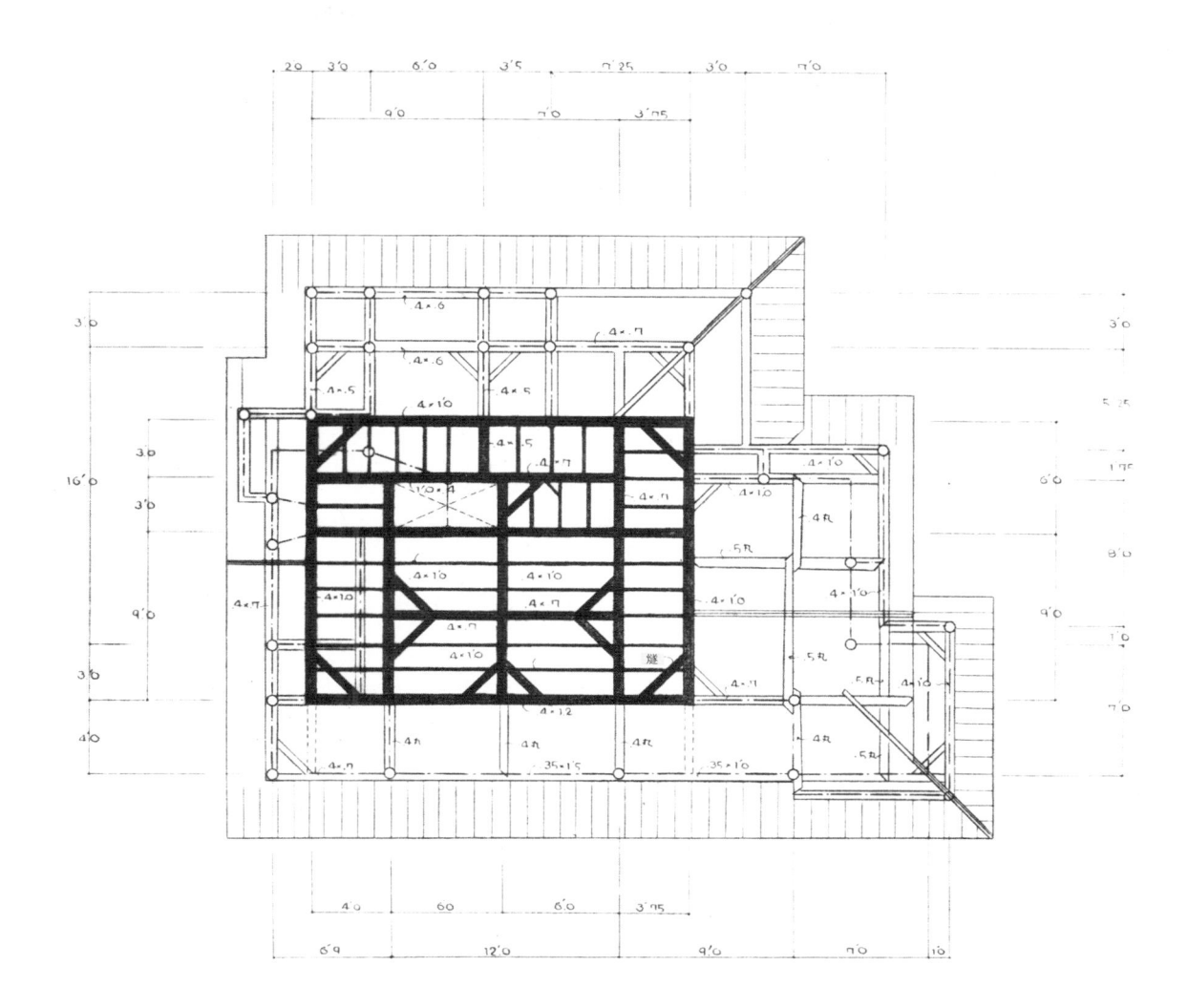

小屋俯视图　比例尺1:100

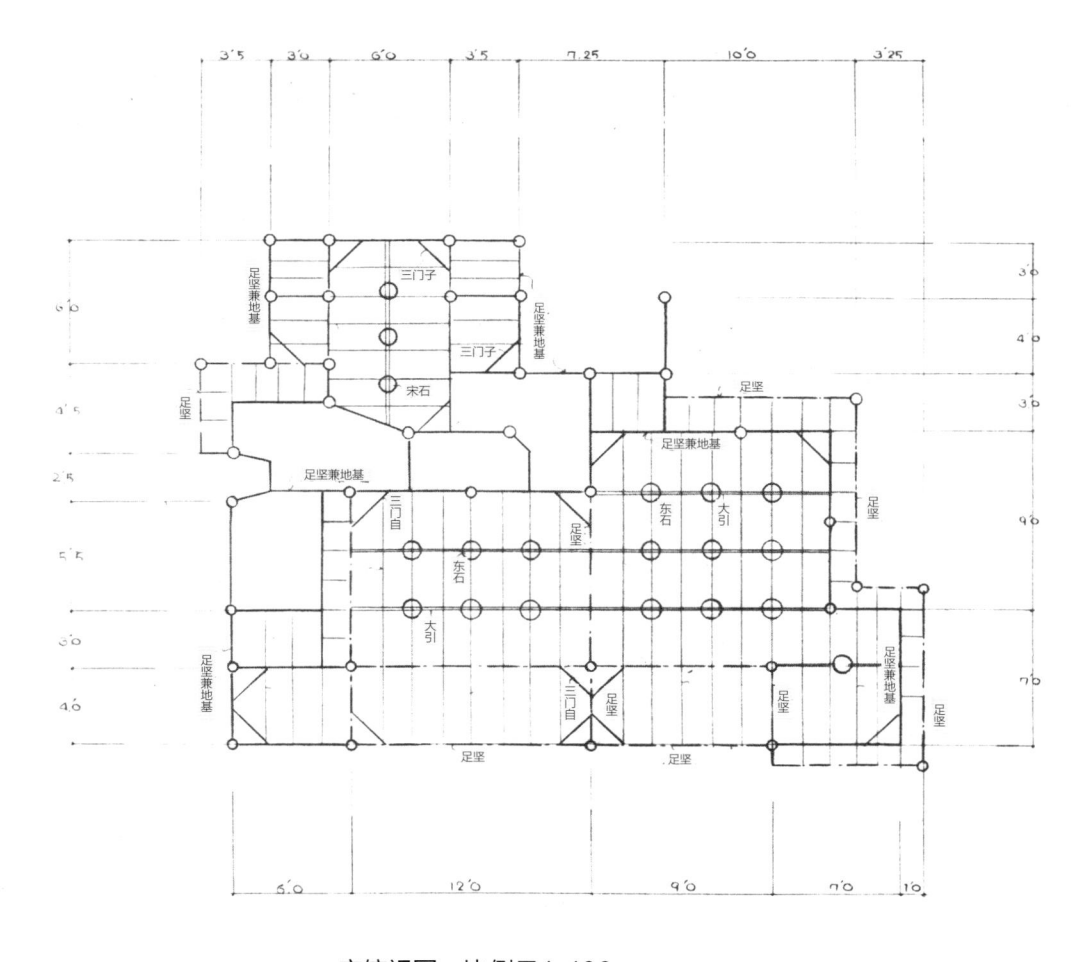

床俯视图　比例尺1:100

吉田邸　实测图

萩烧窑元坂仓家现今是第十五代。

据说现在的住宅是上一代时的建筑，只有主室是由上上代用江户末期的建筑移建而来的。临街而建的正门与露地门的萱门样式相同，其外观使人感受到屋主与茶道紧密相连的门第之势。不论是门内的大门前，还是玄关，都有着与之相称的轻快之态。

玄关取次的左边，主室八叠的入口处的四叠的东侧设有佛龛。此入口处作为寄付，为了能做茶事，还特意修建了露地和茶室。

茶室是由京都的数寄屋匠师笛吹嘉一郎建造的，由平三叠台目下座床、蹲口、矩折上的贵人口、天井的平天井、落天井和挂入天井的三段构成。中柱的上部虽说是自然弯曲，但不可否认的是，其偏离了棰挂，削弱了座席中的安定感。

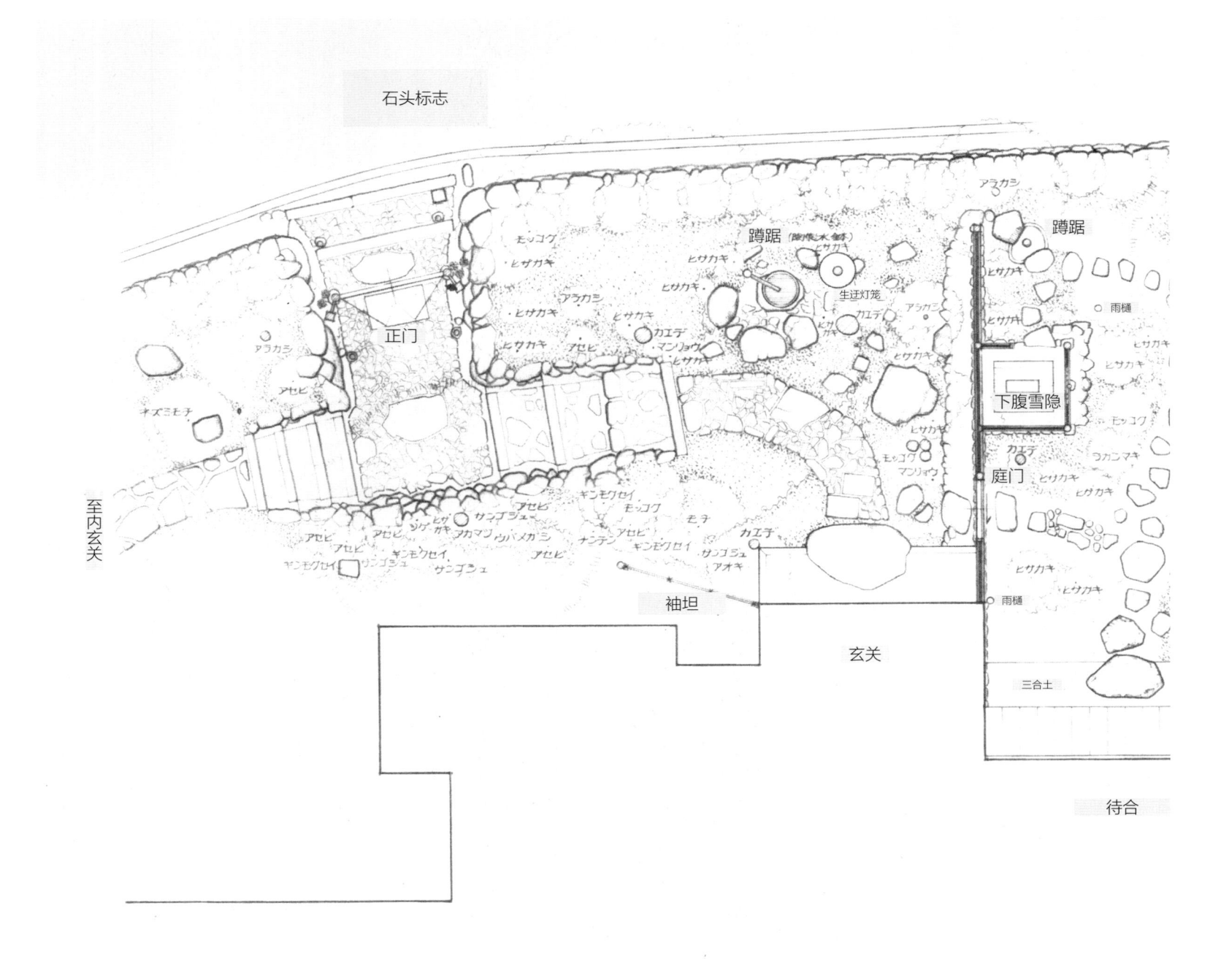

坂仓邸

所有者 坂仓新兵卫
所在地 山口县长门市
建筑年 昭和初期
设计·施工 建筑 笛吹嘉一郎

平面图　比例尺 1:80

坂仓邸　实测图

下腹雪隐 　　　　　　蹲踞附近

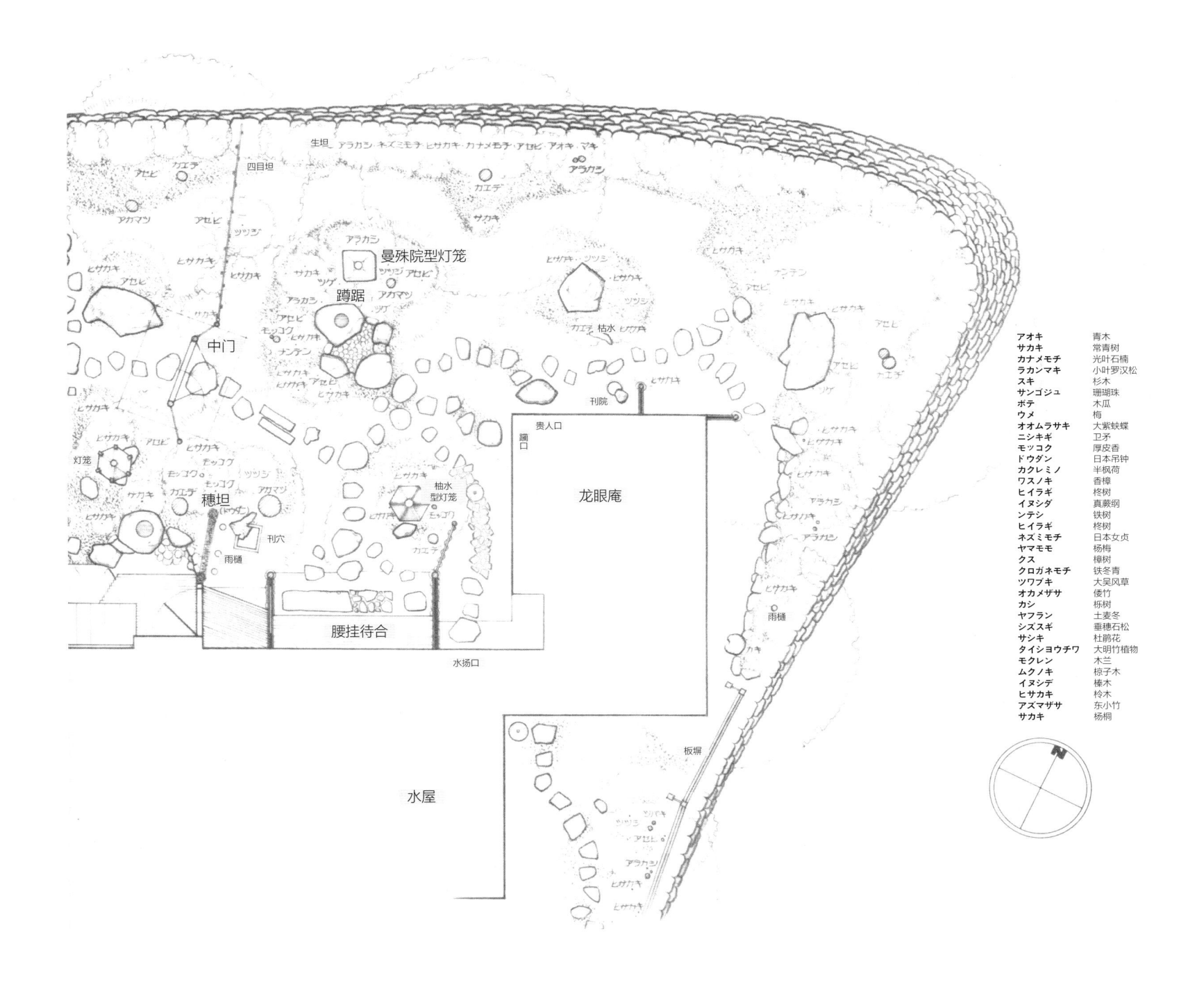

アオキ	青木
サカキ	常青树
カナメモチ	光叶石楠
ラカンマキ	小叶罗汉松
スギ	杉木
サンゴジュ	珊瑚珠
ボケ	木瓜
ウメ	梅
オオムラサキ	大紫蛱蝶
ニシキギ	卫矛
モッコク	厚皮香
ドウダン	日本吊钟
カクレミノ	半枫荷
クスノキ	香樟
ヒイラギ	柊树
イヌシダ	真蕨纲
ソテツ	铁树
ヒイラギ	柊树
ネズミモチ	日本女贞
ヤマモモ	杨梅
クス	樟树
クロガネモチ	铁冬青
ツワブキ	大吴风草
オカメザサ	倭竹
カシ	栎树
ヤブラン	土麦冬
シズスギ	华穗石松
サツキ	杜鹃花
タイショウチク	大明竹植物
モクレン	木兰
ムクノキ	椋子木
イヌシデ	榛木
ヒサカキ	柃木
アズマザサ	东小竹
サカキ	杨桐

坂仓邸　实测图

腰挂待合

入口手水钵附近

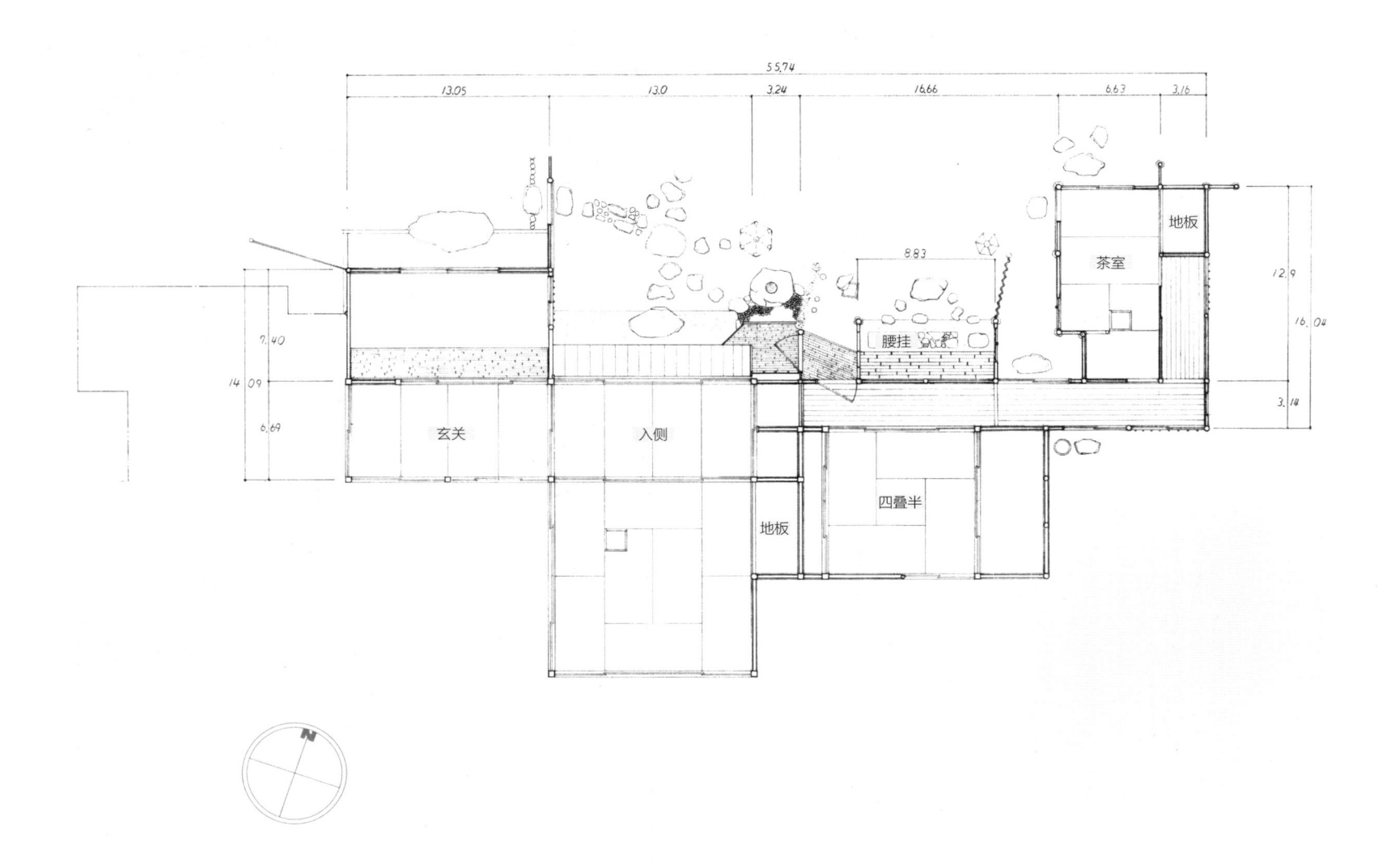

玄关、座敷、龙眠庵平面图　比例尺1:100

坂仓邸　实测图

通向龙眠庵的渡廊 　　　　　玄关之间　栏间 　　　　　　玄关土间

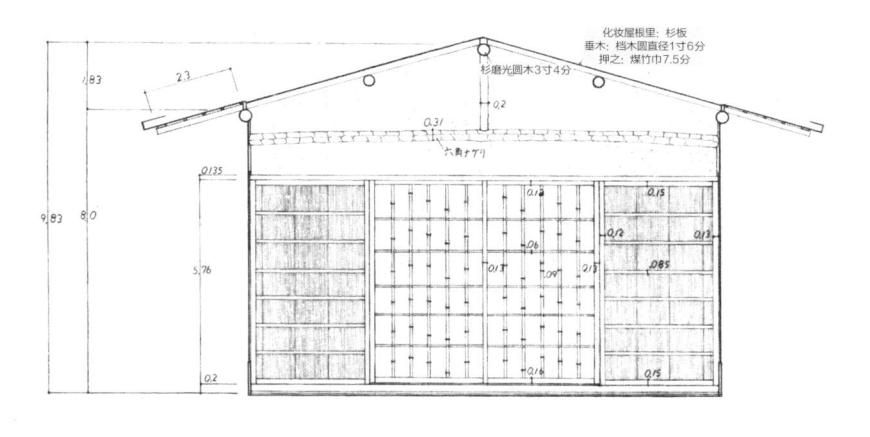

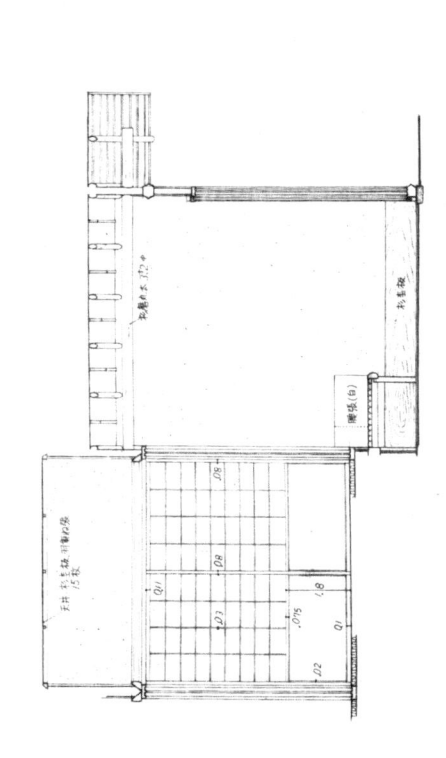

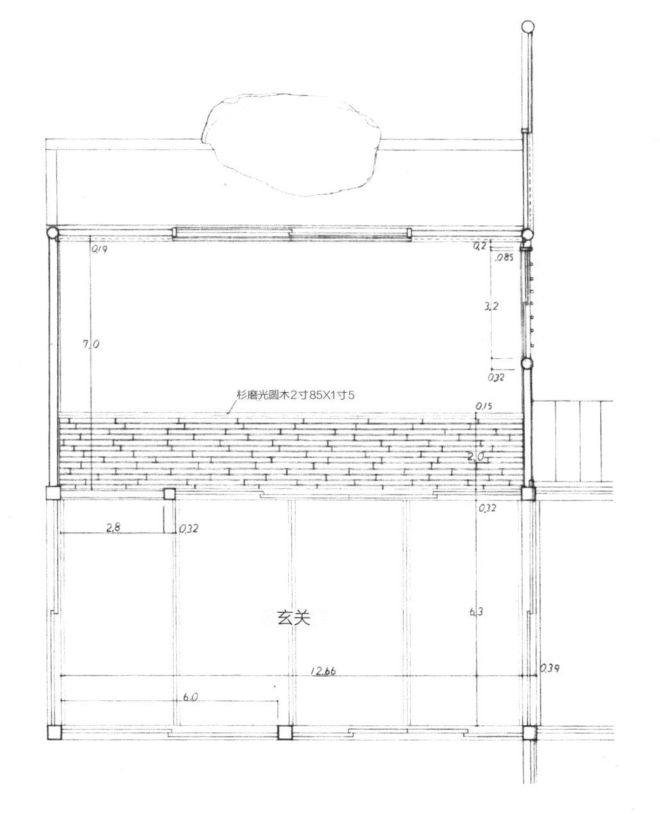

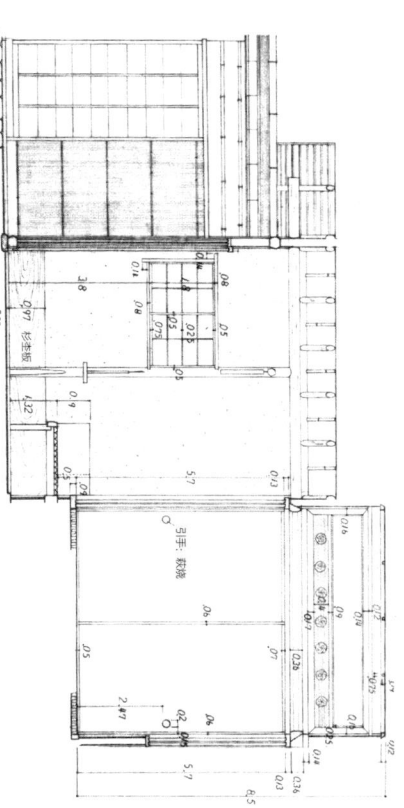

玄关平面图及展开图　比例尺1:50

坂仓邸　实测图

龙眠庵　从点前座看 　　　　　龙眠庵　房檐化妆屋根里 　　　　龙眠庵　外观

蹲口侧（内侧）

蹲口侧（外侧）

龙眠庵平面图、展开图
　　比例尺1:50

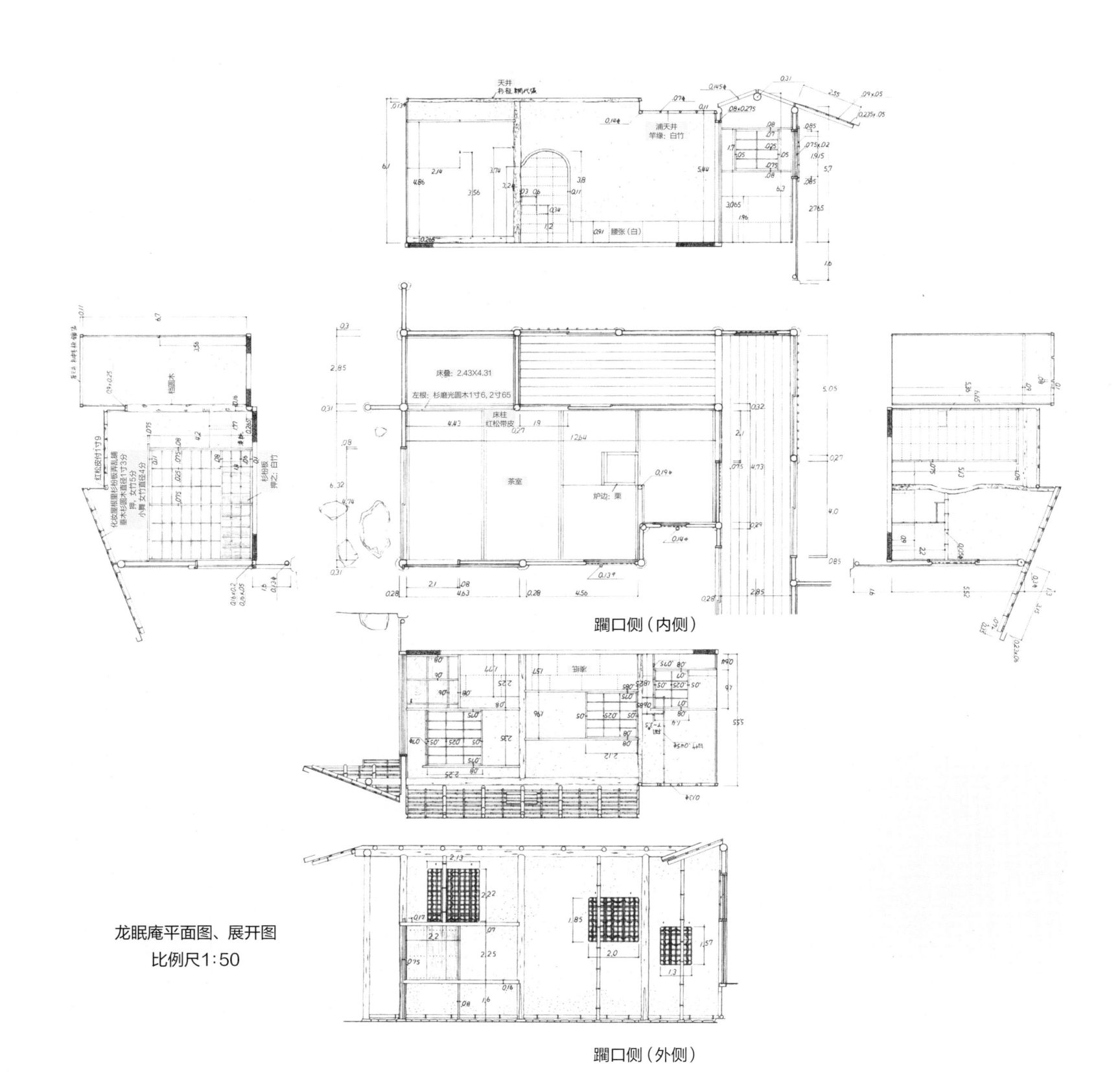

坂仓邸　实测图

田原邸

所有者 田原陶兵卫
所在地 山口县长门市
建筑年 昭和五十一年（1977年）
设计·建筑 田原陶兵卫 泉 吉藏
施工·建筑 山下寿雄 泉 吉藏

萩烧窑元田原家算上当代总计传了十二代。

田原邸现在的住宅是由当代的陶兵卫氏设计，是建于昭和五十一年（1977年）的新建筑。

座敷由两间八叠房和佛龛三叠构成，由西向东围着一间宽的入口。主室具有床、棚、付书院，次之间有七尺床，床胁作为叠敷，开有大大的下地窗，还有切炉。房间都带有角柱、长押付，长押带有宽大的面。主室的床柱为绞丸太，次之间立有红松皮付，主室的床框是用面皮涂黑，次之间配合有磨丸太。

据说，陶兵卫设计时考虑了将此建筑作为茶艺的练习场使用的方便性。因此，出于此种考虑围绕一间房的入口，内侧一半也设计成了叠敷。次之间的床与床胁的结构也是以里千家咄咄斋为范本。与茶座敷不相称的是，书院窗的手法和高广的天井高度。但似乎陶兵卫为了尽可能地保留老家座敷的特色，下了很大功夫，据说天花板的高度也是为了满足这个原因的必要条件。襖的陶瓷引手是陶兵卫的自制作品。

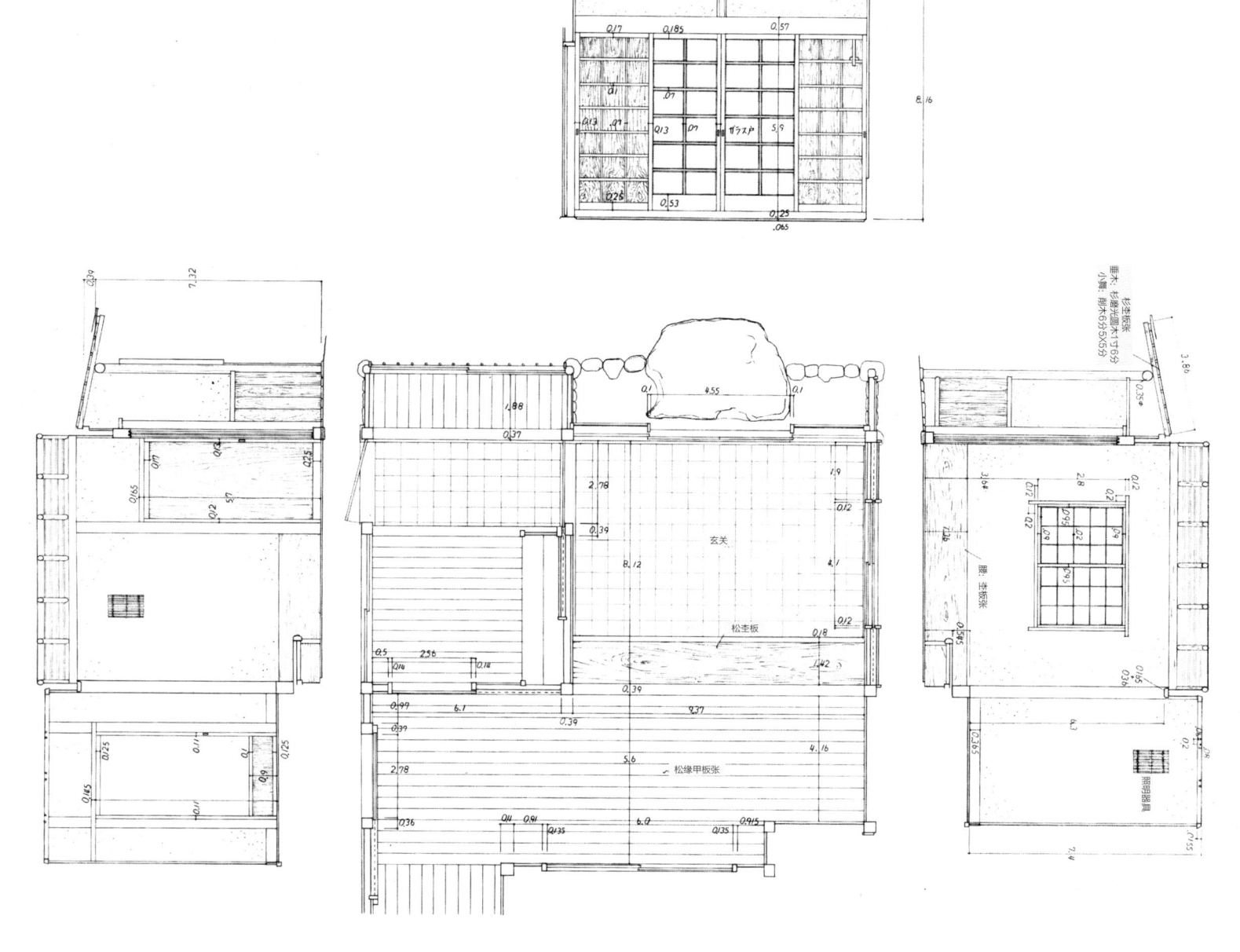

玄关平面图及展开图　比例尺1:50

田原邸　实测图

入口天井角落

入口和中廊下的交界

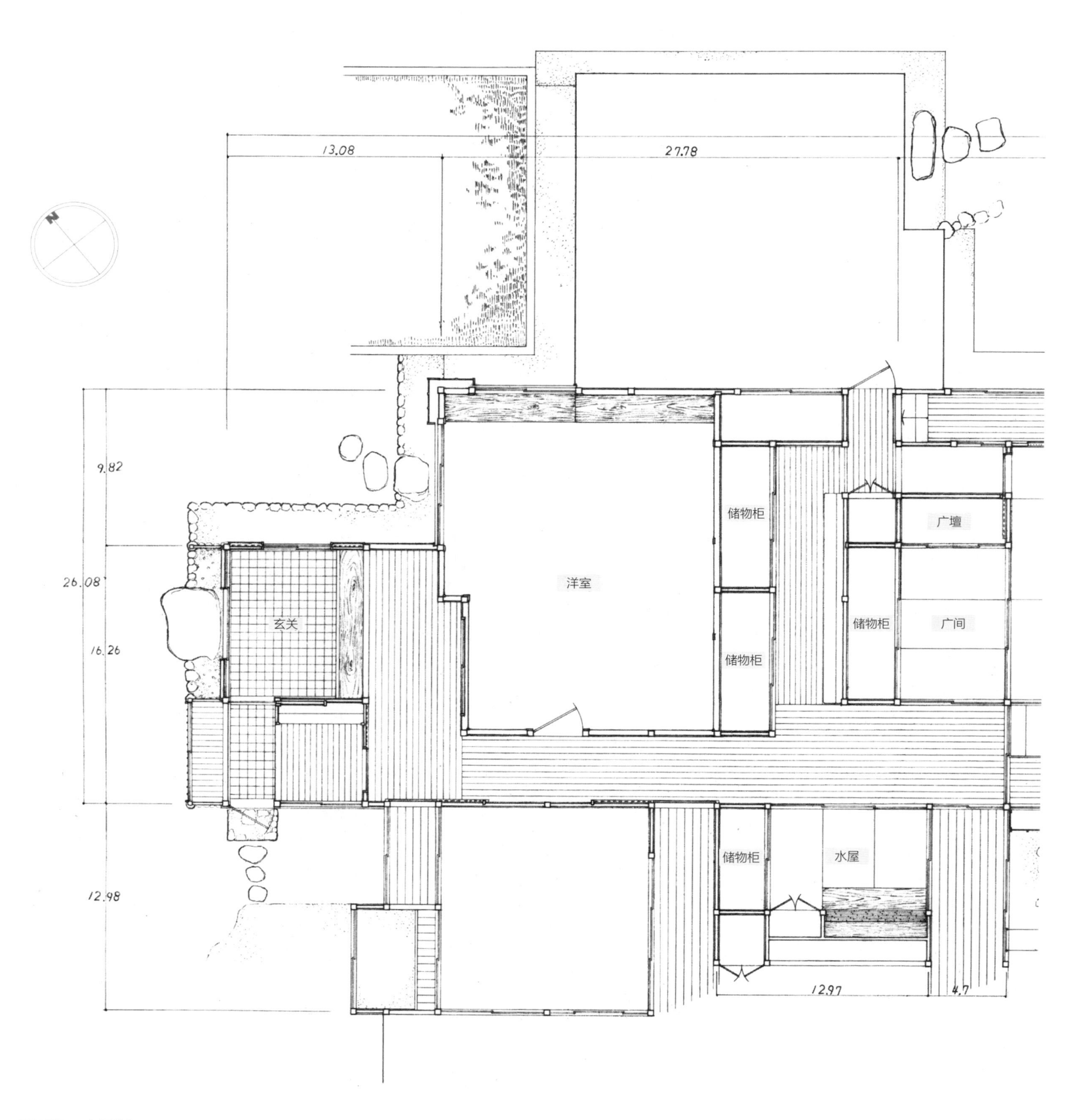

储物柜
广壇
洋室
储物柜
广间
玄关
储物柜
水屋

田原邸　实测图

主室 栏间

从次之间看主室和入口

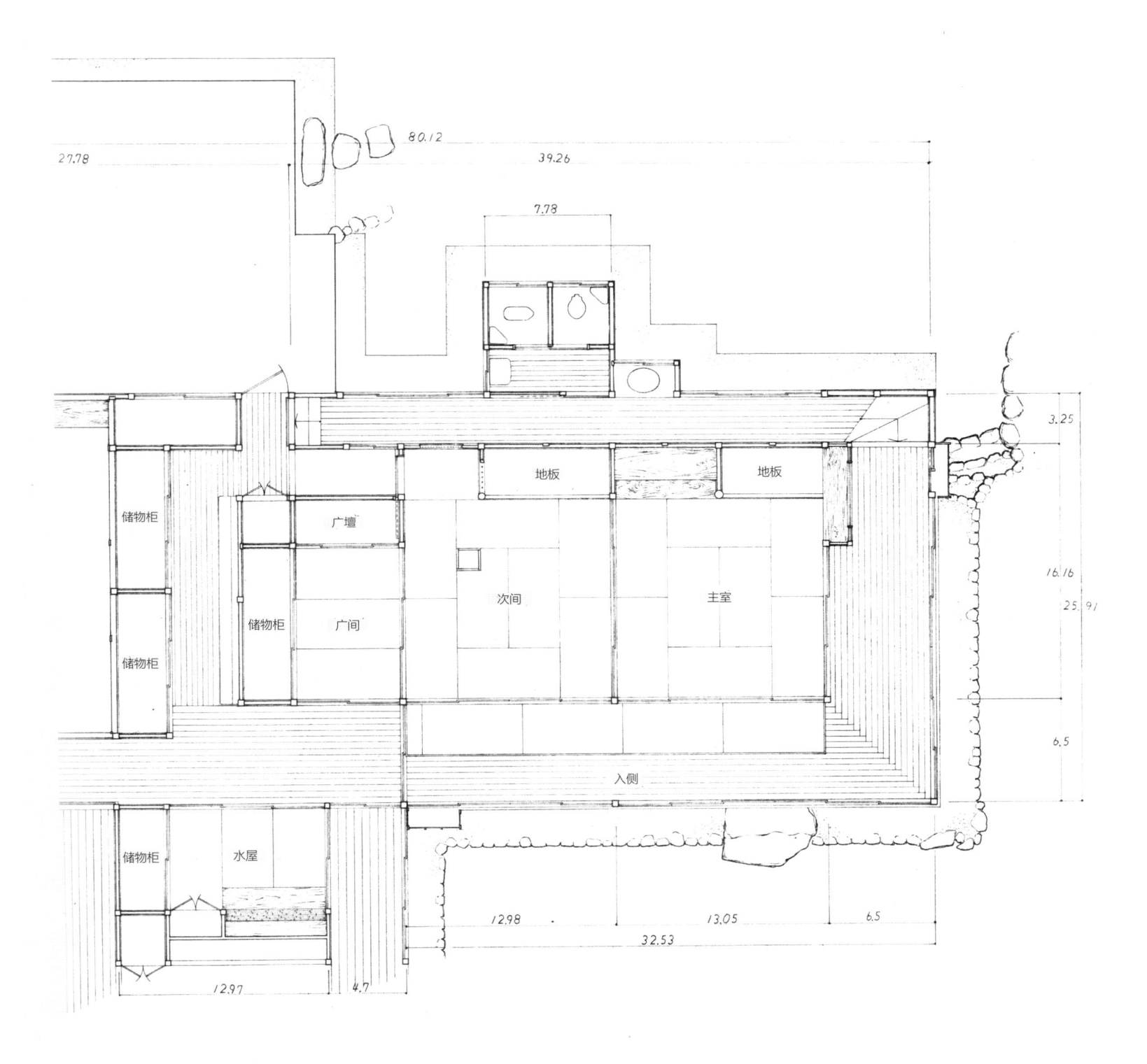

平面图 比例尺1:80

田原邸 实测图

主室、次之间平面图、展开图　比例尺1:50

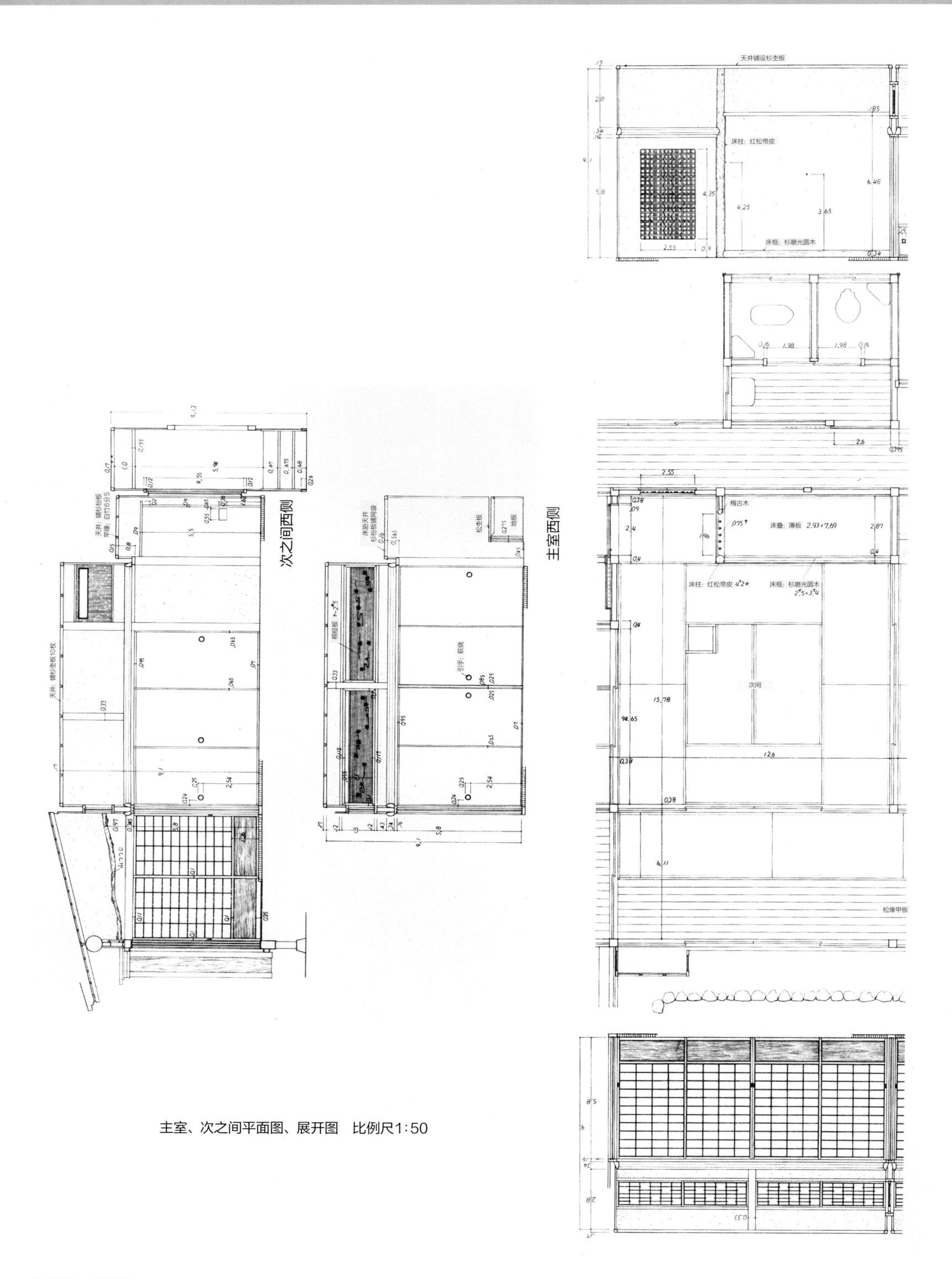

田原邸　实测图

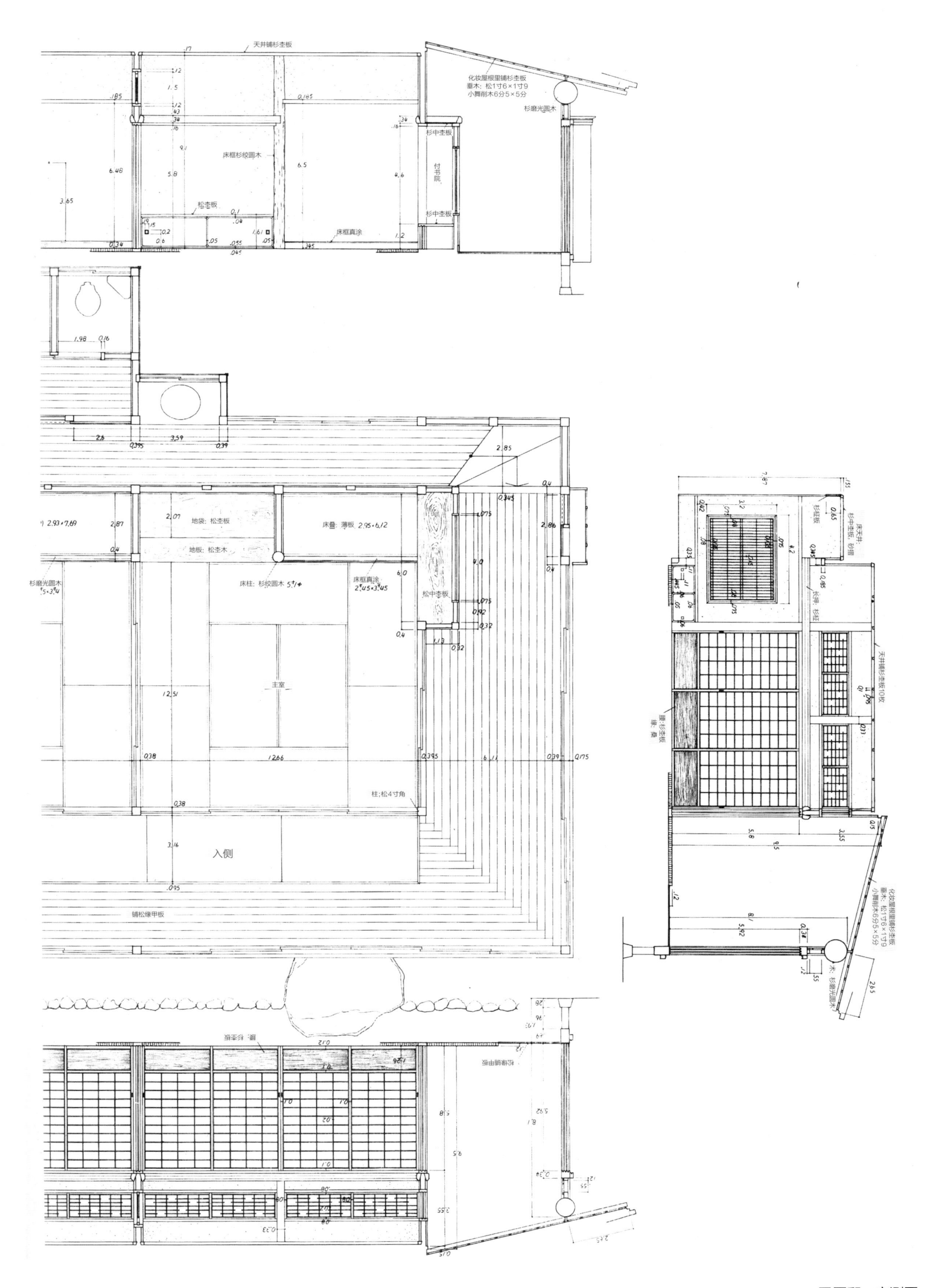

田原邸　实测图

水屋平面图、展开图　比例尺1∶50

田原邸　实测图

惜栎庄

所有者	岩波雄二郎
所在地	静冈县热海市
设建筑·作庭年	昭和十六年（1941年）
设计 建筑·庭	吉田五十八
施工 建筑	神田岩崎工务店 水泽工务店（改修）
庭	佐野旦斋

惜栎庄是一座能看见海的松林山庄。岩波书店的老板岩波茂雄对这个建筑倾注了他的热情。那是昭和十六年（1941年）的事。关于岩波致力于建造山庄的情况，小林勇作了如下记述：

"建山庄的理由是岩波在津田事件后猜测自己大概会被下狱，为了能忍受狱中生活，他觉得必须要好好锻炼身体。但同时另一方面，岩波认为他到现在也没怎么奢侈过，所以这次想稍微奢侈点。（中略）虽然是仅有三十坪的小房子，但是建筑家吉田五十八使用了上好的材料，但他并非是按照暴发户的兴趣爱好，而是尊重岩波的个人意愿，岩波认为钱可以花在细节之处，工程最终按照岩波的想法进行。（中略）座敷为八叠，床之间为三尺通的平床，看上去很宽广。床之间的材料是松木屋加上木板，宽三尺，长二间。这个床之间的板一块就花费了一万日币哟，岩波有一次这样跟我说。天井板也使用了控间和直通二室的一块杉木柾单板。（中略）喜好温泉的岩波，建造这个别墅时对浴室花的心思是最多的。汤槽和水池使用了黑御影。（中略）瓦是在三州特别烧制的，岩波认为如若雨落沟上用新的御影石，显得很没有品位，于是就把在京都某个旧房子里用过的旧物搬来了。其中敷石使用了那智黑。从门沿着山崖来到玄关有条小路，小路上用的是取自京都的白川。另外，墙壁用什么颜色，天井的栈的间隔定多少等，这些其实只要全部委托吉田先生就可以了，但岩波自己一个个琢磨，直到自己满意为止。关于汤槽的尺寸，岩波特意去箱根研究了一番，但在决定的时候，考虑到长子雄一郎，最后还是定了对自己来说稍有点大的尺寸。"

另外，惜栎庄的名字是由岩波命名的，源于至今仍保留在起居室前的那颗古老栎树，此名寓意着岩波要像爱自己一样爱这个山庄。

平面图

惜栎庄 实测图

玄关　回顾

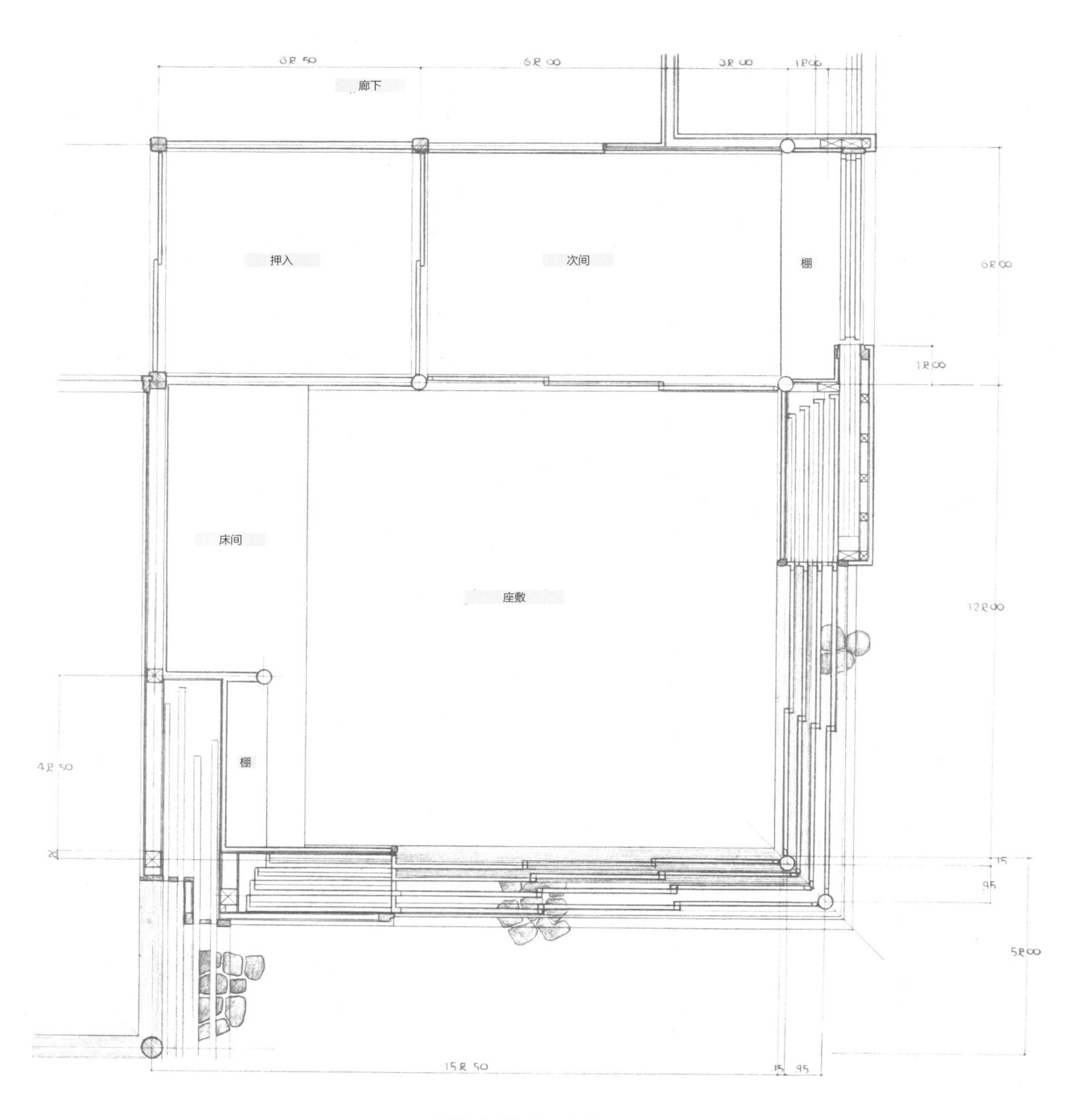

座敷入门详细图　比例尺1:30

惜栎庄　实测图

浴室外观 　　　　　　　　　座敷前雨落 　　　　　　　座敷和次之间交界的格窗

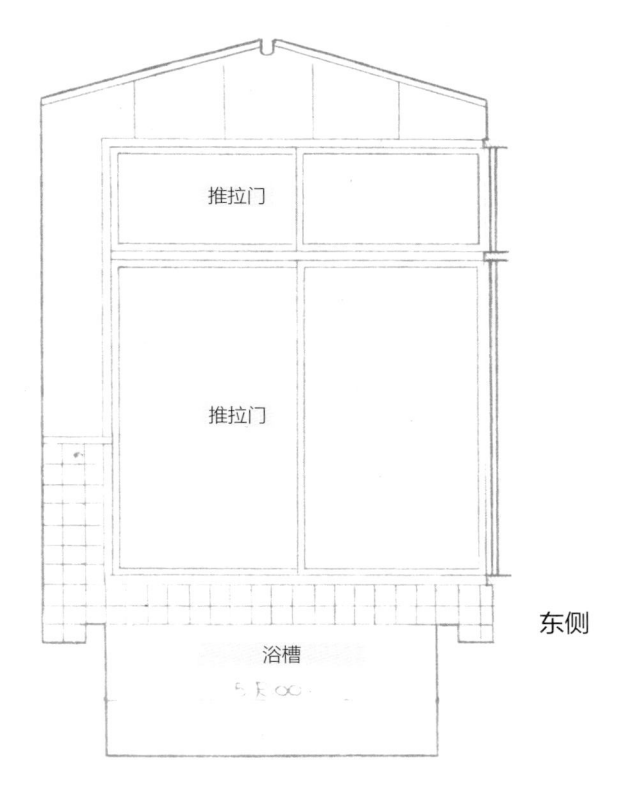

东侧 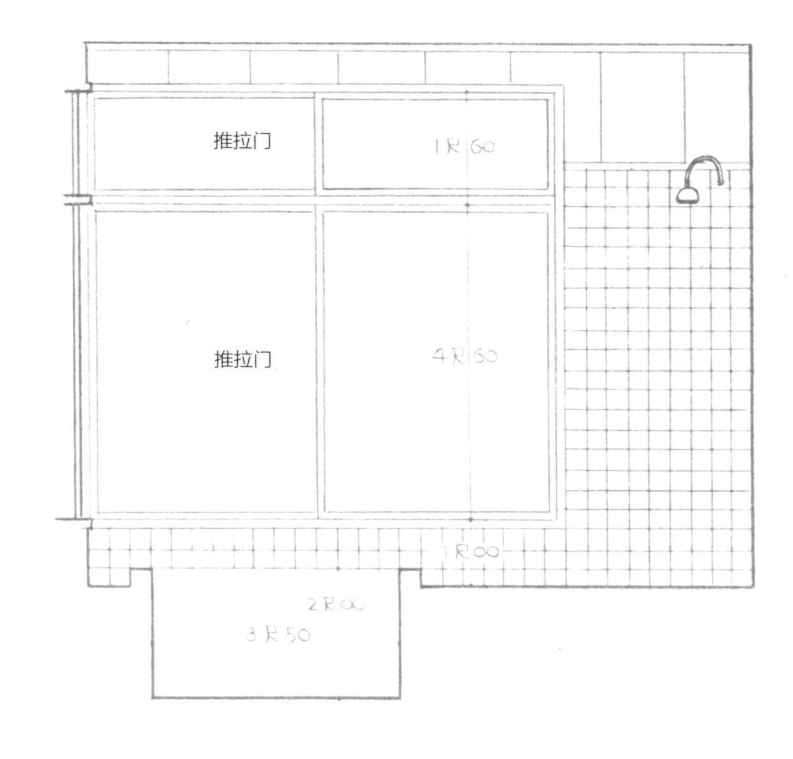　　　　　　　　　　　　南侧

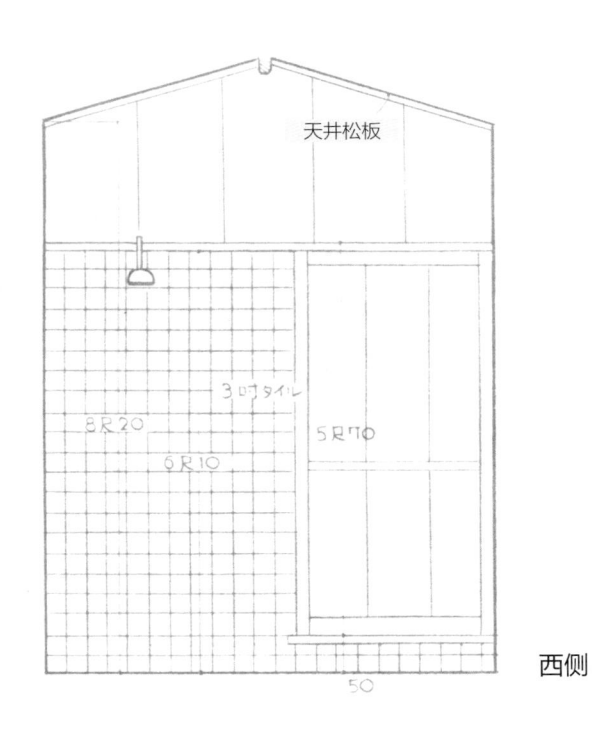

西侧 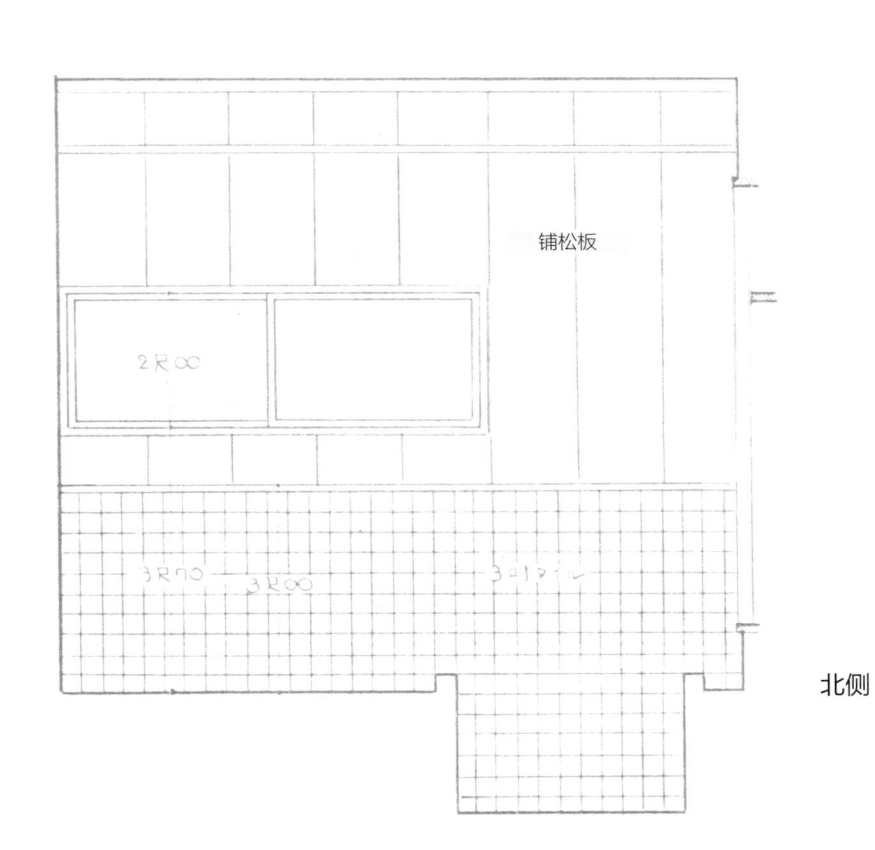　　　　　　　　　　　　北侧

浴室展开图　比例尺1:30

惜栎庄　实测图

浴室

玄关

座敷

次间

房檐矩计图　比例尺1：30

惜栎庄　实测图

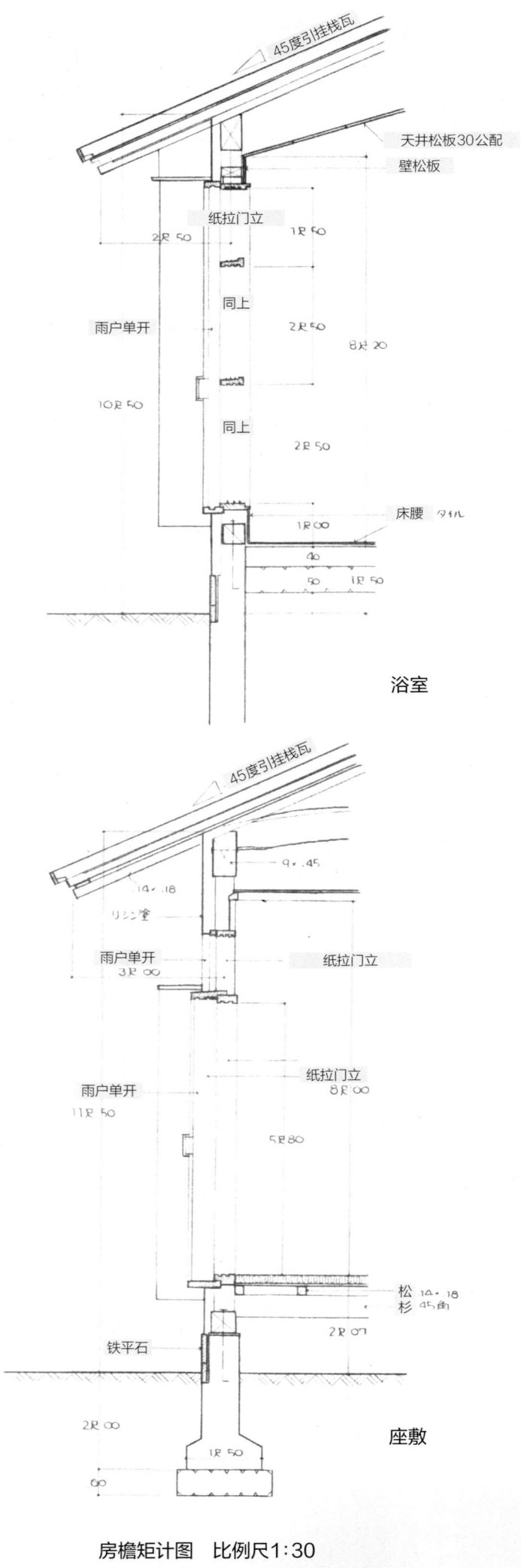

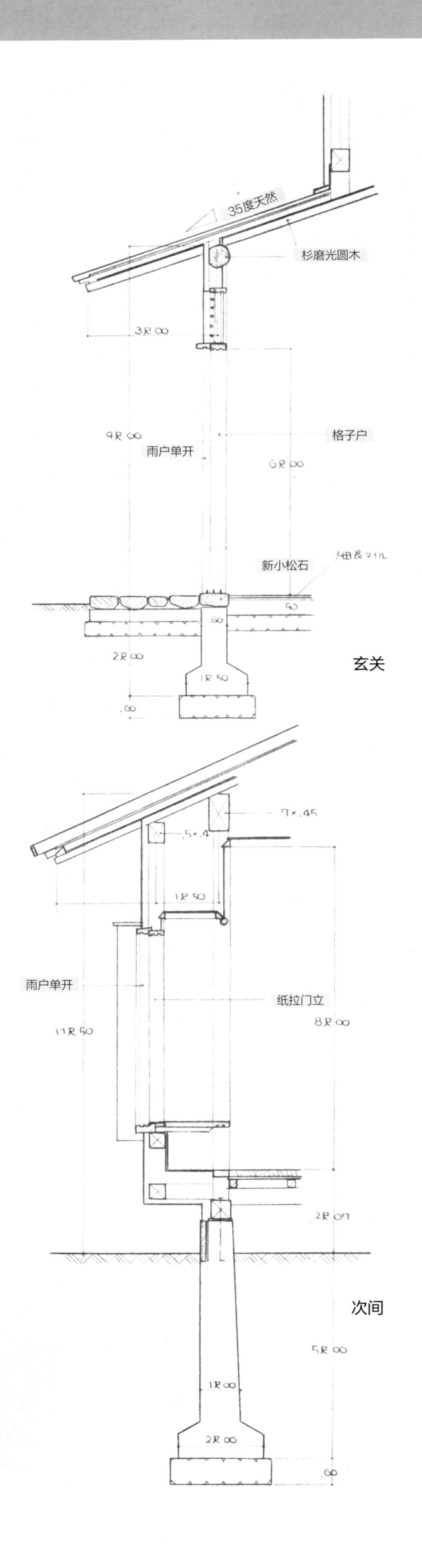

总论

茶匠与数寄屋建筑

中村昌生

我们不仅要考虑数寄建筑的特色，而且还要大力关注茶匠的活动。技术性的内容到底要做到什么程度，仅仅只是构思后画图，余下的全交给工匠吗？这些都要根据茶匠的能力和态度来区别对待。

但是，以前的茶匠为了完成茶道建筑，相当关心技术领域。茶道建筑要求与之前的匠人传统立场不同的设计和技术，因此茶匠必须和工人在一起，在技术方面也要下功夫。也就是说，茶匠必须兼任设计师和工匠，否则就不能按照自己的喜好来建造茶室。

如今有以数寄屋建筑为专业的工匠，但在当时，那样的领域并没有在工匠世界中细分出来，所以只能从其他领域的工匠中找到对此有兴趣的工匠，委托他们来做。人们认为在利休、织部、远州等知名茶匠的手里，培养出了专业的工匠，但所谓的数寄屋工匠这一领域，在那时还没有确立。如果有一个能培养出擅长这些技术的工匠的时代，那么就不会是一个低调的时代，不是吗？

在江户时代，统治京都工匠界的幕府木匠头中井家中应该也有能建造数寄屋的工匠，中井制作了各处数寄屋的实测图，但看到这些图，总觉得哪儿都不像是数寄屋专业的技术人员制作的，如此倒不如说真正的数寄屋工匠多数是在市井里吧。宽保二年（1742年），大德寺塔头玉林院中，大阪的鸿池了瑛建造牌堂（现为南明庵）和茶室的时候，牌堂和茶室的工匠负责人都分得清清楚楚。在那栋牌上写着：

本堂工匠　林重石卫门宗友

数奇屋锁之间工匠　远藤庄右卫门隆明

事实上，在牌堂（南明庵）和茶室的部分，施工技术被明确划分开。像这样，数寄屋建筑的工匠如果立场分化的话，茶匠可以通过工匠的协助，大幅度减少工作内容。如果没有这样的工匠，或者工匠必须使用自己并不习惯的手法和材料的话，那么茶匠的辛苦也是非同一般。不得不说，在数寄屋建筑还没形成专业化时，茶匠在技术内容上也必须要拥有很深的造诣。

毋庸置疑，在丸太建筑中，各式各样的丸太的选择是件很重要的事。即使选定了丸太，但设计者和建造者不是同一人，立起的柱子也不一定会像决定者想的那样。如果设计者把丸太的表皮情况、节的情况展示出来，即使考虑到选择了这样的丸太会给景色增添许多妙趣，但实际上也并不知道工匠会不会这样使用。为了将选择丸太时的想法原封不动地体现出来，无论如何都应该是设计者与建造者一同施工。为了奈良的松屋，织部特意在床柱和中柱的木材上做了丰富的打墨后才寄出。这对于喜欢茶室的茶匠，也是理所当然的责任吧。严格说来，如果不做到这个地步，是无法将自己的喜好实际刻印在建筑上的。如何将每个丸太自带的自然生长的特征灵活展现，设计图中并不能表现得那样细致，因此，即使按照同一张设计图建造的茶室，根据其选材和制作方法的不同，也有可能诞生出个性迥异的茶室。

在工匠的工作中，怎样在选材上打墨是一项非常重要的工程，这就取决于这个工匠的经验和能力了。因为打墨者掌握着材料的生杀大权，比如床柱和中柱，在室内显眼的柱子上，打墨的效果显得特别明显。

初期的茶匠在茶道的所有领域都很有创造性，后代的茶匠也以前辈为范本学习技术，但在建筑和造园方面也有涉猎的茶匠却逐渐减少了。尽管经历各种磨炼，能支撑数寄屋建筑传统的茶匠还是寥寥无几。

茶匠为了将自己的想法和喜好实际体现在建筑上，不仅要会制作房屋结构图和立面图，还要理解掌握建筑相关的技术领域。但是，这种学习过程相当困难，除了实际积累经验，还要跟着工匠学习。

某位近代的茶匠，在学习茶道的过程中，孜孜不倦地实测名席。他独自对桂离宫各个建筑进行了细致的素描和测量，然后制作了庞大的野帖，表现了十足的毅力和热情，就算是今日的建筑专业的学生也是惊叹不已。这就是作为茶匠对建筑活动基础的训练工作。现如今流传着久田宗全的指示图册，这是当时类似主要茶室实测野帖类的图册。

面对细节差异必须做出选择的茶匠，最需要的是通过实物来锻炼自己敏锐的眼力。总之，在掌握了建筑的基础知识和感觉的基础上，才能进行创作的修炼。

茶匠必须能担当委托人的咨询对象，这些委托人往往拥有相当于茶道级别的见解。必须从茶道的立场入手，总结委托人的构想和需求，设计出条理清晰、非常合理的结构。茶匠被咨询的内容不一定只有茶室和露地，还有可能会涉及包括这些在内的某些地方，甚至可能被全权委托设计整个住宅。在按照茶道的礼仪礼法，进行符合茶道之心的结构设计中，茶匠的设计得到了委托人的全盘信赖。与现代建筑师的计划法不同，以茶道为基础，结合房屋风水、禁忌等世俗习惯，可以说设计图中展示的是深深扎根于生活的传统，其中还有着茶匠的拿手技艺。茶匠的喜好全部通过这张草图来体现。茶匠将所作的决定事项写在这张图上，委托给工匠来实施。委托者也可以根据这个草图在脑中描绘出即将建成的建筑。

像这样，指导茶室和居所的应有状态，在居所中发扬茶道生命的工作，作为茶匠，没有比这更有价值的工作领域了吧。正因为如此，要想培养出这样的能力必须经过一条艰难的成长道路，而能达成这一目标的茶匠也日益稀少。

近代的数寄者中，在建筑庭院造诣精深而又喜欢建筑的人已经很少了。倒不如说这些也就成了成为数寄者的条件。但是，数寄者并没有像茶匠那样积累技术上的修炼，也不需要达到具备专业技能的程度。仰木鲁堂帮助了数位这样的数寄者来建筑茶室，以益田钝翁为首，从明治到大正、昭和，一个接一个地帮助建造了数位关东著名的数寄者的建筑，获得了高桥审庵的信任。鲁堂对东京文京区音羽的护国寺的经营也做出了不遗余力的贡献，在茶苑的形成中也倾注了全力。但是鲁堂不是工匠，他吸取了数寄者的想法进行设计，并指定了工匠。也就是说，对于数寄者，他扮演着茶匠的角色，可以说填补了数寄者在建筑造园专业技能上的空白。鲁堂将数寄者的茶道和工匠的技术进行了结合。不久后，现代的建筑师也担负起了鲁堂这样的责任。

吉田绍清（1884—1966年）非常喜欢竹田邸，他是家中第三代，以茶匠身份活跃在尾张地区，是特别擅长建筑和庭院的千家的茶匠。正如竹田邸也包含了洋室的设计一样，茶匠负责的不仅是茶室和书院的设计，还时不时得设计住宅整体。在关西，木津宗诠（三世）同样作为茶匠闻名于世，他留下的设计图不是草图，而是加入了透视感的展开图。

在京都有近代初期作为茶匠频繁进行活动的茶道代表三千家和敷内家，也有代代流传的茶屋，还有保留有流派先辈喜好的茶室、露地、居所。这些建筑与其他残留下来的优秀建筑一起，指导并精炼了各个时代的数寄屋建筑。京都的数寄屋建筑的所有技术都是在这样的文化土壤中培养出来的，这一点必须引起关注。

数寄屋庭院
西泽文隆

前言

说到数寄屋，大家似乎都会说"哦，就是那个……"，似乎大家都知道，可更进一步追问的话就马上含糊不清了。它就是这么一种似是而非的东西。事实是，一说到数寄屋，有人会想起茶室，有人会想起书院。所以，如果不先明确数寄屋的内容，就不能谈论数寄屋的庭院。在平凡社的《数寄屋的庭院》中可以零散地看到很多茶庭的照片，茶庭是茶室的露地，确实是为数寄屋的庭院设计做了很大贡献，但很明显这并不是数寄屋的庭院。因此，首先必须要弄清数寄屋到底是什么，如此一来就可以清楚知道数寄屋的庭院是什么了。

在众多学者前辈中，像我这样才疏学浅之辈辈直觉独断专行是极其危险的，但我认为门外汉的独断方法在现在却是有效的行为。

让我们站在这个立场，回顾一下日本的住宅历史，穷究一下数寄屋到底在什么位置。庭院和建筑有着不可分离的关系，因此我认为如果每次叙述的是与建筑相对应的庭院的话，那么讨论建筑即讨论庭院。

封闭式住宅的蜕变

住宅大致分为两个方向。一种是把大自然整个隔绝在外的封闭式住宅，另一种是以与自然亲近并享受生活为主体的开放式住宅。原本最初阶段住宅出现的主要目的是从自然的威胁中保护身体，是确保安全的居住空间，因此前者是住宅的初始阶段。但随着人类智慧的进步，人类开始具备能够自由操纵自然的力量，慢慢就达到了住宅后面的阶段。建筑的结构是炼瓦组成的，还是以木造柱梁组成的水稻结构（也有称为子关式建筑）呢，与这些问题完全无关。当时只拥有开大面积窗口的技术，原始生活中白天大多都是外出活动，几乎没有室内工作，天黑后进入室内确保安全睡眠即可。在以木造为建筑主体的日本，最初的住宅大概就像现在登吕遗迹中看到的那样，是稍微向下挖出洞穴的竖穴住宅，用棰整体和扠首组合构成，是只有外见上屋根的住宅。住宅只有两个开口，一个在栋之妻上开口作为烟囱，另一个就是进出门口，这种是没有窗户的住宅（称为天地根源造）。在那个时代，建筑完全采取隔离自然的外观，室内外的联动等几乎不存在，住宅更不可能附带庭院。

但是，在日常茶饭之时，有些常用香辛料和其他一些常用物品放在身边会比较方便，又或是想把近距离观赏的花木移到近处来欣赏，这肯定能办到，虽然住宅外面几乎都是自然原始状态原封不动，但多少也会进行一些自然的人工化。

进入奈良时代后，由中国传入了宫廷样式。在中国，一般平民的住宅不是炼瓦而是土造，这与从南欧到近中东地区的组积造没什么两样，但只有宫廷采用木造的楣构造。也就是说，只有高级建筑才用木造结构。这种建筑在外部用了炼瓦和砖堆积，乍看像是组积造，其实主要结构是由柱子、房梁形成的框架结构，即楣结构。炼瓦的墙壁使用幕墙，妻部离外围的柱子稍远一点，炼瓦堆积到屋根瓦下面，但是平部和窗下同样堆积着炼瓦。在奈良时代，建筑采用这种中国样式时，没有用这种炼瓦的幕墙。这也许是因为当时建造都城很急，筑好墙后没有多余的时间去等待烧制的炼瓦，又也许是因为感觉在夏天潮湿闷热的国土环境中，敞开了会更舒服吧。

关于宫廷的主要建筑，一般柱子置于基石上会摇动，故还会立一根掘立柱。容易开窗的楣结构，在日本闷热的环境中真的是非常方便，至少在首都周边全面采用了这种结构。这个时代的窗户理应采用高腰式，床采用全面开放式，这种住宅形式在日本渗透到一般老百姓的生活中，这也是近代以后的事了吧。即便如此，由于柱子和房梁的轴组结构，非常有利于随意自由地开窗，所以我想即便持续沿用高腰窗，在一般老百姓的住宅中，还是会舍弃天地根元造而转用轴组结构。

从橘夫人的住所就可以看出，即使是贵族的住所，在奈良时代窗户也使用高腰式，而与外部的接触设置在了环绕房间一圈的广椽中，以及在广椽外围带的簧子椽中。人们可以到这里来，与自然进行各种各样丰富的沟通交流。在近年发掘出的平城京左京三条二坊六坪的住宅中，可以看到面向遣水开设有广厢。此厢围绕主屋一圈，因此它正确的使用方法是怎样的，都用了怎样的建材用具，如何装卸都还不确定，但是此厢在外面带有列柱（即广椽），估计能起到观赏庭院的阳台的作用。母屋和厢已是寝殿造式。我们以为迄今为止被称为"岛大臣的马子"的飞鸟川畔的私宅和草壁皇子的橘之岛的皇宫这类建筑，只是一时心血来潮模仿中国的庭院，但三条二坊六坪壮丽的遣水的技艺程度使人们的想法为之一变，草壁皇子的庭院其实也是寝殿造样式的庭院。也就是说，即使用了高窗将之与外部隔离，但在阳台上，似乎人与庭院的相互交流已经完美地实现了。

被打开的住宅——寝殿造

进入平安时代后，住宅形式突然转变，形成了所谓的寝殿造形式。根本的变化点是拆除了柱子之间安装的外墙，转而安装了蔀户或半蔀，虽然可以关闭，但平时将其吊在里面或外面的上方。半蔀的话下半部分会留一半，但是可以取下来变成全开。虽然建筑是一屋一结构的，但这些房间用走廊紧密相连，这样就不会被雨淋湿，也能自由地从一间走到另一间，这也是寝殿造的特征。这个连接的走廊只有中门廊是有一面靠墙而建，它是为了区分前庭和南庭而设，虽被称为壁廊，但一般两面是空的，是透廊。寝殿的东南面和西南面带有两开门的唐户，侧面有一堵墙，墙上带有一扇由内而外为沟通而设置的连子窗，而其他全部都是蔀户，可以全开，因此这种住宅几乎是开放的形式，能和庭院空间实现一体化。只有床会像浮在庭院上一样保留不动。建筑的外围环绕着簧子椽和高栏，将人的居住空间和庭院空间严格区分开。因为没有设置天井，光一旦照射在庭院中，会由庇反射至床，又由床再次反射至幽深的小屋内，屋内便会光影婆娑。这种柔和的光才是日本建筑空间的灵魂。

房间中除了靠东北面有一个被称为漆笼的纳户、围绕寝室有个围栏以外，其他完全是一整个空间。在这宽广的一室空间里设有台子、几帐、肝风、衡立等与空间相匹配的摆设。这种称为铺设，通过移动家具进行摆设。这些不会完全包围空间，只创造出需要的最低限度的私域空间。空气在这些空间内水平流动，更突出强调了一室的空间。

全包围结构的庭院并不受欢迎。这是为使所有空气都能水平流动而做出的细致的考虑，需要隐私的时候支起立蔀。立蔀放置于室外的衡立上，只是一个遮挡，但并不是非常隐私，仅是维持礼节勉强用来遮挡身体而已。仁和寺的宸殿东面，与东筑地塀之间有庭院的仕切（隔断），这个仕切是从筑地和宸殿的直角稍微交错竖立而形成的两个仕切，没有装扉。人从这两个仕切之间曲折通过，是一种虽看不见对面但空气能水平流动的结构。

主屋和渡廊相连，但也绝不紧贴。也就是说不能黏在一起，渡廊的屋根远离主屋的大屋根的庇并从下方插入。使两者分开不粘连，相互隔开后中间空隙就会透光，产生深深的阴影。这就是寝殿造的细节之处，可以说这是将日本空间做出明暗效果的根本手法。

空间也不只是单纯的打开和扩大。借助深庇、柱子、蔀、御帘、软障、簀子椽、高栏、铺设等物，稍微进行遮掩，反而做出了视觉上的空间扩展。取走交叉枝，取走枯枝和徒长枝，使树木的姿态变得朴实无华，在空气通风良好的状态下做出的树木样态，称为通透。而在通透状态下，树木根据情况，反而会产生空间的流动感。

通过透绫看对面时，对面的空间看上去高端大气，御帘、软障和格子也发挥着同样的作用。在寝殿造中这些手法常被广泛使用的原因，并不是单纯将空间拓宽，而是通过在中间设置对面可见的遮蔽物，使空间在视觉上产生深度延伸的一种表现手法。

跟建筑被打开又被穿透一样，庭院也被打开穿透形成统一的空间。遣水由东北向南，再往南池悠缓地蜿蜒而过，穿过建筑物的床下，贯穿整个敷地，鲜明地展现了被筑地围绕着的敷地形成一个整体充满整个空间（为了营造床下有流水的真实感受，此处抬高床作了个反桥）。另外，在遣水上架起了桥，配合着岩石和秋草等物做出自然的姿态，但那并不是无节制生长的繁茂自然，而是配合着人类的秩序，调和出建筑的秩序。在此可以清楚地看到，整个敷地被融入明亮的空气中。只有南池的对岸树木自然繁茂，其他的可以看作是为了配合寝殿造而做的安排。也就是说，正如通透的建筑一样，庭院也通透明亮。围绕建筑包围着一圈壶庭，但在透廊中至少有一面是通透的，所以壶庭也并非完全被孤立。随着空气的水平流动，庭院也会水平律动。

书院造的隔断

继寝殿造之后出现了书院造，在书院造和寝殿造中间还有主殿造。主殿造是书院造加上寝殿造的中门廊之后的样式，前端从表面看建有大门，庭院是通风舒适的广阔空间，床上平贴着榑板，呈现出钓殿一样的外观，架设在池塘中（钓殿与周边平行贴有簀子椽）。从里向外看，广椽从右侧突起像个半岛的形状。在正面入口一侧，也是寝殿造的中门廊形式，正面是唐户，左侧是连子窗，其他部分是半蔀，内侧是明障子的推拉门，里面是寝殿造中壁廊的延伸。面向南庭打开，与之相对的是叠敷的位置，是向左不断延伸的一个内部空间。继下段之间和上段之间，最深处是押板的床之间和违棚，左侧是上段的叠敷出书院，对面是武者隐的样式，现今还能在暗城寺的光净院和劝学院的主殿中看到。

主殿造随着叠和进户的发展，结合住宅的功能分化，依次逐渐演变为寝殿造、主殿造、书院造的样式。一般认为，寝殿造的柱子之间用襖隔开，铺上叠的是书院造。也有人认为，假如改成推拉门样式的话，那么仅一室空间的寝殿造也能实现空间功能分化，可以分成许多房间。事实上，如果看一下从镰仓到室町时代早期制作的绘画卷轴的话，会看到寝殿造被分隔的情况。但其实，这只是看起来如此。在书院造中，每隔一间房建有柱子，这些柱子之间采用了三扇舞良户夹一扇明障子的三本沟的形式，如果将舞良户全部关上，那会形成一个完全漆黑的房间。另外，如果拉动三扇舞良户重叠在一起，房间就能形成光光线明暗交替的室内空间，虽然在一定程度上有种明亮的感觉，但封闭感也相当强烈。从这种感觉上来讲，留下每隔一间房的柱子，拆除柱子之间的墙壁，这就是书院造。有人质疑，这难道不是原本封闭的平民住宅才会有的样式吗？在寝殿造中也会在十尺间里面建柱子，随着时代的变迁，又缩小至六尺（确切地说是六尺五寸），可以说在这些柱子中间不过是添加了新发明的推拉门，既然武士阶级最初是从普通百姓中崛起的，那么书院造也可以看作是包含主殿造在内的平民民居发展后的产物，这难道不是很合理吗？

书院造的特点是两列式的房间布局，由每隔一间外围立有六尺间隔的柱间床、棚、书院构成。前两者难道不是从民家引进的吗？这么说是因为前两者是楣结构，是很早就被民家采用的方法，具有一种书院造的封闭感。在明治时代以后，普通百姓的家中铺设叠、设置床、棚、书院，这应该就是书院造的继承和延续吧。确实，如果卸下用来隔断空间的襖，会成为一个房间，显现出寝殿造的室内空间，但书院造中每一间都立有间柱和三本沟，使其带有隔断感，这与寝殿造的空间感是非常不同的。

书院造与寝殿造不同，对敷地的分隔非常用心。比如将微微戳一下就很容易倒塌的纤细的塀，作为隔断用来划分敷地，或用来做成一个大门作为出入口。就寺庙而言，用筑地塀作隔断，我觉得这才是更实用的空间利用方式。而就武士来说，他们没有足够的资金来建造那么多空间隔断，防范也是根据各种礼节来处理。也就是说，即使是很薄的塀，也不会去做像勉强放入之类的粗糙设计。

如今这个时代，城市的人口密度不断增加，而敷地中建筑面积的百分比也在增加，并且密度也越来越高。因此，在敷地面积宽大时能用距离得以处理的部分，敷地狭窄的话，就有必要用塀来做遮蔽处理，同时还能做功能分化，像寝殿造一样在大庭院中零散分布着建筑，这些建筑并非用廊来相连，而是使用房间两端墙壁的延伸线上的塀进行隔断延伸，庭院的对面也用塀围住，使房间与庭院形成一对，相互并列相连，将整个敷地的房间与庭打造成马赛克状结构分布。

也就是说在这种状态下，人在房间中与唯一的庭院相互对峙，这样就不得不提高观赏庭院的美观度，呈现出尽善尽美的外观形象。橡也能起到过道的作用，所以人们可以在庭院和房间之间边走边享受庭院美景。

当人们打开有隔断的门，就能进入下一隔断。映入眼帘的是新的庭院。这些庭院每一个都是精心设计而成，天气晴朗时，将分隔房间的隔断襖移走，立刻就变成一个大空间，并且左右两边都可以看到庭院。尽管房间被三本沟的建材用具遮挡了一半，但房间两侧都是在庭院的空间中，因此两侧庭院的性质并非完全不同。

封闭的茶室与通透的茶庭

从桃山时代晚期至江户时代初期诞生了草庵茶室。茶室原本是围绕书院的一部分，是用来享受茶事的，因此被称为"囲"。由于草庵茶室是从书院的氛围中彻底分离出来的，因此其建筑的品质也与书院相去甚远，以百姓的民宅为典范。正如躏口，据说是因为利休当时看到渔夫在墙上开一个小洞用来进出而想到的。似乎原本只有四面环绕墙壁的茶室才适合用于茶事，如果想创建一个不受外界打扰，在很小的空间里专心于茶道的世界的话，被墙壁围绕且几乎没有窗户的构造就是最能实现这一目的的空间。换句话说，茶室是除了原始时代的民宅以外唯一被包围起来的空间，可以说是从民房本身衍生出来的建筑。

当然，虽说茶室是一个被整个包围起来从而创造出专心于茶事的空间，但这空间必须能很清晰地看到亭主的点前，显露出床的花纹，放置的物品和各种工具等，甚至连最理想状态下才能观赏到的光线也是必要的。为了维持封闭的氛围，需要开一个极小的窗户，努力营造出一个幽静微光的空间。而生活在夏季炎热潮湿环境的日本国民，本来就喜好敞开的通风良好的环境。虽说通过包围来营造适合于茶事的氛围，但并非仅限于此。如何在密闭空间内营造出舒适的氛围，这就是设计的关键。

为了从墙上采光，主要使用小型下地窗。这是民宅的土墙涂抹残留下来的可见的下地的木舞（竹骨胎），当然，它不像木舞那样粗糙，具有华丽考究的外观。光线通过这个下地窗被分割进而得到升华。可以说躏口上的连子窗是唯一看起来像窗户的窗户，有时打开窗聆听松籁得到瞬间的放松，但总体上不会脱离被墙壁包围的氛围。填充角落也是为了强调空间的被包围，但是，日本人本来就有不喜欢被包围的性格，无法抑制想要突破空间的欲望，但最低限度会保证茶事演出不受影响。天井上有目的地设置段差，立起中柱，在遮盖点前叠和容叠的同时，使下面通透以连接空间，或在床胁设置狪潜使之通透，去掉下地使空间流动等，几乎尝试了所有的透光技术。床有时用木板的踏入床，但一般不使用押板，而使用柔软的叠敷作为床。

在如此严格的规制下努力使空间变得通透，这些在后来数寄屋建筑中发挥了成效。挂达天井之后成为天井变化的技巧。还会进行下降处理，但本来通过外面的土橡的庇向内延伸，即使被外墙挡住了，也使内外有了连续感。由于茶室是通过外墙与庭院严格隔开的世界，因此，悬挂的庇也是假的。但是这样做，也起到了进一步加强外墙隔断感的作用。

这种方法也同样适用于露地的庭院。露地是进入茶室的前路，漫步在露地中，渐渐酝酿出沉醉于茶事的那种清寂氛围的精神状态，因此露地仿照山路的样态而建。山路上树木茂盛，阳光照射树林，隐隐透出斑驳的光影，地面仅散布着一些耐荫的低矮灌木及草丛，枝条枯萎，枝干林立。人不会被周围庭院景致分散注意力，而是在凝视飞石的过程中漫步前进，渐渐进入无我的境界。像这样，茶庭原本就是个通透的空间，与封闭的茶室空间呈现出的是完全对称的面貌，由此进一步增强了茶室外壁的遮断感。为了更进一步强调这一点，建一个带有深庇的土橡，把通透的庭院空间尽可能地推到外墙的尽头。封闭的内部和通透的外部被一线薄薄的外墙利落地隔开，用这一线实现了空间的转换。

数寄屋的空间结构

数寄屋在某种程度上比这种精炼的茶室结构形成的时间更早一些,因此虽不能断言它是茶室演变的结果,但它也有想尽早从茶室的包围中摆脱出来的冲动。初期的茶匠并非富商而是高级武士,起码在文化上属于经过历练的阶级。满足于清寂的草庵,是因其内心太过丰富,而不满足于格调高雅的书院,是源于对想建造出更加柔软、空间流动感强的建筑的高涨热情。想演绎出从战国时代就开始浮现出的造型艳丽的通透空间,这种欲望一定在茶匠心中熊熊燃烧着。

数寄最初写成数奇,意为收集并享受喜爱物和新奇物品的过程,也是想要脱离顽固的世俗使精神自由、飞向洒脱透明世界的内心。正因为将强烈的世俗欲望隐藏于心中,才产生了真正的和敬静寂的境界,如果能真正把握事物的本质,心就可以自由飞翔,甚至可以从心态不平的狂躁世界中脱离出来,甚至可以沉浸在幽默的游戏世界里。数寄屋不就是在这样的精神状态下诞生的吗?

另一方面,"隙"一词在建筑中也意味着空隙,面对日本夏天炎热潮湿的环境,有一种更容易居住的方法,那就是使建筑和建筑之间保持距离,通过这些间隙,来形成互相分开但又不用担心淋雨的通风良好的空间,以此使建筑各自独立的同时又形成了通透的空间,这是一种非常合理的处理方式。正如寝殿造一项中所述,遮蔽的同时又创造出水平连续的空间,只有将这种空间意识灌输到书院造中,才能诞生真正的数寄屋。而且,其中没有与外界的隔离感,而是对外界更加开放。书院造确实格调很高,但它仍是平凡的,与王室的宫殿相比还是相去甚远。

从这个意义上讲,数寄屋真正形成,可能是在雨户被发明后,通过整面明障子将室内向庭院解放的那一刻吧。

然而,通过移除舞良户,像寝殿造一样面向庭院开放空间,拥有和茶室一样柔软的叠床,光这样很难称之为数寄屋。就像西本愿寺的黑书院的玄关一样,在幽深的基础上创建了一个更深的庇下空间,将外部光线引入房间深处,细微的光线深入房间分散开来,一点点如台阶那样造成落差,形成微光的空间技术。或者说就像忘筌中看到的那样,创造出一个内外不分的空间,通过从上方卸下中连障子遮挡视线,使空间在低水平流动的技巧,做出袖壁在视觉上进行遮掩,同时下方通透,使床延伸至内部,使空间的流动性倍增。但我认为,如果不创造出明快而优雅、内外相连的空间,就不值得用数寄屋这个名字。

再举几个我能想到的例子。西本愿寺的飞云阁,从其巧妙的设计中就能看出当时建造者的认真态度,值得用数寄屋这一名字。三溪园的听秋阁,一楼引人入胜的形态比什么都好。桂离宫的新书院,松皮型黑色生漆与明障子使用了各种接近完美的珍奇树木,但桂棚的结构却没有丝毫破绽。水无濑神宫的灯心亭,最初是一间茶室,但空间完全是书院风格,很柔和。坚田的居初针的天然图画亭,与其说是茶室,不如说是书院加上炉灶的样式,空间流动感十足,面向琵琶湖借景而建。

数寄屋的庭院

根据以上我对数寄屋的概念介绍,数寄屋诞生于茶室和书院,另一方面,数寄屋给皇室的风雅送去了灵感,因此数寄屋的庭院是结合以上三者而形成的。既然称之为数寄屋庭院,不单只是将三者混合在一起就可以的,它必须是作为新的庭院样式而产生的东西。它并非是像书院造的庭院一样在被包围的空间中与室内相对峙,只能接受凝视的类似雕塑的静止不动的生硬庭院。数寄屋庭院需要的是内外不分、水平柔和地带有流动感的通透的空间。虽说需要柔和流畅,但结构还是书院的,因此必须具有明艳、凛然、端庄的外观。当然也不是像茶庭那样让人联想到山村幽居的娴静至极的世界。尽管数寄屋已从桃山时代末期就开始出现,但当时还没有出现能够在现代被称为数寄屋的庭院。由于数寄屋带有书院、茶室和寝殿造的混合体的样貌,因此无论使用了哪种手法都能看出。

再来举几个想到的例子吧。前面所述的西本愿寺黑书院,它根据书院的庭院本身来确定玄关的前庭。这里是被建仁寺垣环绕的白砂的平庭,庭院沿着垣根配有两三棵常青树,虽然不能称之为庭院,但围墙外的大树缓和了光线,使人感受到静谧空间的水平延伸,令人越发想进入幽深的玄关入口。还有飞云阁,它有着不粗不细的华丽木纹,建造工作细致,格调高雅,是一座名副其实的数寄屋建筑,但池面窄而深,树木过于繁茂,看不到去往黄鹤台的小路,空气也不太通畅。也就是说,庭院未能表现出数寄屋的特征。曼殊院的小书院床、棚都很细碎,由于设计不足,它仍无法摆脱书院造的刻板形象。与此相反,白砂的坪庭配上鹤岛和龟岛，在遥远繁茂的树丛中可以看到枯瀑布，完全没有书院庭院的刻板，空气的流动感也很强，形成了相当好的线形。再来看桂离宫的新书院，茶庭引路的飞石在闪闪发光的明快中跃动，笑意轩的土橡和内部很协调，是一座漂亮的数寄屋。松琴亭的土橡在沙地上留下了粗糙的痕迹（或许是因海边波浪形成的特征），烹饪用的炉灶在深入庭院房檐的光辉中，别有一番风味。月波楼总体而言是个内外不分，通风良好的空间。这点虽然接近数寄屋的理想之处，但建造过于偏向茶室，显得过分娴静。可以欣赏月光的御池虽然完美，但大门前御殿一侧感觉用意不够坚定，虽兼具茶庭和书院庭两种特征，因此也不能称为真正的数寄屋庭院。

　修学院离宫下的茶屋寿月观的庭院飞石，大块镶嵌成路，气势磅礴，与至遣水的平坦白砂保持着良好的平衡感，非常符合数寄屋的庭院。上面茶屋的邻云亭和穷邃轩都用深厚的庇和突上窗来遮挡雄伟壮丽的自然风景。三溪园的听秋阁也沉浸于自然中，虽是名副其实的数寄屋，但前庭本身还不够完善。最后想说一下栗林公园的掬月亭。它应该可以称作建于洄游式的大名庭院里的书院式数寄屋。洄游式庭院本身是由书院庭和茶庭混合而成，因此虽看起来与数寄屋建筑相符合，但事实上这个时期还没有形成数寄屋庭院该有的样式。

　但是在掬月亭，成群生长的整姿松光彩夺目，达到了人工的极致，与建筑之间也保持着适当的距离，可以充分感受到空气的扩散。初筵馆一之间的床之间，三面放入了斜格子的黑漆组子的障子，挂上像蚊帐一样的绿纱，使空气彻底流动。这个床之间的明亮感和庭院的整姿松形成了完美的对峙。在玄关右侧的管理栋与初延馆本栋及北栋之间流出的通透空间着实不错。白砂的坪庭一直延伸至西南整貌松的前景内部，内外不分的外部被紧紧推到一边。正是这种看起来似乎什么都没有设置的庭院，才能与数寄屋相抗衡，让人感觉不到任何多余之处。这的确可以说是一个完美的庭院。但有人质疑，不管庭院如何与建筑和谐相处，完全放弃自己的主张真的好吗？从这个意义上来说，难道不应该认为数寄屋的庭院还未达到完成阶段吗？在如今徘徊于寝殿造、书院造的庭院和茶庭之间的状况下，可以说样式还没有确立，而样式的建立正是今后要做的工作。

话说今后的数寄屋
岩城亘太郎　水泽晴彦

从东京看和风潮流

水泽：我父亲出生于新潟县长冈市，在十七八岁时便上京（东京）了，在相对较早时期便停止做工匠，并与当时他认识的优秀工匠一起开始承接工作。

在那之后，即大正时代末期开始，受到了大仓相关企业（也就是现在的大成建设）的诸多关照，承接了当时包括大仓土木的大仓系的工作项目。自进入昭和时代以来，还从事了和大成建设的清水一先生、大熊喜英先生和加仓井昭夫先生等以设计为主体的各种工作内容。

——令尊与吉田五十八老师一起工作是什么时候开始的？

水泽：是昭和三十六七年（1961-1962年）的时候开始的。在那之前的一段时间，吉田老师虽有自己的团队，但这类工作也变得困难起来，他开始专注于设计。当时，老师的工匠与我们的工匠分组中有相同的人，因这样的缘分，之后就一直承接着吉田老师这里的工作。和老师做的第一项大工程是昭和二十七八年（1952-1953年）实施的筑地的"鹤登久"店铺，就是现在的"吉兆"店。

——水泽先生和岩城先生一起工作的机会好像很多呢。

水泽：是的。父亲大部分都是和岩城先生一起搭档合作，父亲去世后我就代替父亲继续工作。

——您父亲是什么时候去世的？

水泽：昭和四十八年（1973年），以八十三岁高龄去世的。

岩城：对于令尊，我每个月也会去拜访他两三次，每次聊两三个小时，真的学到了很多。

水泽：上一辈工匠给我们留下了非常好的财富，这也一直支撑着今天的我们。

岩城：是啊，木匠暂且不说，其他相关的建筑领域，都有优秀的匠人。现在这个时代很难集齐这些人才。只靠木匠的话是做不了建筑的，因为需要综合性领域的人才所以很难。

——话说可否请长期在东京工作的水泽先生，来说一说江户的数寄屋，因为它有点奇怪，说是东京的传统吧，又区别于京风。

水泽：这是个非常难的主题呢。我偶尔也会使用江户数寄屋这个词，那么江户数寄屋是如何定义的呢？我觉得这不是要和关西数寄屋或者京数寄屋做比较吗？关西是以商人为中心的街道，江户是以武士为中心的街道，围绕着这些街道的房屋因多次发生火灾，而火灾很多又接近棚屋，所以，偶尔富裕的商人在建数寄屋时，大多会从关西叫来工匠，我觉得把这个叫作江户数寄屋是完全不合适的。硬要说的话，这些数寄屋是与武士宅邸和书院宅邸的书院造相互影响而产生的折中的样式。

也许是这个原因，江户的数寄屋和京都的相比，总有一种刻板的感觉对吧？但在这之前，京间和田舍间比例的差异，在感觉上和在使用的方便性上不都有根本性的差异吗？

——麻烦再说说这些和现在流行的和风技术有什么关系吧。

水泽：江户时代也是如此，但到了明治时代，东京完全成了日本的中心，工匠们也从全国各地聚集到这里，他们也不再是像以前那样外出工作，而是定居下来，再加上受西方文明的影响，我觉得应该可以说所谓的折中文化诞生了。正如刚才所说的那样，东京没有继承传统，反而更容易接受，不是吗。从大正到昭和初期，出现了文化住宅，书院风的座敷在建造时添加上了西式房间，再稍微奢侈一点的话，就带几间数寄屋的茶室，这样的住宅成为中流住宅的典型。另外，进入大正时期后，建筑师们推进了一直依靠木匠的日本建筑的近代化进程，其出发点就是数寄屋，此外还诞生了以书院造、民家造为基础的各种形态。

岩城：在东京，说起以前的房子，桧木的房子有很多呢。

水泽：但是去关西的话桧木房子就非常少，还是以杉木为中心。我感觉常用桧木不就是书院式建筑留下的痕迹吗？就算是书院，原本也是关西的建筑呢。因此，这个书院和数寄屋融合在一起的样式中最出色的，我觉得还是表千家的残月之间，那不正是最典型的样式吗？

与京风数寄屋的差异

——接下来可否请您告诉我东京的内法、天井高度等尺寸，这个和京都的相比怎么样呢。

水泽：我对京都的不太了解，但东京的话整体还是使用木材，天井不是也很高嘛。虽然根据房间的大小有所不同，但拿柱子为例来讲的话，在八叠到十叠的座敷，用的是三寸八分到四寸的大小吧。不过最近，按照数寄屋的感觉柱子稍微变细了一点。

——内法、鸭居、见付大概是多少呢？

水泽：现在所说的像出售的新建住宅一样的便宜建筑，其内法是五尺七寸，程度好的是五尺八寸。那么，关于鸭居的长度，如果见付是三寸八分的柱子的话，鸭居顶多也就一寸二分到三分吧。

——那样的话长押是多少呢？

水泽：这也要看面的大小，但大致上是柱子尺寸的八折，所以四寸的柱子长押在三寸二分左右为标准。

——那么天井的高度定多少呢？

水泽：是啊，虽然八叠间在八尺上下，但是以前从鸭居到天井的尺寸定为三叠的三折，也就是说八叠间的话，五尺八寸加上二尺四寸总共八尺二寸的天井高度，基本上以这个为标准。

——那样的话，这个大致的标准，别说对于现在的数寄屋，像那样的座敷，也感觉又小又低吧。

水泽：是这样的呢。

——那么町中的玄关，床高要定多少呢。

水泽：玄关的床和土间七寸到九寸，房间从建筑连接地基处是一尺五寸到一尺八寸的高度，所以对设定的地基而言将近2尺高。

岩城：确实，虽然床高未确定的话确实很难，因为要根据土地来决定地基，所以床高也各式各样呢。

——关于刚才所说的，总的而言，从建筑方面来看，庭院的设计有没有比较特殊的想法呢？

水泽：有的呢。这就是吉田老师经常说的，"建筑和庭院是画与画框的关系"。对于一般的建筑，确实是这样的关系吧。但若是茶室的话，它们已经是一体的了。

我们和吉田老师一起做的最后一个项目是东京新宿的料理店"喜多山"，一开始老师并没有接受设计工作。但是有一天，

岩城亘太郎

老师突然说："我有点有趣的想法，一起来试试看吧。"我还在想会是什么呢，因为项目建在市中心，所以很难做庭院。后来发现老师在设置好的六层楼建筑的三楼、四楼、六楼种植了树木，从外面看不到建筑的表面，应该是想做一个树木的创新。然后将庭院设计成从所有的座敷都能看到的样式。吉田老师非常强烈地意识到了建筑和庭院的关系。

岩城：在我们看来，吉田老师有很多对于庭院这样那样的想法，所以他自己安排了很多事。

——庭院和建筑的关联，已经是基于日本传统的东西了。日本的座敷是由庭院进入的，如果没有那个庭院，上下关联就什么也做不了。就桂离宫而言，有人似乎说得很极端，说就建筑而言根本没什么优秀的，不过是庭院和建筑物之间的关联做得很好而已。

水泽：大致上，去某所住宅时，进门走到玄关处基本就应该知道这大概是一个怎样的住所吧。

岩城：我觉得前庭是一个很重要的地方。我反对在玄关的前庭中打满飞石。请注意，一直至玄关处的下脚处理一定要正确。因为有人会来，所以必须要保证前庭在晚上也很容易行走，脚下要很安全。不管是住宅还是客厅，和庭院的关联都很重要。

——前庭的建造中也有京风之类的吗？

岩城：主要还是京风吧。但是处理不好的话会变成料理店，虽然这样说不太好。在京风中，一般的住宅是不需要大门到玄关之间的前庭的。需要它的是出租的会场或者料理店。说起京城的庭院就想到中庭，以前是混合着泥土敲打而成，再撒上沙子。真正的中庭是没有青苔的。以前在京都有种叫土屋的生意，现在已经没有了。

我的叔父（小川治兵卫）在京都建造庭院是从明治到大正期间，总之，我觉得在奢侈的年代，很明显都过分使用材料，感觉很沉闷，看不太到清爽的类型呢。

——如今无论是庭院还是建筑，像京风这些特色的东西已经被近代化、普遍化，正如吉田老师说的那样，要做日本式的东西，还是要数数寄屋了吧。

匠人气质的变迁

水泽：之前有些工作是要去其他地方，从东京带了工匠一起去，有一部分工作是请当地的工匠帮忙完成的。那时我注意到，双方工具箱的大小完全不一样。从东京带去的工匠在工具箱里有各种各样的工具，而当地木匠，带的真的是很小的工具箱，里面还只放了一点点的工具，我想他们肯定就是平时尽量减少使用工具的种类，像机器一样进行流水线式的操作。过去，地方的工匠们持有很多出色的工具。当然这也有可能是预算问题导致的，但日本的木工技术整体都有这种倾向。

现在年轻的地方工匠连那样的工具都不知道了。从那以后我才知道，有了优秀的工具，困难的工作也能比较轻松地完成，最近听说工具箱也变大了。当然，技术也会进步，还会有需要更多工具的时候。

岩城：之前也听过类似的话呢。说是岩城先生家的工匠在做接缝的时候，会使用各种各样的工具。仙台的工匠听了很吃惊，说是如果有那样的工具的话，接缝也能非常好地表现出来呢。

水泽：说起地方上的园艺师，据说他们只有非常粗糙的工具。

岩城：是没有精细的工具呢。即使是我这里的工匠也在用炼瓦镘，因为觉得它既方便又结实（笑）。但是也有靠炼瓦镘没法做的工作，要是这样的话，我们就向京都的锻冶屋定制以前流传下来的京都风格的地镘来使用。而且工作能力强的人不使用公司准备的整套工具，而是拿着自己的工具小心地使用。

另外，工匠必须要会享受，会喝酒，会被驳斥后还能充分理解他人心情。如果连茶道、能乐、书画、古董等都不知道的话，和委托方也就谈不到一起了。

——话说关于植治，第几代的哪位做得最好呢？

岩城：是第七代著名的小川治兵卫。第六代的治助是个擅长工作技法的人，在西本愿寺之类的地方建有庭院，但他是个爱享乐的人，不怎么工作。作为祖母收养的第七代治兵卫，东山附近的住友氏邸、对龙山庄（市田氏邸）、土井旅馆（旧清水氏邸），这些都是他的作品。野村别邸的碧云庄带有设计者野村先生的强烈愿望。那个庭院最初考虑的是能让马车行走，因此在硕大的庭院中有一条洄游式的大道。有人鄙视，称之为暴发户的庭院，但时至今日仍是规模宏大、非常漂亮的庭院。别邸清流亭等留下了很多好东西，清流亭是设计者塚本先生的愿望。

像这样，治兵卫在东山附近的工作做得最多。山县有朋先生对其进行了各种指导，同时还给他介绍了很多人认识。在京都市长内贵甚三郎先生的介绍下，治兵卫亲自动手扩建了平安神宫、丸山公园等。他有一长子名小川白杨，也帮助野村先生做了很多工作，但四十多岁就去世了，所以没有继承名字。南禅寺周围似乎有很多白杨从事过的工作，他对佛像等也很感兴趣，这些都收藏在了东山附近的庭院里。小川治兵卫是我的叔父，甚得委托方的信赖，去世时七十四岁了，手下工匠也有一百几十号人。他很善于培养人才，所以有很好的工匠。去地方上工时他让工匠带上简单的图纸，而自己一个月去看一次就够了。

——那么我想水泽先生这里应该也有很多好的工匠吧？

水泽：是的，因为上一代培养了很多优秀的工匠留下来。这不正是留给现在的我们最好的珍宝吗。其中，现在我们的专属木工有七十人左右，而我想年轻人才的更新换代也比较顺利，他们正顺利地成长着。

岩城：但是，很难培养出新的工匠呢。

水泽：是啊，关于工匠，我们现有十二名左右的年轻人才，非常努力，就像刚才说的那样正顺利地成长着。最近，大学毕业生中也出现了励志成为工匠的人，但是这个年龄有点太大了。工匠这种职业，其实最好还是尽可能从初中或者高中毕业就开始从事才是最好的呢。

岩城：是啊，从初中就从事相关工作的年轻人，工作技术会比较熟练。但如果要画图纸或做些其他什么的话，就有点困扰了。不过我们的工作也不是画图纸。

——建造庭院光靠设计图是不行的呢，必须要去现场实际记忆。

岩城：这样下去的话，园艺师过个十年就不行了。我觉得和建筑有关的人才是可以获得的，但是花木店就要绝迹了，因为这个行业今后就是从学校毕业，像个大人物一样，拿着政府机关颁发的证书，在名片上写上几级园艺师（笑）。我们必须彻底成为匠人。因为我们是匠人，所以必须培养出匠人的头脑，否则是行不通的。

水泽：从学校毕业出来的人，并没有培养出一看材料就知道如何处理的感觉。建造数寄屋时，需要设计者看到一根丸太就知道怎样去活用这根丸太，如果没有这样的头脑，就做不出好的东西来。

岩城：我们也在现场看呢。比起看图纸，应该实际尝试把建材放在合适的地方看看。所以设计图简单点就可以了。

水泽：果然，这是一个需要漫长的经验积累和培养感觉的行业。我们经常被村野藤吉老师批评说："你图纸画太过了，这样不行的。"老师还经常说，还是要以工匠的想法参与到更多的工作中才行。

水泽晴彦

岩城：原来如此啊。

水泽：现在的做法是，做好设计图，框出预算的范围，机械化的流水线工作。在这种情况下，还是没有多余的空间，因此我想在这一点上，真正的数寄屋的优势会被破坏。如果都是机械加工品的话，也许仅依靠图纸就能完成，但如果不是手工的、使用处理过的自然材料的木造建筑的话，就无法体现数寄屋自然之妙处了。

——我从村野藤吉老师那里听说，东京的工匠工作时总是指手画脚的，但是看看京都数寄屋这类地方，工匠的工作态度非常潇洒，某种意义上可以说是稍微有点偷懒的做法吧。然而，这些工匠如果去东京干活，活儿立马就做得干净利落。我想老师绝对不是轻蔑地说他们指手画脚的意思，而是想表达他们表里如一、处事细腻诚实。

水泽：确实，看他们做出来的作品就很明显是这样的。也许说是长年的习惯或者感觉比较好。

岩城：说到茶室我想到，明治时宗匠设计的茶室和水屋非常整洁好用。但是最近的茶室，无论是设计的人还是制作的人，自己因为很少有机会去做茶事，或成为亭主，所以做出的茶室使用起来很不方便，对水屋也不上心呢。以前，京都的木村清兵卫先生很厉害的，因为他是在明治时代被宗匠敲打培养出的人。

水泽：但是岩城先生，现在说的茶室，总觉得已经某种形式化了。

岩城：真要喝茶的话，还是年龄稍大点比较好，这样对茶具等拥有敏锐的眼光，如果时间上没有闲暇的话，是泡不出来真正的茶的。

现在既是茶道宗师，又能设计庭院的人也少了。而园艺师也会做露地，但自己很少使用茶室的庭院，是在自己都不太清楚的情况下做出来的呢。我教育年轻人，试着自己当亭主到能使用庭院为止，要不断地去学习。我觉得如果不那样的话，是不能很好地处理露地的飞石、蹲踞等。在明治时代，京都也有很擅长做庭院的人。千家有加藤熊吉先生，还有川崎幸次郎先生和井上清兵卫先生。他们建造了京都几乎所有的庭院。在关西，委托人都很精通设计，所以如果庭院做得乱七八糟是绝对不会答应的。

——似乎委托人的性情也在渐渐改变。如果想让这样的技术继续存在、发展，委托人也必须要学习。

水泽：是啊。现在懂得建筑的人真的只有凤毛麟角了。我在想，这样精湛的技术，不是光靠一代人就能做到的。

岩城：但是现在，想建房子的人都是老一辈了（笑）。

水泽：如果想建成真正符合心意的房子，一生中要建四到五次房子（笑）。现在那样的事情已经不可能了。以前委托人会更清楚明了，我们多数也只是教工匠如何工作而已。

岩城：以前的委托人大多都是三四十岁的人。

今后的数寄屋

——数寄屋这个词从广义上来解释，考虑到其主流，不管怎么说都是木造建筑。建筑材料以丸太为中心，但会有各种各样的变化。对于数寄屋，严谨刻板的书院造应该是过去的样式了吧。也许曾经主要是书院造，但也有人认为，数寄屋式的自由设计才是今后的主流，至少是现在的主流。考虑各种各样的材料、法规的问题以及城市的居住环境，这样的建筑也会逐渐消失。但是，想要跨过这样的环境，无论是技术上还是材料上都不得不进行改变，作为一个日本式的居住空间，数寄屋将会留存下去。不，我想应该会有更进一步的发展吧。

水泽：我觉得如果真是这样的话，那就太好了，但是日本所谓的木造建筑的传统，是有着依靠材料或技术支撑到现在的悠久历史的。虽说可以使用替代的材料，或者用带有和风感的其他东西来替代，但那样是否就继承了数寄屋的传统呢？这一点是非常令人怀疑的。所以我觉得，如果我们建造者都不好好学习的话，日本优秀的传统就会分崩瓦解。

比如说，支撑日本传统木工技术的工具越来越少，或者即使有这样的工具，但逐渐失去了需要使用它的地方。就连聚乐的土墙，现在在东京真的有能力涂这土墙的工匠，说实话真的是屈指可数。

所以要保持传统的东西，真的很难。最近市面上流行贩卖的纤维壁，因为完全没有质感，所以根本体现不出品位。因此我觉得，如果不下定决心转变观念的话是根本不行的。

——京都工艺纤维大学的中村老师说:"传统的工法水平下降了,不仅是下降了而且还在逐渐消失,虽然这种危机感是在京都感受到的,但其实在东京感受到的更强烈。"

水泽:所谓的数寄屋式的东西,我认为在东京这样的都市中,作为一种生存之道,是在内装上吧。不过,在我们做的各种各样的工作中,例如像迎宾馆和风别馆的内装,还有料理店"金田中"的内装等,数寄屋式的风格在内装领域里所占的比重越来越大。正如刚才所说的,我觉得先不去考虑数寄屋将来会演变成什么样,至少感性的东西一定会留存下来。

——能告诉我在大楼中作为内装的数寄屋在施工时,需要考虑哪些地方,还有需要用心之处都有哪些地方吗?我想这是现代数寄屋的一个大的典型和潮流趋势。

水泽:不仅是大楼,简单来说,还有混凝土内装的住宅、料理店或者一般的公共场所,但最令人困扰的是料理店,一般给到的内装周期都非常短。一般木造装修基本上是考虑以最低使用五十年为目标,而堂宫建筑这类,就要考虑能用百年以上的东西来做内装。但是料理店,一般过个五年或十年就要重装了。在各种情况下,想法自然而然就会不同。这点很难。

说只是座敷而已,所以用这样的材料,说这样做就可以了,其实不是这样的。说起内装的话,还需要配合建筑的整体氛围来定,这点也很难。

岩城:最近在大楼里建造庭院的情况很多。如建造屋顶庭院,或者大楼稍微缩进一点,建造前庭的情况也很多。另外,建造茶道练习场,设置洗手的地方和放置蹲踞的情况也增多了。这些情况最近多了,最为难的是快要完成的时候说要做个露地。

水泽:考虑今后包括数寄屋在内的日本建筑的存在方式,很困难。生活方式的改变使日本建筑从实用性场所向观赏性场所转变,而今后会变成什么样,这多少让人有些惴惴不安。

但是,我想若我们从事传统技艺的人,在时代变迁中,互相寻求各自国家优良传统,这种传统也许是技术,也许是感性的东西,这样不是会有很美好的未来吗?

——听了这么多宝贵的话语,真的非常感谢!

图书在版编目(CIP)数据

日本建筑集成：全九卷 / 林理蕙光编著. -- 武汉：华中科技大学出版社, 2022.12
ISBN 978-7-5680-8575-5

Ⅰ.①日… Ⅱ.①林… Ⅲ.①建筑史-日本-图集 Ⅳ.①TU-093.13

中国版本图书馆CIP数据核字(2022)第126369号

日本建筑集成（全九卷）
Riben Jianzhu Jicheng

林理蕙光　编著

出版发行：	华中科技大学出版社（中国·武汉） 华中科技大学出版社有限责任公司艺术分公司	电话：(027) 81321913 (010) 67326910-6023
出 版 人：	阮海洪	

责任编辑：	莽　昱　康　晨　刘　韬	书籍设计：唐　棣
责任监印：	赵　月　郑红红	

制　　作：	北京博逸文化传播有限公司
印　　刷：	广东省博罗县园洲勤达印务有限公司
开　　本：	787mm×1092mm　1/8
印　　张：	268.25
字　　数：	650千字
版　　次：	2022年12月第1版第1次印刷
定　　价：	4680.00元 (全九卷)

本书若有印装质量问题，请向出版社营销中心调换
全国免费服务热线：400-6679-118 竭诚为您服务
版权所有　侵权必究